国家示范性高等职业院校课程改革教材

Daolu Jianzhu Cailiao

道路建筑材料

（道路桥梁工程技术专业用）

刘存柱　张　丽　王加弟　主编
张美珍　主审

人民交通出版社

内 容 提 要

本书是国家示范性高等职业院校课程改革教材。全书共设置四个学习情境，以典型工作任务驱动的方式，把学习内容和工作过程，技术实践知识和技术理论知识，专业能力、方法能力和社会能力进行整合。这四个学习情境是：钢筋混凝土材料性能检测，砌体工程材料性能检测，半刚性基层材料性能检测，沥青路面面层材料性能检测。本教材与《道路建筑材料试验检测报告》配套使用。

本书是高职高专院校道路桥梁工程技术及其相关专业教学用书，也可作为职业技能培训教材使用，或供有关工程技术人员学习参考。

图书在版编目(CIP)数据

道路建筑材料/刘存柱等主编. —北京：人民交通出版社，2010.1

ISBN 978-7-114-07965-8

I.道… II.刘… III.道路工程－建筑材料 IV.U414

中国版本图书馆 CIP 数据核字(2009)第156109号

国家示范性高等职业院校课程改革教材

书　　名：道路建筑材料（道路桥梁工程技术专业用）
著 作 者：刘存柱　张　丽　王加弟
责任编辑：周往莲
出版发行：人民交通出版社
地　　址：（100011）北京市朝阳区安定门外外馆斜街3号
网　　址：http://www.ccpress.com.cn
销售电话：（010）59757973
总 经 销：人民交通出版社发行部
经　　销：各地新华书店
印　　刷：北京密东印刷有限公司
开　　本：787×1092　1/16
印　　张：14
字　　数：338千
版　　次：2010年1月　第1版
印　　次：2013年1月　第2次印刷
书　　号：ISBN 978-7-114-07965-8
定　　价：54.00元

道路桥梁工程技术专业课程改革教材
编审委员会

序　言

教育部《关于全面提高高等职业教育教学质量的若干意见》(教高[2006]16号)明确指出:“高等职业教育作为高等教育发展中的一个类型,肩负着培养面向生产、建设、服务和管理第一线需要的高技能人才的使命。”探索类型发展道路、构建高技能人才培养模式、开发特色教学资源,是高职院校的历史责任。

2006年,辽宁省交通高等专科学校进入国家首批高等职业教育示范院校建设行列,道路桥梁工程技术专业是重点建设专业之一。几年来,该专业团队积极在“类型”概念下探索高等职业教育教学资源建设模式和“高技能人才”培养规格及培养模式。通过对公路建设工程整个过程各阶段的职业岗位和典型工作任务的调研、分析、论证,确定了面向施工一线的道路桥梁工程技术专业高技能人才的专业能力规格,即工程勘察与初步道桥设计、工程概算与招投标、材料试验与检测、道桥工程施工与组织、质量验收与评定“五项能力”规格,并结合北方地域气候特点,构建了教学安排与施工季节相结合,教学内容与施工过程相结合,校内实训与企业顶岗实习相结合的“三个结合”人才培养模式。针对“五项能力”,按照“三个结合”,着眼于实际操作、技术跟踪和综合素质的提高,系统开展课程体系、课程内容改革,并进行相应的教学资源建设,力图通过“在学习中工作,在工作中学习”的教学过程,实现高技能人才的培养目标。

本次出版的系列教材,是专业课程改革和教学资源建设的阶段性成果,是国家示范性建设成果的组成部分,也是全体专业教师、一线工程技术人员共同的智慧结晶和劳动成果。

在教材开发过程中,得到教育部、国家示范性高等职业院校建设工作协作委员会、辽宁省教育厅等各级领导和诸多专家的关心指导,得到众多企业、行业及兄弟院校的大力支持,在此一并致以崇高的谢意!

由于开发时间短,教学检验尚不充分,错误和不当之处难免,敬请专家、同行指教!

道路桥梁工程技术专业教材开发组

二〇〇九年四月

前　言

“道路建筑材料”是以职业能力培养为核心，基于行动导向的职业教育理念，以道桥工程材料质量的试验检测过程为主线编写的适应道路桥梁工程技术专业高等职业教育的教材。本教材以国家和交通运输部颁发的最新技术标准、规范和试验规程为依据，以职业岗位工作目标为切入点，通过项目单元化组织教学，保证学生达到职业岗位技能水平标准，满足道桥试验和质检工作岗位的能力要求。

本套教材具有以下特点：

1. 教材以行动为导向，以工学结合人才培养模式改革与实践为基础，按照典型性、对知识和能力的覆盖性、可行性原则，遵循认知规律与能力形成规律，设计教学载体，梳理理论知识，明确学习内容，使学生在职业情境中“学中做、做中学”。

2. 打破传统教材按章节划分理论知识的方法，将理论知识与技能操作融为一体，通过任务的完成使学生学有所用，学以致用，与传统的理论灌输有着本质的区别。

3. 教材体现了以学生为主，老师为辅。通过专业教室与多媒体教学设备的运用，引导学生自学、资料查阅、相互交流，老师只起引导和指导作用。

4. 教材体现了以学习过程进行教学评价，强调学生的过程成绩，彻底打破了期末笔试定成绩的传统。

本书共分四个学习情境。学习情境1的任务1.1、任务1.4，学习情境2的任务2.2，学习情境3的任务3.1由张丽编写；学习情境1的任务1.2、任务1.3，学习情境2的任务2.1由王加弟编写；学习情境3的任务3.2和学习情境4由刘存柱编写。全书由刘存柱统稿，山西交通职业技术学院张美珍教授担任主审。

本教材在编写过程中得到了胡晓旭教授真诚的帮助，在此一并致谢。

由于时间仓促，水平有限，书中内容难免存在缺点和错误，敬请读者批评指正。

编　者

2009 年 5 月

目　录

学习情境 1

钢筋混凝土材料性能检测

情境导入

钢筋混凝土是现代工程结构的主要材料，我国每年混凝土用量约 10 亿 m^3，钢筋用量约 2 500 万 t，规模之大，耗资之巨，居世界前列。

钢筋混凝土自被莫尼尔发现以来走过了将近 150 年的历史，并逐渐取代木、土、石等天然材料成为现代建筑的主要建筑材料。目前已经广泛应用于工业和民用建筑、桥梁、隧道、矿井以及水利、海港等土木工程领域。它的发展也代表了现代建筑的发展！

建筑用混凝土的发展简史可以追溯到古希腊、罗马时代，甚至可能在更早的古代文明中已经使用了混凝土及其胶结材料。但直到 1824 年波特兰水泥的发明才为混凝土的大量使用开创了新纪元。180 多年的发展大致经历了四个不同的阶段。

第一阶段为钢筋混凝土小构件的应用。法国花匠莫尼尔在 1867 年制作了以金属骨架作配筋的混凝土花盆并以此获得专利。1906 年特纳研制了第一个无梁平板。从此钢筋混凝土小构件已进入工程实用阶段。

第二阶段为钢筋混凝土结构与预应力混凝土结构的大量应用，设计的依据是材料的破损阶段计算方法。1928 年法国工程师弗来西奈发明了预应力混凝土。1950 年前苏联根据极限平衡理论制定了“塑性内力重分布计算规程”。1955 年我国有关部门颁布了极限状态设计方法，从而结束了按破损阶段的设计计算方法。

第三阶段为工业化生产构件与施工，结构体系应用范围扩大，设计计算按极限状态方法。20 世纪 70 年代，英国、联邦德国、加拿大、波兰相继采用此方法，并在欧洲混凝土委员会与国际预应力混凝土协会（CEB-FIP）第六届国际会议上提出了混凝土结构设计与施工建议，形成了设计思想上的国际化统一准则。

第四阶段，由于近代钢筋混凝土力学这一新的学科的科学分支逐渐形成，以统计数学为基础的结构可靠性理论已逐渐进入工程实用阶段。计算机技术的迅速发展使复杂的数学运算成为可能。设计计算依据概率极限状态设计法。总之，目前计算理论趋于完善，材料强度不断提高，施工机械化程度越来越高，钢筋混凝土建筑物向大跨高层发展。

钢筋混凝土材料是道桥工程结构最主要的建筑材料。在桥涵工程施工准备阶段，要按施工图设计要求，选择符合工程技术要求的水泥、集料、水和钢筋（钢绞线）。原材料质量的优劣直接影响桥涵工程的技术性能和使用寿命。为此，我们首先要对进场的原材料进行质量检测，然后选取符合质量要求的原材料进行水泥混凝土配合比组成设计，提出试验室标准配合比设计报告。

学习目标

【知识目标】

知道钢筋混凝土组成原材料的基本概念和技术性质，学会普通水泥混凝土配合比组成设计方法，熟悉钢筋混凝土材料在道桥工程中的典型应用实例。

【能力目标】

学会水泥、集料、钢筋和水泥混凝土技术指标的检测方法，能够熟练操作仪器，进行上述材料各项试验和结果整理分析。

任务 1.1　水泥质量检测

【教学目标】 掌握水泥的基本概念和技术性质，熟悉硅酸盐水泥的矿物组成及特性。学会水泥质量技术指标的检测方法，能够熟练操作仪器，进行水泥各项试验和结果整理分析。

【关 键 词】 硅酸盐水泥　水泥细度　凝结时间　安定性　胶砂强度

水泥与水拌和后成为可塑性的胶凝体物质，既能在空气中硬化，又能在水中硬化，并能将砂石等材料胶结成具有一定强度的整体，所以水泥是一种水硬性胶凝材料。

水泥按其主要水硬性物质名称分为：硅酸盐类水泥、铝酸盐类水泥、硫铝酸盐类水泥和铁铝酸盐类水泥等。按其用途和性能分为：通用水泥、专用水泥及特性水泥。通用水泥为用于一般土木建筑工程的水泥，如硅酸盐水泥、普通硅酸盐水泥、矿渣硅酸盐水泥、火山灰硅酸盐水泥、粉煤灰硅酸盐水泥和复合硅酸盐水泥。专用水泥是指专门用途的水泥，如道路水泥、砌筑水泥等。而特性水泥是某种性能比较突出的水泥，如快硬水泥、抗硫酸盐水泥和低热水泥等。

在道路与桥梁工程中通常应用六大品种通用水泥。

1.1.1　水泥的生产及组成

一、通用硅酸盐水泥

1. 通用硅酸盐水泥的定义

通用硅酸盐水泥是以硅酸盐水泥熟料和适量的石膏及规定的混合材料制成的水硬性胶凝材料。

2. 通用硅酸盐水泥的分类

通用硅酸盐水泥按混合材料的品种和掺量分为硅酸盐水泥、普通硅酸盐水泥、矿渣硅酸盐水泥、火山灰质硅酸盐水泥、粉煤灰硅酸盐水泥和复合硅酸盐水泥。

3. 通用硅酸盐水泥的组分与材料

1）组分

通用硅酸盐水泥的组分应符合表 1-1-1 的规定。

通用硅酸盐水泥的组分表　　表 1-1-1

品种	代号	组分（质量分数）				
		熟料+石膏	粒化高炉矿渣	火山灰质混合材料	粉煤灰	石灰石
硅酸盐水泥	P·I	100	—	—	—	—
	P·II	≥95	≤5	—	—	—
		≥95	—	—	—	≤5
普通硅酸盐水泥	P·O	≥80 且 <95	>5 且 ≤20①			—

续上表

品种	代号	组分(质量分数)				
		熟料+石膏	粒化高炉矿渣	火山灰质混合材料	粉煤灰	石灰石
矿渣硅酸盐水泥	P·S·A	≥50 且<80	>20 且≤50②	—	—	—
	P·S·B	≥30 且<50	>50 且≤70②	—	—	—
火山灰质硅酸盐水泥	P·P	≥60 且<80	—	>20 且≤40③	—	—
粉煤灰硅酸盐水泥	P·F	≥60 且<80	—	—	>20 且≤40④	—
复合硅酸盐水泥	P·C	≥50 且<80	>20 且≤50⑤			

注:①本组分材料为活性混合材料,其中允许用不超过水泥质量8%的非活性混合材料或不超过水泥质量5%的窑灰代替。

②本组分材料为活性混合材料,其中允许用不超过水泥质量8%的活性混合材料或非活性混合材料或窑灰中的任一种材料代替。

③本组分材料为活性混合材料。

④本组分材料为活性混合材料。

⑤本组分材料为由两种(含)以上的活性混合材料或/和非活性混合材料组成,其中允许用不超过水泥质量8%的窑灰代替。掺矿渣时混合材料掺量不得与矿渣硅酸盐水泥重复。

2)材料

硅酸盐水泥熟料主要是由含 CaO、SiO_2、$A1_2O_3$、Fe_2O_3 的原料,按适当比例磨成细粉烧至部分熔融所得以硅酸钙为主要矿物成分的水硬性胶凝物质。其中硅酸钙矿物含量(质量分数)不小于66%,氧化钙和氧化硅质量比不小于2.0。

活性混合材料应符合标准要求的粒化高炉矿渣、粒化高炉矿渣粉、粉煤灰、火山灰质混合材料。

非活性混合材料活性指标分别低于标准要求的包括粒化高炉矿渣、粒化高炉矿渣粉、粉煤灰、火山灰质混合材料;石灰石和砂岩,其中石灰石中的三氧化二铝(Al_2O_3)含量(质量分数)应不大于2.5%。

4. 水泥的生产

生产硅酸盐水泥熟料主要是石灰质原料和黏土质原料两大类。石灰质原料(如石灰石、白垩、石灰质凝灰岩等)主要提供 CaO,黏土质原料(如黏土、黏土质页岩、黄土等)主要提供 SiO_2、$A1_2O_3$ 和 Fe_2O_3。当两种原料化学组成不能满足要求时,还要加入少量校正原料(如硅藻土、黄铁矿渣)等进行调整。

硅酸盐水泥的生产工艺可概括为“两磨一烧”。

(1)生料的磨细。各种原料按适当的比例配合,在磨机中磨细而成生料。

(2)生料的煅烧。将生料入窑进行煅烧至1 450℃左右,生料中的 CaO—SiO_2—$A1_2O_3$—Fe_2O_3 经过复杂的化学反应,生成以硅酸钙为主要成分的硅酸盐水泥熟料。

(3)熟料的磨细。为延缓水泥的凝结速度,在硅酸盐水泥熟料中加入质量3%左右的石膏共同磨细,即为硅酸盐水泥。

水泥生产流程见图1-1-1。

5. 硅酸盐水泥的矿物组成

硅酸盐水泥熟料主要由四种矿物组成,其简式与含量列于表1-1-2。

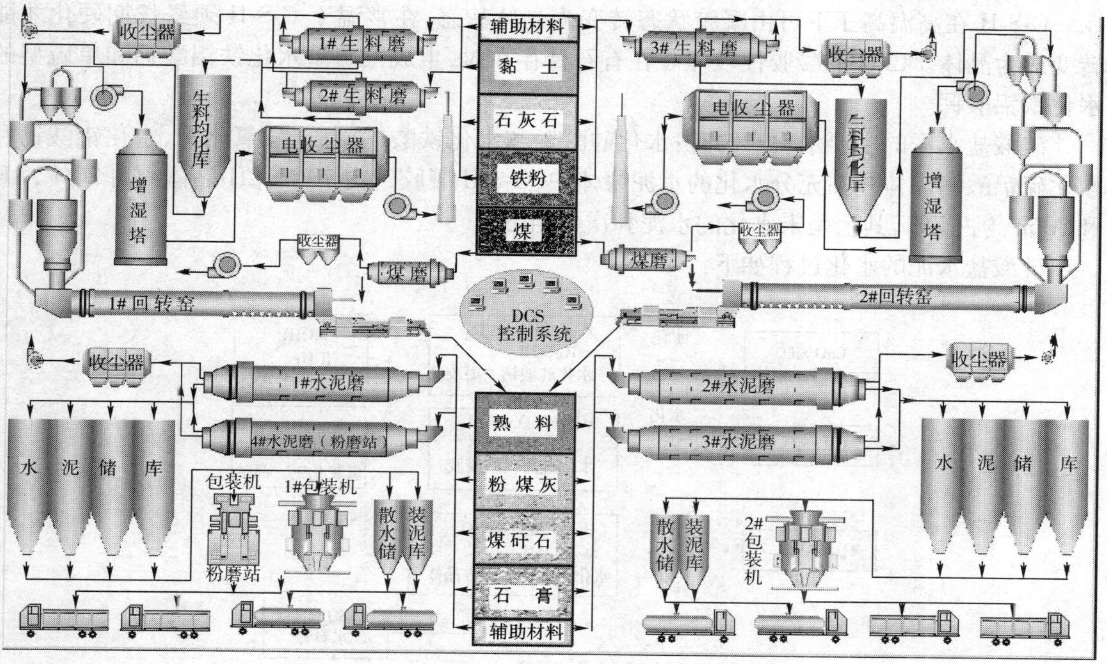

图 1-1-1　水泥生产流程图

硅酸盐水泥熟料的矿物组成　　表 1-1-2

矿物组成	化学组成	简式	大致含量(%)
硅酸三钙	$3CaO \cdot SiO_2$	C_3S	35~65
硅酸二钙	$2CaO \cdot SiO_2$	C_2S	10~40
铝酸三钙	$3CaO \cdot Al_2O_3$	C_3A	0~15
铁铝酸四钙	$4CaO \cdot Al_2O_3 \cdot Fe_2O_3$	C_4AF	5~15

6. 硅酸盐水泥矿物的特性

硅酸盐水泥的四种矿物特性归纳如表 1-1-3 所示。

硅酸盐水泥主要矿物特性　　表 1-1-3

特性 \ 矿物组成		硅酸三钙 (C_3S)	硅酸二钙 (C_2S)	铝酸三钙 (C_3A)	铁铝酸四钙 (C_4AF)
与水反应速度		快	最慢	最快	较快
水化热		较大	最小	最大	中
抗压强度	早期	最高	低	低	低(C_4AF 含量对抗折强度有利)
	后期		高		

水泥是由多种矿物组成的，改变各矿物组分之间的比例，则可生产各种性能特异的水泥。例如，提高 C_3S 含量可以制得高强度水泥；降低 C_3A 和 C_3S 含量，提高 C_2S 含量则可制得低热大坝水泥；提高 C_4AF 和 C_3S 含量则可制得抗折强度高的道路水泥。

7. 硅酸盐水泥的凝结硬化

1）硅酸盐水泥的水化

硅酸盐水泥颗粒与水接触后，立即发生水化反应，生成各种水化产物并放出一定热量。

C-S-H 在高温高压下可由凝胶状态转变为晶体状态，在常温下 C-S-H 须经长期硬化才能转变成为晶体。CFH 的凝胶性较差。在有石膏存在时，生成三硫型水化铁铝酸钙和单硫型的水化铁铝酸钙。

硅酸盐水泥的主要水化产物有：水化硅酸钙和水化铁酸钙凝胶、氢氧化钙、水化铝酸钙和水化硫铝酸钙晶体。在充分水化的水泥浆体中，C-S-H 凝胶约占 70%，CH 晶体约占 20%，AFt 和 AFm 约占 7%，其余是未水化的水泥和次要组分。

硅酸盐水泥的水化过程如下：

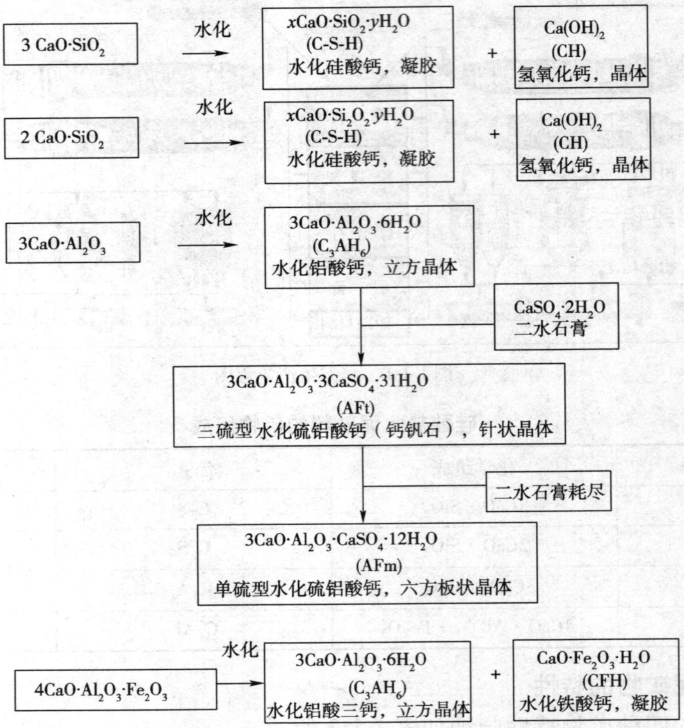

2）硅酸盐水泥的凝结和硬化

水泥加水拌和后立即发生水化反应，成为可塑性的水泥浆。随着时间的推延，具有塑性的水泥浆体经过凝结、硬化逐渐成为具有一定强度的水泥石。一般把硅酸盐水泥的凝结硬化过程分为四个阶段，如表 1-1-4。图 1-1-2 为硅酸盐水泥凝结硬化过程示意图。

水泥凝结硬化的几个阶段 表 1-1-4

凝结硬化阶段	放热速度（J/g·h）	水泥加水后持续时间	主要的物理化学变化
初始反应期	168	5～10min	初始溶解和水化：C_3A、C_3S 先后开始水化，生成的 C-S-H 凝胶中交织着 CH、C_3AH_6 和 AFt 的晶体，包裹在水泥颗粒表面
潜伏期	4.2	10min～1h	凝胶体膜层围绕水泥颗粒成长：水泥颗粒表面形成以 C-S-H 凝胶为主的渗透膜，从而减缓了水分向内渗入和水化产物向外扩散的速度，使水化速度减慢。此阶段水泥浆体基本保持塑性

续上表

凝结硬化阶段	放热速度（J/g·h）	水泥加水后持续时间	主要的物理化学变化
凝结期	6h内增加到21	1～6h	膜层破裂，水泥颗粒进一步水化：由于水分渗入膜层内部的速度大于水化产物通过膜层向外扩散的速度，因而产生了渗透压。当渗透压达到极限，使膜层破裂，水泥颗粒进一步水化，水化产物不断增加，凝胶体膜层向外增厚和延伸，被水溶液占据的空间逐渐缩小，而包有凝胶体的颗粒逐渐接近，相互黏结并形成网状结构。因此，水泥浆逐渐失去塑性并开始凝结。此阶段约15%的水泥水化
硬化期	24h内降低到4.2	6h至若干年	凝胶体填充毛细孔：水泥继续水化，C_4AF的水化产物也开始形成。当石膏耗尽，AFt转变为AFm。硅酸钙继续进行水化，长纤维C-S-H凝胶形成短纤维状。随着时间的推移，水化产物进一步填充毛细孔，水泥浆体逐渐产生强度。在适当的温度和湿度条件下，水泥强度随时间不断增长，水泥的硬化可持续几年甚至几十年

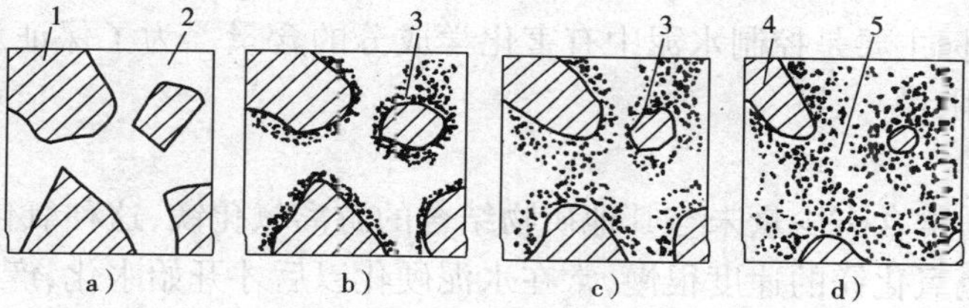

图1-1-2　水泥凝结硬化过程示意图

a）分散在水中未水化的水泥颗粒；b）在水泥颗粒表面形成水化物膜层；c）膜层长大并互相连接（凝结）；d）水化物进一步发展，填充毛细孔（硬化）

1-水泥颗粒；2-水分；3-凝胶；4-水泥颗粒的未水化内核；5-毛细孔

二、掺混合材料的硅酸盐水泥

1. 水泥混合材料

混合材料可分为两类，见表1-1-5。

混合材料分类　　表1-1-5

分　类	定义及作用	主要包括
活性混合材料	磨成细粉掺入水泥中，加水后能与水泥的水化产物起化学反应生成水硬性凝胶，既能在空气中又能在水中硬化，并且改善水泥的性质	粒化高炉矿渣、粒化高炉矿渣粉、粉煤灰、火山灰质混合材料。这些材料都含有活性SiO_2和活性Al_2O_3，与$Ca(OH)_2$的化合能力较强，具有较高的活性
非活性混合材料（填充性混合材料）	经磨细后掺入水泥中，基本上不与水泥起化学反应，仅起提高产量、降低成本、调节水泥强度等级、降低水化热、改善新拌混凝土和易性等作用。在水泥中主要起填充作用	活性指标分别低于标准要求的粒化高炉矿渣、粒化高炉矿渣粉、粉煤灰、火山灰质混合材料；石灰石和砂岩，其中石灰石中的Al_2O_3含量（质量分数）应不大于2.5%。这些材料不具有或具有微弱的化学活性

2. 掺混合材的硅酸盐水泥

为了改善硅酸盐水泥的某些性能，同时达到增加产量和降低成本的目的，在硅酸盐水泥熟料中掺加适量的各种混合材料与石膏共同磨细制得的水硬性凝胶材料，称为掺混合材的硅酸盐水泥，简称混合材水泥。常用的掺混合材水泥包括矿渣硅酸盐水泥、火山灰质硅酸盐水泥、粉煤灰硅酸盐水泥。

3. 混合材水泥的水化和硬化

混合材水泥水化的特点是二次水化。反应分以下两步进行：

第一步，熟料矿物水化，水化产物与硅酸盐水泥的水化产物相同；

第二步，水化产物 CH 与活性混合材料中的活性 SiO_2 和活性 Al_2O_3 发生二次水化，生成水硬性凝胶（水化硅酸钙、水化铝酸钙等水化产物）。

由于二次反应消耗了水泥熟料的水化生成物，因此又加速了熟料的水化反应。但总体凝结硬化速度比普通硅酸盐水泥慢。

1.1.2 水泥的技术性质

水泥的技术性质包括下列项目。

1. 化学性质

水泥的化学指标主要是控制水泥中有害化学成分的含量。为了保证水泥的使用质量，要求其不超过一定的限量。

1）氧化镁含量

在水泥熟料中，常含有少量未与其他矿物结合的游离氧化镁，这种氧化镁是高温时形成的方镁石，它水化为氢氧化镁的速度很慢，常在水泥硬化以后才开始水化，产生体积膨胀，可导致水泥石结构产生裂缝甚至破坏。

2）三氧化硫含量

水泥中的三氧化硫主要是在生产时为调节凝结时间加入石膏而产生的。石膏超过一定限量后，水泥的性能会变坏，甚至引起硬化后水泥石体积膨胀，导致结构物破坏。

3）烧失量

水泥煅烧不佳或受潮后，均会导致烧失量增加。烧失量的测定是以水泥试样在 950 ~ 1 000℃下灼烧 15 ~ 20min 冷却至室温称量。如此反复灼烧直至恒重，计算灼烧后质量损失率。

4）不溶物

水泥中不溶物的测定是用盐酸溶解滤去不溶残渣，经碳酸钠处理再用盐酸中和，高温灼烧至恒重后称量，灼烧后不溶物质量占试样总质量的比例为不溶物。

5）氯离子

水泥中氯离子含量不大于 0.06%。

2. 物理力学性质

1）细度（选择性指标）

细度是指水泥颗粒的粗细程度。水泥颗粒愈细，水化面积愈大，水化速度愈快，水化愈充分，凝结速度也愈快，早期强度愈高，析水量愈少。但颗粒过细，标准稠度用水量愈大，在空气中的硬化收缩也愈大，使水泥混凝土发生裂缝的可能性增加；且粉磨能耗增加，成本提高，不宜长期储存。

水泥细度有两种表示方法。

（1）筛析法。以 80μm 或 45μm 方孔筛上的筛余量百分率表示。

(2)比表面积法。以每千克水泥总表面积(m^2)表示。

2)水泥净浆标准稠度

为使水泥凝结时间和安定性的测定结果具有可比性,必须采用标准稠度的水泥净浆。标准稠度用水量可采用标准法(试杆法)和代用法(试锥法)测定。试杆法是采用维卡仪测定,以试杆沉入净浆并距底板 6mm ± 1mm 的水泥净浆为标准稠度净浆。其拌和用水量为该水泥的标准稠度用水量(P),按水泥质量的百分比计。

影响水泥标准稠度用水量的因素主要有:水泥的品种、细度、矿物组成以及混合材料的掺量等。

3)凝结时间

水泥的凝结时间分为初凝时间和终凝时间。初凝时间是从水泥全部加入水中到水泥浆开始失去塑性的时间;终凝时间是从水泥全部加入水中到水泥浆完全失去塑性的时间。

水泥的凝结时间对水泥混凝土的施工有重要意义。初凝时间太短,将影响混凝土混合料的运输和浇筑;终凝时间过长,则影响混凝土工程的施工进度。

4)体积安定性

水泥体积安定性是指水泥在凝结硬化过程中体积变化的均匀性。各种水泥在凝结硬化过程中,若产生不均匀的体积变化,将在混凝土内部产生破坏应力,降低混凝土的强度,严重者可导致混凝土产生裂缝或崩溃,即水泥体积安定性不良。

影响体积安定性的因素主要有:熟料中游离氧化钙的含量过多;熟料中游离氧化镁的含量过多;水泥中掺入的石膏过多。这些成分在水泥硬化后继续水化,体积膨胀,造成水泥石开裂。

由游离氧化钙造成的体积安定性不良可采用沸煮法测定,采用雷氏法为标准法,试饼法为代用法,当有矛盾时,以标准法为准。

5)强度

水泥的强度是在外力作用下,抵抗破坏的能力。水泥强度是确定水泥强度等级的主要依据,强度愈高,承受荷载的能力愈强,胶结能力也愈大。

我国采用水泥胶砂强度来表示水泥强度。按水泥胶砂强度检验方法(ISO 法)(JTG E30—2005)规定,水泥胶砂强度是以 1∶3的水泥和中国 ISO 标准砂,按 0.5 的水灰比,用标准方法制成 40mm × 40mm × 160mm 的标准试件,在标准养护条件下,达到规定龄期(3d,28d)时,测定其抗折强度和抗压强度,按规定龄期的抗折强度和抗压强度来划分水泥强度等级。各强度等级水泥的各龄期强度不得低于国标规定的数值。

1.1.3 水泥的技术标准

通用硅酸盐水泥的技术标准按国标《通用硅酸盐水泥》(GB 175—2007)的规定列于表1-1-6。

硅酸盐水泥的强度等级分为 42.5、42.5R、52.5、52.5R、62.5、62.5R 六个等级。普通硅酸盐水泥的强度等级分为 42.5、42.5R、52.5、52.5R 四个等级。

矿渣硅酸盐水泥、火山灰质硅酸盐水泥、粉煤灰硅酸盐水泥和复合硅酸盐水泥的强度等级分为 32.5、32.5R、42.5、42.5R、52.5、52.5R 六个等级。

按早期(3d)强度的大小又将水泥分为普通型和早强型(或称 R 型)。早强型水泥 3d 的抗压强度较同强度等级的普通型水泥高 10% ~24%。

通用硅酸盐水泥的技术标准（GB 175—2007）　　表 1-1-6

品种	技术标准	细度	凝结时间 初凝（min）	凝结时间 终凝（min）	安定性（沸煮法）	强度（MPa）	不溶物（质量分数） Ⅰ型	不溶物（质量分数） Ⅱ型	水泥中 MgO 含量（质量分数）	水泥中 SO_3 含量（质量分数）	烧失量（质量分数） Ⅰ型	烧失量（质量分数） Ⅱ型
硅酸盐水泥	指标	比表面积（m^2/kg）>300	≥45	≤390	必须合格	见表 1-1-7	≤0.75	≤1.5	5.0①	≤3.5	≤3	≤3.5
普通硅酸盐水泥	指标	比表面积（m^2/kg）>300					—		5.0①	≤3.5	≤5.0	
矿渣硅酸盐水泥	指标	80μm 方孔筛筛余≤10%或 45μm 方孔筛筛余≤30%	≥45	≤600			—		P·S·A ≤6.0②；P·S·B —	≤4.0	—	
火山灰质硅酸盐水泥	指标						—		≤6.0②	≤3.5		
粉煤灰硅酸盐水泥	指标											
复合硅酸盐水泥	指标											
试验方法		GB/T 8074 GB/T 1345	GB/T 1346			GB/T 17671	GB/T 176					

注：①如果水泥压蒸试验合格，则水泥中 MgO 的含量（质量分数）允许放宽到 6.0%。

②如果水泥中 MgO 的含量（质量分数）大于 6.0% 时，需进行水泥压蒸试验和安定性试验并合格。

③水泥中氯离子含量（质量分数）≤0.06%。当有更低要求时，该指标由买卖双方确定。

④水泥中碱含量按 $Na_2O + 0.658K_2O$ 计算值表示。若使用活性集料，用户要求提供低碱水泥时，水泥中的碱含量应不大于 0.60% 或由买卖双方协商确定。

不同品种不同强度等级的通用硅酸盐水泥，其不同龄期的强度应符合表 1-1-7 的规定。

通用硅酸盐水泥的强度指标（GB 175—2007）　　表 1-1-7

品　种	强度等级	抗压强度（MPa） 3d	抗压强度（MPa） 28d	抗折强度（MPa） 3d	抗折强度（MPa） 28d
硅酸盐水泥	42.5	≥17.0	≥42.5	≥3.5	≥6.5
	42.5R	≥22.0		≥4.0	
	52.5	≥23.0	≥52.5	≥4.0	≥7.0
	52.5R	≥27.0		≥5.0	
	62.5	≥28.0	≥62.5	≥5.0	≥8.0
	62.5R	≥32.0		≥5.5	
普通硅酸盐水泥	42.5	≥17.0	≥42.5	≥3.5	≥6.5
	42.5R	≥22.0		≥4.0	
	52.5	≥23.0	≥52.5	≥4.0	≥7.0
	52.5R	≥27.0		≥5.0	

续上表

<table>
<tr><th rowspan="2">品　种</th><th rowspan="2">强度等级</th><th colspan="2">抗压强度(MPa)</th><th colspan="2">抗折强度(MPa)</th></tr>
<tr><th>3d</th><th>28d</th><th>3d</th><th>28d</th></tr>
<tr><td rowspan="6">矿渣硅酸盐水泥、火山灰质硅酸盐水泥、粉煤灰硅酸盐水泥、复合硅酸盐水泥</td><td>32.5</td><td>≥10.0</td><td rowspan="2">≥32.5</td><td>≥2.5</td><td rowspan="2">≥5.5</td></tr>
<tr><td>32.5R</td><td>≥15.0</td><td>≥3.5</td></tr>
<tr><td>42.5</td><td>≥15.0</td><td rowspan="2">≥42.5</td><td>≥3.5</td><td rowspan="2">≥6.5</td></tr>
<tr><td>42.5R</td><td>≥19.0</td><td>≥4.0</td></tr>
<tr><td>52.5</td><td>≥21.0</td><td rowspan="2">≥52.5</td><td>≥4.0</td><td rowspan="2">≥7.0</td></tr>
<tr><td>52.5R</td><td>≥23.0</td><td>≥4.5</td></tr>
</table>

合格品与不合格品水泥的判断规则：

检验结果符合化学指标、凝结时间、安定性、强度规定的为合格品。检验结果不符合化学指标、凝结时间、安定性、强度中任何一项技术要求的为不合格品。

1.1.4　水泥材料的选用

一、硅酸盐水泥和普通水泥的应用

1. 硅酸盐水泥的特性和应用

硅酸盐水泥与其他通用水泥相比，具有如下特性和应用：

(1)硬化快、强度高。硅酸盐水泥凝结硬化快，早期、后期强度都很高，所以适用于早期强度要求高和重要结构的高强混凝土、预应力钢筋混凝土和耐磨混凝土工程。

(2)水化热高。硅酸盐水泥中 C_3S 和 C_3A 含量高，混合材少，且比表面积大，因此早期放热量大，放热速度快，所以适用于冬季施工的混凝土工程。但不适用于大体积混凝土工程。

(3)抗冻性好。硅酸盐水泥石具有很高的密实度，且具有对抗冻性有利的孔隙特征，因此适用于严寒地区遭受反复冻融和有抗冻性要求的混凝土工程。

(4)耐热性差。当温度为 100～250℃时，水泥石的强度并不降低；当温度为 250～300℃时，水化物开始脱水，水泥石强度开始下降；当温度为 700～1 000℃时，水泥石结构几乎完全破坏。所以硅酸盐水泥不适用于有耐热、高温要求的混凝土工程。

(5)耐蚀性差。硅酸盐水泥石中含有很多的 $Ca(OH)_2$ 和水化铝酸钙，所以不适用于有流动、压力水作用的混凝土工程，也不适用受海水、矿物水、硫酸盐等侵蚀介质作用的混凝土工程。

2. 普通水泥的特性和应用

由于普通水泥掺加混合材料的数量少，性质与硅酸盐水泥相近。它的特性与用途和硅酸盐水泥基本相同。

二、掺混合材料水泥的应用

1. 矿渣、火山灰、粉煤灰水泥的共性和应用

三种水泥都掺入了大量的混合材料，因此有很多共性和相同的应用。但由于掺入混合材料的品种和数量不同，它们又各有个性。

三种水泥的共同特点和应用是：

(1)凝结硬化慢、早期强度低、后期强度高。由于三种水泥熟料的含量少，且混合材料水泥的水化首先是熟料的水化，然后混合材料才参加二次水化反应，所以凝结硬化慢，早期(3d)强度低，但后期(28d 以后)强度将超过相同强度等级的硅酸盐水泥。因此，三种水泥不适用于早强的混凝土工程。

(2)水化对温度、湿度敏感。提高养护温度和湿度，有利于强度发展。若采用蒸汽养护或蒸压养护，强度增长较普通水泥快，且后期强度仍能很好地增长。因此，三种水泥适用于蒸汽或蒸压养护的预制构件。

(3)水化热低。三种水泥中熟料含量少，降低了 C_3S 和 C_3A 的含量，且二次反应速度慢，所以水化热比硅酸盐水泥小，适用于大体积混凝土工程。

(4)抗冻性差。由于这三种水泥掺入了大量的混合材料，使水泥需水量增加，水分蒸发后形成毛细孔通道或粗大的孔隙，其水泥石的密实度较低，所以抗冻性差。不适用于受冻融作用或干湿交替作用的混凝土工程。

(5)耐蚀性好(耐淡水及硫酸盐侵蚀)。三种水泥中熟料含量少，水化产物 $Ca(OH)_2$ 和水化铝酸钙也减少，且二次水化反应使水泥石中的 $Ca(OH)_2$ 更少，因此提高了抗淡水及硫酸盐侵蚀的能力。但因起缓冲作用的 $Ca(OH)_2$ 较少，抵抗酸性水和镁盐侵蚀的能力不如硅酸盐水泥。所以三种水泥适用于受淡水和硫酸盐侵蚀的水工或海港等混凝土工程。

2. 矿渣、火山灰、粉煤灰水泥的个性和应用

(1)矿渣水泥的耐热性好，保水性差，干缩性大，抗渗性差。矿渣水泥中的 $Ca(OH)_2$ 含量减少，且矿渣本身又耐热，故具有较好的耐热性。适用于受热的混凝土工程。矿渣水泥中磨细的矿渣有尖锐棱角，故标准稠度需水量较大，且矿渣亲水性差，在拌制混凝土时保水性差、泌水大，易形成孔隙，在空气中硬化时干缩性较大，如养护不当，则易产生裂缝，因此抗渗性差。

(2)火山灰水泥的抗渗性好，干缩性大。火山灰水泥在硬化过程中形成了大量的水化硅酸钙凝胶；火山灰水泥的密度小，在同样水灰比的条件下，其需水量比矿渣水泥大，泌水性小，水泥石的密实度较高，抗渗性较好，适用于有抗渗要求的混凝土工程。火山灰水泥在干燥环境中将由于失水而使水化反应停止，且水化硅酸钙凝胶会逐渐干燥，产生体积收缩，使水泥石产生裂缝，不宜用于干燥地区的混凝土工程。

(3)粉煤灰水泥的干缩性小，抗裂性好。粉煤灰中有许多球状颗粒，内比表面积较小，吸附水的能力较小，干缩小，抗裂性好。

硅酸盐水泥、普通水泥、矿渣水泥、火山灰水泥、粉煤灰水泥是目前土建工程中应用最广的品种。由于各种混合材料性质的差异，各种掺混合材料水泥和不掺混合材料水泥都各有其特点，在实际中应适当选用。为了便于比较，现将上述五种水泥的主要特性及适用范围列于表1-1-8。

五种水泥的主要特性及适用范围 表 1-1-8

名称		硅酸盐水泥	普通水泥	矿渣水泥	火山灰水泥	粉煤灰水泥
特性	1. 硬化	快	较快	慢	慢	慢
	2. 早期强度	高	较高	低	低	低
	3. 水化热	高	高	低	低	低
	4. 抗冻性	好	好	差	差	差
	5. 耐热性	差	较差	好	较差	较差
	6. 干缩性			较大	较大	较小

续上表

<table>
<tr><td colspan="2">名　称</td><td>硅酸盐水泥</td><td>普通水泥</td><td>矿渣水泥</td><td>火山灰水泥</td><td>粉煤灰水泥</td></tr>
<tr><td rowspan="3">特性</td><td>7. 抗渗性</td><td>较好</td><td>较好</td><td>差</td><td>较好</td><td>较好</td></tr>
<tr><td>8. 耐蚀性</td><td>较差</td><td>较差</td><td>较强</td><td colspan="2">除混合材料含 Al_2O_3 较多者抗硫酸盐腐蚀性较弱外，一般均较强</td></tr>
<tr><td>9. 泌水性</td><td>较小</td><td>较小</td><td>明显</td><td>小</td><td>大</td></tr>
<tr><td colspan="2">适用条件</td><td colspan="2">1. 一般地上工程，无腐蚀、无压力水作用的工程；
2. 要求早期强度较高和低温施工无蒸汽养护的工程；
3. 有抗冻性要求的工程</td><td>1. 一般地上、地下和水中工程；
2. 有硫酸盐侵蚀的工程；
3. 大体积混凝土工程；
4. 有耐热性要求的工程；
5. 有蒸汽养护的工程</td><td>除不适于有耐热性要求的工程外，其他与矿渣水泥相同</td><td>同火山灰水泥</td></tr>
<tr><td colspan="2">不适用条件</td><td colspan="2">1. 大体积混凝土工程；
2. 有腐蚀作用和压力水作用的工程</td><td>1. 要求早强高的工程；
2. 有耐冻性要求的工程</td><td>1. 与矿渣水泥各项相同；
2. 干热地区和耐磨性要求较高的工程</td><td>1. 与矿渣水泥各项相同；
2. 有抗碳化要求的工程</td></tr>
</table>

三、常用五大品种水泥的选用

硅酸盐水泥、普通水泥、矿渣水泥、火山灰水泥、粉煤灰水泥是道路与桥梁工程中广泛使用的水泥品种，主要用来配制混凝土，可根据表 1-1-9 来选用。

常用五大品种水泥的选用参考表　　表 1-1-9

序号	混凝土工程特点及环境条件	优先选用	可以选用	不宜选用
1	普通气候环境中	普通水泥 硅酸盐水泥	矿渣水泥 火山灰水泥 粉煤灰水泥	
2	干燥环境中	普通水泥 硅酸盐水泥	矿渣水泥	火山灰水泥 粉煤灰水泥
3	长期处于水中	矿渣水泥 火山灰水泥 粉煤灰水泥	普通水泥 硅酸盐水泥	
4	厚大体积	矿渣水泥 火山灰水泥 粉煤灰水泥	普通水泥	硅酸盐水泥
5	要求快硬、高强（>C40）	硅酸盐水泥	普通水泥	矿渣水泥 火山灰水泥 粉煤灰水泥

续上表

序号	混凝土工程特点及环境条件	优先选用	可以选用	不宜选用
6	严寒地区露天或寒冷地区水位升降范围内	硅酸盐水泥 普通水泥	矿渣水泥	火山灰水泥 粉煤灰水泥
7	严寒地区水位升降范围内	硅酸盐水泥 普通水泥		矿渣水泥 火山灰水泥 粉煤灰水泥
8	要求抗渗	普通水泥 火山灰水泥 粉煤灰水泥	硅酸盐水泥	矿渣水泥
9	要求耐磨	硅酸盐水泥 普通水泥	矿渣水泥	火山灰水泥 粉煤灰水泥
10	受淡水和硫酸盐侵蚀介质作用	矿渣水泥 火山灰水泥 粉煤灰水泥		硅酸盐水泥

四、水泥石的腐蚀

1. 何谓水泥石的腐蚀

用硅酸盐类水泥配制成的混凝土，在正常环境中水泥石强度将不断增长，但在某些环境中水泥石的强度反而降低，甚至引起混凝土结构物的破坏，这种现象称为水泥石的腐蚀。

2. 腐蚀的类型

水泥石的腐蚀一般有以下几种类型。

(1)溶析性侵蚀。又称溶出侵蚀或淡水侵蚀，就是硬化后混凝土中的水泥水化产物被淡水溶解而带走的一种侵蚀现象。

在水泥的水化产物中，$Ca(OH)_2$ 在水中的溶解度最大，首先被溶出。在水量小、静水或无压情况下，由于 $Ca(OH)_2$ 的迅速溶出，周围的水很快饱和，溶出作用也就中止。但在大量、流动或有压力的水中，由于 $Ca(OH)_2$ 不断被溶析，不仅降低混凝土的密度和强度，还导致水化硅酸钙和水化铝酸钙的分解，从而引起结构物的破坏。

(2)硫酸盐的侵蚀。海水、沼泽水和工业污水中常含有硫酸盐，如硫酸钠、硫酸钾。它们与水泥石中的氢氧化钙反应生成硫酸钙。在硫酸盐浓度较高时，硫酸钙在水泥石孔隙中结晶体积膨胀，导致水泥石破坏；在硫酸盐浓度较低时，硫酸钙与水泥中的水化铝酸钙作用，生成水化硫铝酸钙(钙矾石)，其体积可增大1.5倍，使水泥石产生很大的内应力，造成膨胀开裂以至破坏。

(3)镁盐侵蚀。在海水、地下水中常含有镁盐，如氯化镁、硫酸镁。镁盐与水泥石中的氢氧化钙反应，生成无胶结能力的氢氧化镁、易溶于水的氯化钙，或生成二水石膏引起硫酸盐的破坏作用。因此，硫酸镁对水泥石起着镁盐和硫酸盐的双重腐蚀作用。

(4)碳酸侵蚀。在工业污水或地下水中常溶解较多的二氧化碳，碳酸与水泥石中的氢氧化钙作用，生成不溶于水的碳酸钙，碳酸钙再与水中的碳酸作用生成易溶于水的碳酸氢钙，使水泥石的强度下降。

3. 腐蚀的防止

(1)根据腐蚀环境的特点,合理选用水泥品种。选用掺混合材水泥,减少水泥石中氢氧化钙和水化铝酸钙的含量,可提高抗淡水侵蚀和硫酸盐侵蚀的能力。

(2)提高水泥石的密实度。合理设计混凝土配合比、降低水灰比、合理选择集料、掺加外加剂及采用机械施工等方法,可以提高水泥石的密实度,增强其抗腐蚀能力。

(3)敷设耐蚀保护层。当腐蚀作用较强时,可在混凝土表面敷设耐腐蚀性强的保护层,可采用耐酸石料、耐酸陶瓷、玻璃、塑料或沥青等。

1.1.5 水泥试验与检测

实训项目一 水泥密度试验

一、试验目的与适用范围

水泥的密度表示水泥单位体积的质量(kg/m^3)。测定水泥的密度是为水泥混凝土配合比设计提供原始资料。本方法适用于测定水硬性水泥的密度,也适用于测定采用本方法的其他粉状物料的密度。

图 1-1-3 李氏瓶

二、仪器设备

(1)李氏瓶,如图 1-1-3 所示。瓶颈刻度由 0 至 24mL,且 0 ~ 1mL 和 18 ~ 24mL 之间应具有 0.1mL 刻度线。

(2)恒温水槽。

(3)天平,量程大于 100g,感量不大于 0.01g。

(4)温度计、滤纸。

三、试验操作方法

序号	项　目	内容及要求
一、试验步骤		
1	加煤油,恒温,初读数	将煤油注入李氏瓶中至 0 ~ 1mL,盖上瓶塞放入恒温水槽,使刻度部分浸入水中,恒温 30min,第一次读数
2	擦煤油	取出李氏瓶,用滤纸擦净瓶内零点以上没有煤油的部分
3	加水泥	水泥过 0.90mm 方孔筛后烘干,称水泥 60g,精确至 0.01g,用小匙和漏斗将水泥装入李氏瓶中,反复摇动至没有气泡
4	恒温,读数	再次将李氏瓶放入恒温水槽,恒温 30min,第二次读数
二、结果整理		
1	计算水泥的密度	$$\rho = \frac{P}{V} \times 1000$$ 式中:ρ——水泥的密度(kg/m^3),计算精确至 $10kg/m^3$; P——装入密度瓶的水泥质量(g); V——水泥体积,为第二次读数减去第一次读数(cm^3),即水泥所排开煤油的体积(mL)
2	试验结果	取两次测定结果的平均值,两次测定结果之差不得超过 $20kg/m^3$

四、注意事项

第一次读数和第二次读数时，恒温水槽温差不大于0.2℃。

五、试验记录

试验记录及结果整理填入《道路建筑材料试验检测报告》项目表1-1-1和试表1-1-1。

实训项目二　水泥细度试验(负压筛法)

一、试验目的与适用范围

本试验规定用80μm筛检验水泥细度。通过水泥细度的检测，确定水泥颗粒的粗细程度，作为评定水泥技术性质的选择性指标。

本方法适用于硅酸盐水泥、普通水泥、矿渣水泥、火山灰水泥、粉煤灰水泥、复合水泥及指定采用本方法的其他品种水泥和粉状物料。

图1-1-4　负压筛析仪

二、仪器设备

(1)负压筛，孔径为0.080mm的方孔筛。

(2)负压筛析仪，由筛座、负压筛、负压源及收尘器组成，如图1-1-4所示。

(3)天平，感量小于0.05g。

三、试验操作方法

序号	项　目	内容及要求
		一、试验准备
1	样品处理	水泥样品应充分拌匀，过0.9mm方孔筛，记录筛余物情况
2	调负压	把负压筛置于筛座上，盖上筛盖；接电源，调负压至4 000～6 000Pa
		二、试验步骤
1	称样	称取试样25g
2	筛析	试样置于负压筛中，盖上筛盖，筛析2min
3	称量	用天平称量筛余物
		三、结果整理
1	筛余百分数	$$F=\frac{R_s}{m}\times 100$$ 式中：F——水泥试样的筛余百分数(%)，计算结果精确到0.1%； R_s——水泥筛余物的质量(g)； m——水泥试样的质量(g)
2	合格评定	每个样品应称取两个试样分别筛析，取筛余平均值为筛析结果。若两次筛余结果绝对误差大于0.5%时(筛余值大于5.0%时可放至1.0%)，应再做一次试验，取两次相近结果的算术平均值作为最终结果

四、注意事项

(1)当工作负压小于4 000Pa时，应清理吸尘器内的水泥。

(2)筛析时如有试样附着在筛盖上,可轻轻地敲击筛盖使试样落下。

五、试验记录

试验记录及结果整理填入《道路建筑材料试验检测报告》项目表 1-1-2 和试表 1-1-2。

实训项目三　水泥标准稠度用水量、凝结时间、安定性试验

一、试验目的、适用范围

本试验规定了水泥标准稠度用水量、凝结时间和体积安定性的测试方法。水泥标准稠度用水量的测定是为了在进行水泥凝结时间和安定性试验时,对水泥净浆在标准稠度条件下测定,使不同水泥具有可比性;凝结时间的测定是为了检验水泥的初凝时间和终凝时间是否符合技术要求,并为水泥混凝土的施工提供水泥的初凝时间和终凝时间;体积安定性测定是为了检验水泥的安定性是否合格。

本方法适用于硅酸盐水泥、普通水泥、矿渣水泥、火山灰水泥、粉煤灰水泥、复合水泥、道路水泥及指定采用本方法的其他品种水泥。

二、试验仪具与材料

(1)水泥净浆搅拌机,如图 1-1-5 所示。

(2)标准法维卡仪,由标准稠度测定用试杆、凝结时间测定用初凝针和终凝针、试模等组成,如图 1-1-6 所示。

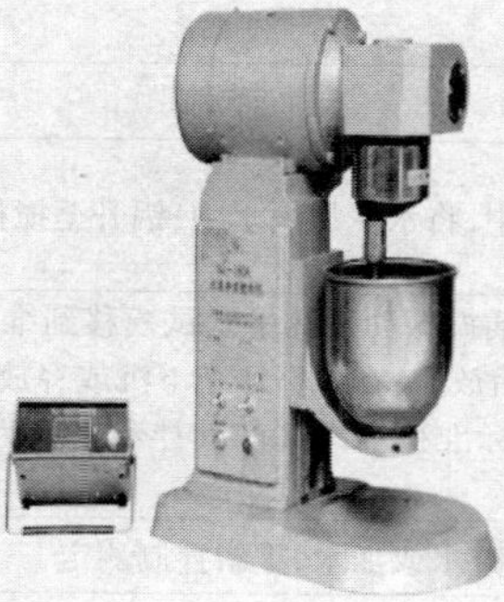

图 1-1-5　水泥净浆搅拌机

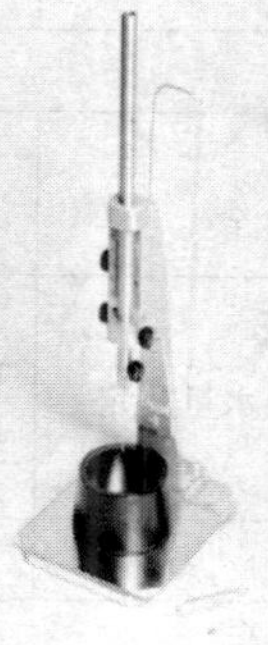

图 1-1-6　测定水泥标准稠度和凝结时间的维卡仪

(3)湿气养护箱,温度为 20℃ ±1℃,相对湿度大于 90%。

(4)雷氏夹,由两根指针(尖端距离 10mm)和环模(切口 <1mm)组成,如图 1-1-7 所示。

(5)雷氏夹膨胀值测定仪,由底座、测弹性标尺、测膨胀值标尺和悬臂组成,如图 1-1-8 所示。

(6)沸煮箱,能在 30min ± 5min 将水温升至沸腾,试验过程中不需加水。

(7)天平、量水器、玻璃板、小刀、计时表、机油。

(8)试验室,试样,饮用水的温度为 20℃ ±2℃,试验室相对湿度≥50%。

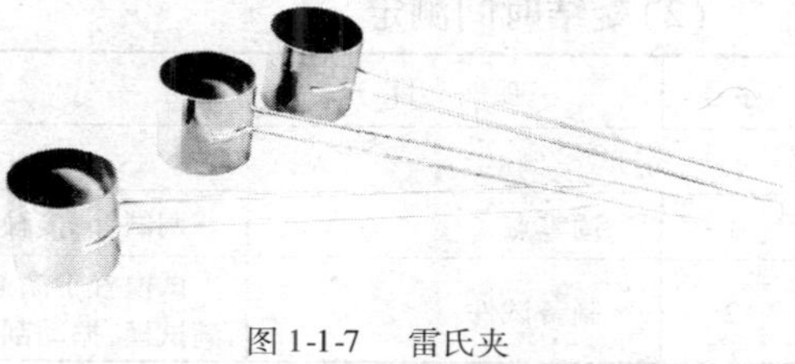

图 1-1-7　雷氏夹

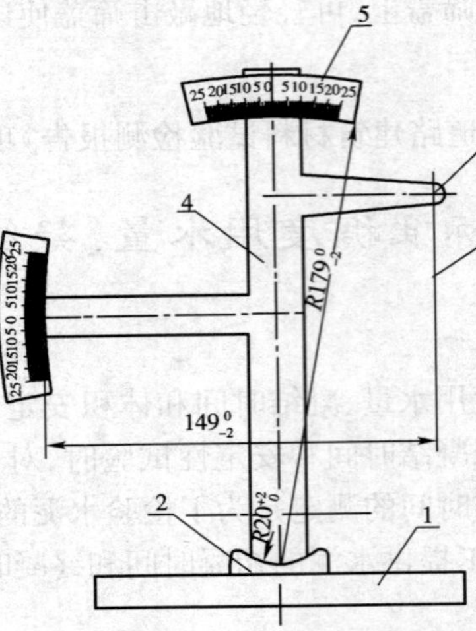

图 1-1-8　雷氏夹膨胀值测定仪

1-底座;2-模子座;3-测弹性标尺;4-立柱;5-测膨胀值标尺;6-悬臂;7-悬丝

三、试验操作方法

(1)标准稠度用水量测定(标准法)。

序号	项　目	内容及要求
		一、试 验 准 备
1	称试样	称 500g 水泥
2	调零点	调试杆接触玻璃板时指针对准零点
		二、试 验 步 骤
1	拌制净浆	湿布擦拭搅拌锅和叶片,将水倒入锅中,将水泥加入水中;锅升至搅拌位置,搅拌
2	标准稠度用水量测定	将净浆装入放在玻璃板上的试模中,插捣振动后抹平。试模移到维卡仪上,降低试杆与净浆表面接触,拧紧螺钉 1~2s 后放松;在试杆停止下沉或释放 30s 时读数。以试杆沉入净浆距底板 6mm ±1mm 为标准稠度净浆。其拌和水量为标准稠度用水量
3	调整	试杆距底板超出 6mm ±1mm 时,适当减水或加水,重新拌制测定
		三、结 果 整 理
计算		$$P = \frac{V \times \rho_w}{500} \times 100$$ 式中:P——标准稠度用水量(%); V——用水量的毫升数; ρ_w——水的密度(g/cm^3); 500——水泥试样的质量(g)

(2)凝结时间测定。

序号	项　目	内容及要求
		一、试 验 准 备
1	调零点	调试针,接触玻璃板时指针对准零点
2	制备试件	试模置于涂油的玻璃板上,将标准稠度净浆(记录水泥全部加入水中的时间)装满试模,振动刮平,放入养护箱中

续上表

序号	项　目	内容及要求
		二、试验步骤
1	初凝时间测定	加水30min第一次测定。试模置于试针下，试针与净浆表面接触，拧紧螺钉1~2s后放松；试针停止下沉或释放30s时读数。 当试针沉至距底板4mm±1mm时为水泥达到初凝状态；达到初凝时重测一次，两次结论相同才定为初凝状态。 水泥全部加入水中至初凝状态的时间为初凝时间，单位min
2	终凝时间测定	将试模和浆体翻转180°，继续养护；当试针沉入试体0.5mm，即附件不能在试体上留下痕迹时为水泥达到终凝状态；达到终凝时重测一次，两次结论相同才定为终凝状态。 水泥全部加入水中至终凝状态的时间为终凝时间，单位min

(3)安定性测定(标准法)。

序号	项　目	内容及要求
		一、准备工作
1	测弹性	检测雷氏夹的弹性。一根指针挂在金属丝上，另一根挂上砝码，针尖距离在17.5mm±2.5mm，去掉砝码后能复原
2	涂油	每个试样成型两个试件。每个雷氏夹配两块玻璃板，凡与净浆接触的玻璃板和雷氏夹内壁都要涂油
		二、试验步骤
1	制备试件	雷氏夹置于涂油的玻璃板上，将标准稠度净浆装满雷氏夹。小刀插捣刮平，盖上涂油的玻璃板，养护箱养护24h±2h
2	测量A，沸煮	测量雷氏夹指针尖端的距离A，精确到0.5mm，调整沸煮箱的水位，试件沸煮3h±5min
3	测量C	放掉热水，试件冷却至室温，测量雷氏夹指针尖端的距离C
		三、结果判别
当两个试件煮后增加距离的平均值不大于5.0mm时，安定性合格； 当两个试件的$C-A$值超过4.0mm时，应重做试验，再如此，安定性不合格		

四、注意事项

项　目	注 意 事 项
标准稠度用水量	(1)用湿布擦拭搅拌锅和搅拌叶片时，不能有水存留； (2)将水和水泥加入搅拌锅内时，要注意加料顺序； (3)要控制好操作时间，整个操作在1.5min内完成
凝结时间	(1)在最初测定时，应轻轻扶持金属柱，使其徐徐下降，以防试针撞弯，但结果以自由下落为准； (2)在整个测试过程中试针沉入的位置至少要距试模内壁10mm。每次测定不能让试针落入原针孔； (3)每次测试完毕须将试针擦净并将试模放回养护箱内，整个测试过程要防止试模振动
安定性	调整好沸煮箱内的水位，使之在整个沸煮过程中都能没过试件，不需中途添水，保证在30min±5min内水能沸腾

五、试验记录

试验记录及结果整理填入《道路建筑材料试验检测报告》项目表1-1-3和试表1-1-3。

实训项目四　水泥胶砂强度试验(ISO法)

一、试验目的、适用范围

本试验规定水泥胶砂强度检验基准方法的仪器、材料、胶砂组成、试验条件、操作步骤和结果计算。试验目的是为了确定水泥的强度等级,为混凝土配合比设计提供水泥的实际强度。

本方法适用于硅酸盐水泥、普通水泥、矿渣水泥、火山灰水泥、粉煤灰水泥、复合水泥、道路水泥以及石灰石硅酸盐水泥的抗折和抗压强度的检验。

二、仪器设备

(1)胶砂搅拌机,由搅拌锅和搅拌叶片组成,如图1-1-9所示。

(2)振实台,由电动机、凸轮、台盘、卡具和模套等组成,如图1-1-10所示。

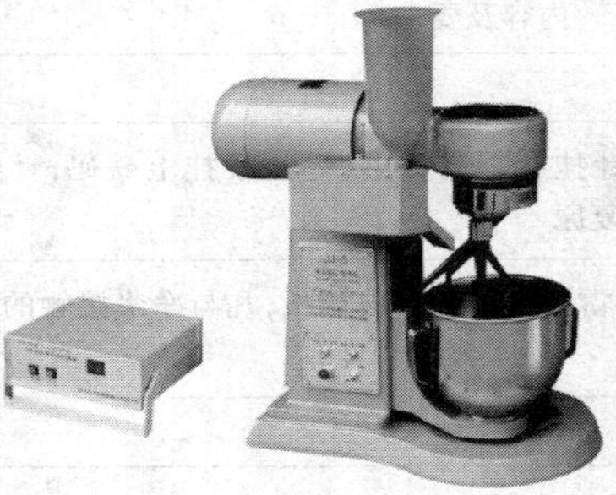

图1-1-9　胶砂搅拌机

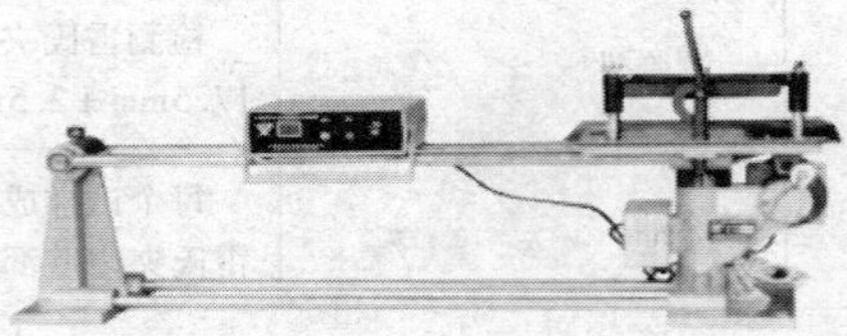

图1-1-10　振实台

(3)试模,由隔板、端板、底座等组成,各接触面应相互垂直。可成型三条40mm×40mm×160mm的棱柱体试件。

(4)播料器(大小各一个)、金属直尺、天平、滴管。

(5)材料:水泥、ISO标准砂、饮用水。

(6)试体成型试验室温度在20℃±2℃,相对湿度>50%。水泥、砂、拌和水及试模与室温相同。

(7)抗折试验机和抗折夹具。双杠杆式抗折试验机,如图1-1-11所示。

(8)抗压试验机和抗压夹具。抗压试验机如图1-1-12所示。抗压夹具受压面积为40mm×40mm。

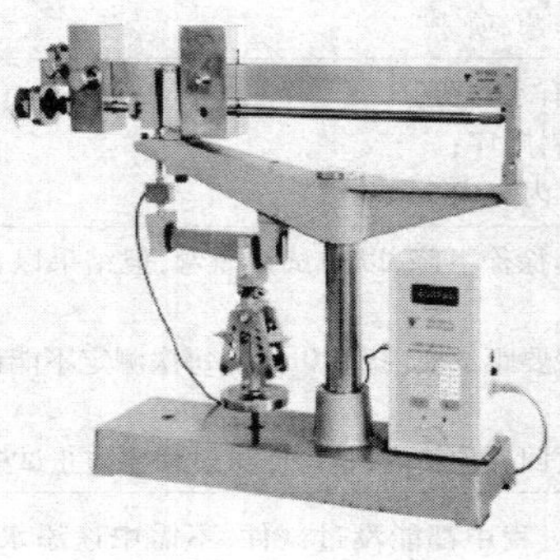

图1-1-11　双杠杆式抗折试验机

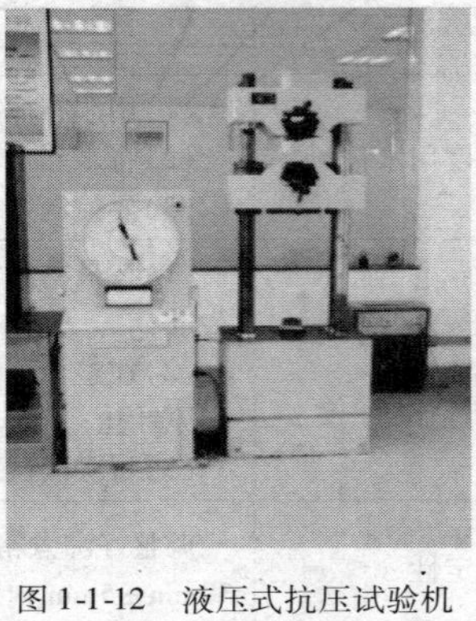

图1-1-12　液压式抗压试验机

三、试验操作方法

序号	项　　目	内容及要求
		一、试 件 成 型
1	组装试模	试模擦净，内壁刷一薄层机油
2	称料	每成型三条试件：水泥 450g ± 2g；ISO 砂 1350g ± 5g；水 225mL ± 1mL
3	搅拌	水加入锅里，再加水泥，砂装入漏斗。锅升至固定位置，搅拌（低速搅拌 30s，第二个 30s 加砂，高速搅拌 30s。停拌 90s，将叶片和锅壁上的胶砂刮入锅中，高速搅拌 60s）
4	振实台成型	试模和模套固定在振实台上，分两层装料，每层振实 60 次。取下试模，用刮尺刮平，编号
		二、试 件 养 护
1	脱模前	试模在 20℃ ± 1℃，相对湿度 > 90% 的养护箱养护，24h 脱模
2	脱模后	试件在 20℃ ± 1℃ 水中养护
		三、强 度 试 验
1	抗折强度试验	取试体。试验前调配重砣应使杠杆水平。试件成型侧面放入夹具内，调整夹具使杠杆在试件折断时接近水平。加荷直至折断。计算或读取抗折强度，精确至 0.1MPa
2	抗压强度试验	清除试件受压面与加压板间的杂物。以试件成型时的侧面为受压面，夹具对准压板中心。加荷直至破坏
		四、计　　算
1	抗折强度	读取抗折强度，精确至 0.1MPa
2	抗压强度	$R_c = \frac{F_c}{A}$ 式中：R_c——抗压强度（MPa），精确至 0.1MPa； F_c——破坏荷载（N）； A——受压面积，$40mm \times 40mm = 1600(mm^2)$
		五、结 果 评 定
1	抗折强度	抗折强度结果取三个试件的平均值，精确至 0.1MPa。当三个强度值中有超出平均值 ± 10% 的，应剔除后再取平均值作为试验结果
2	抗压强度	抗压强度结果取一组六个测定值的平均值，精确至 0.1MPa。如六个强度值中有一个超出平均值 ± 10% 的，应剔除后以剩下五个的平均值作为试验结果。如五个中再有超过它们平均值 ± 10% 的，此组结果作废

四、注意事项

（1）胶砂制备时，要注意加料顺序。

（2）试件制备组装试模时，要紧密装配，防止漏浆。

（3）强度测定要严格控制加荷速度。

五、试验记录

试验记录及结果整理填入《道路建筑材料试验检测报告》项目表 1-1-4 和试表 1-1-4。

复习思考题

1. 何谓通用硅酸盐水泥？简述硅酸盐水泥熟料的矿物成分及其特性。
2. 硅酸盐水泥的主要水化产物有哪些？试述硅酸盐水泥的凝结和硬化机理。
3. 何谓水泥净浆标准稠度？影响水泥标准稠度用水量的主要因素有哪些？
4. 何谓水泥的初凝时间和终凝时间？测定水泥的初凝时间和终凝时间对水泥混凝土的施工有何意义？
5. 影响水泥体积安定性的因素有哪些？用什么方法来评价水泥的体积安定性？
6. 如何确定水泥的强度等级？
7. 如何判定水泥为合格品还是不合格品？
8. 试述硅酸盐水泥的特性和应用。
9. 试述矿渣硅酸盐水泥、火山灰质硅酸盐水泥、粉煤灰硅酸盐水泥的共性、个性和应用。

任务 1.2　水泥混凝土用集料质量检测

【教学目标】　知道水泥混凝土用集料的基本概念及来源，掌握集料的技术性质和工程技术要求。学会混凝土用集料质量技术指标的检测方法，能够熟练操作仪器，进行混凝土用集料的各项试验和结果整理分析。

【关 键 词】　集料　颗粒级配　密度　砂当量　针片状颗粒含量　磨耗值

1.2.1　集料来源及分类

一、何谓集料

集料是指在混合料中起骨架或填充作用的粒料，包括碎石、砾石、石屑、机制砂、砂等。

二、集料的分类

集料按来源分为天然开采的、人工轧制的以及工业冶金矿渣等。

按照粒径的大小和所起的作用不同，工程上一般将集料分为细集料和粗集料两类。

在水泥混凝土中，粒径小于 4.75mm 的天然砂、人工砂为细集料；粒径大于 4.75mm 的碎石、砾石和破碎砾石为粗集料。在沥青混合料中，粒径小于 2.36mm 的天然砂、人工砂（包括机制砂）和石屑为细集料；粒径大于 2.36mm 的碎石、破碎砾石、筛选砾石和矿渣等为粗集料。

在水泥混凝土工程上使用天然砂较多，包括河砂、海砂和山砂。

河砂：颗粒表面圆滑，比较洁净，质地较好，产地广泛。

海砂：虽然具有河砂的特点，但因在海中所以常混有贝壳、碎片和盐分等有害杂质。

山砂：颗粒表面粗糙有棱角，含泥量大，并含有大量有机质。

1.2.2　集料的技术性质

一、物理常数

1. 真实密度

材料的真实密度（简称密度）是材料在规定条件（105℃ ±5℃烘干至恒重，试验温度

20℃)下,单位真实体积(不含孔隙的矿质实体的体积)的质量。

$$\rho_t = \frac{m_s}{V_s} \tag{1-2-1}$$

式中:ρ_t——材料的真实密度(g/cm^3);

m_s——材料矿质实体的质量(g);

V_s——材料矿质实体的体积(cm^3)。

2. 表观密度

集料的表观密度(简称视密度)是在规定条件(105℃ ±5℃烘干至恒重)下,单位表观体积(包括矿质实体和闭口孔隙的体积)的质量。

$$\rho_a = \frac{m_s}{(V_s + V_n)} \tag{1-2-2}$$

式中:ρ_a——材料的表观密度(g/cm^3);

m_s——矿质实体质量(g);

V_s——矿质实体体积(cm^3);

V_n——矿质实体中闭口孔隙体积(cm^3)。

细集料的表观密度可用容量瓶法测定;粗集料的表观密度通常用网篮法测定。

3. 毛体积密度

材料的毛体积密度是材料在规定条件下,单位毛体积(包括矿质实体、闭口孔隙和开口孔隙)的质量。

$$\rho_b = \frac{m_s}{V_s + V_n + V_i} \tag{1-2-3}$$

式中: ρ_b——材料毛体积密度(g/cm^3);

V_s、V_n 和 V_i——分别为材料矿质实体、闭口孔隙和开口孔隙体积(cm^3);

m_s——矿质实体质量(g)。

4. 堆积密度

材料的堆积密度是材料装填于容器中包括材料空隙(颗粒之间的)和孔隙(颗粒内部的)在内的单位体积的质量。

$$\rho = \frac{m_s}{(V_s + V_p + V_v)} \tag{1-2-4}$$

式中: ρ——材料的堆积密度(g/cm^3);

V_s、V_p、V_v——分别为矿质实体、孔隙和空隙的体积(cm^3);

m_s——矿质实体的质量(g)。

集料的堆积密度可采用标准漏斗和容量筒测定。

5. 空隙率(间隙率)

空隙率是指集料颗粒之间空隙体积占集料总体积的百分率。

$$n = \left(1 - \frac{\rho}{\rho_a}\right) \times 100 \tag{1-2-5}$$

6. 孔隙率

孔隙率是指岩石的孔隙体积占其总体积的百分率。

$$n = \left(1 - \frac{\rho_b}{\rho_t}\right) \times 100$$

式中：n——岩石的孔隙率（%）；

ρ_t——岩石的真实密度（g/cm^3）；

ρ_b——岩石的毛体积密度（g/cm^3）。

二、颗粒级配

1. 颗粒级配

颗粒级配是指集料中各种粒径颗粒在集料中所占的比例，该比例采用规定的标准孔径的一组筛子，通过筛分试验确定。对水泥混凝土用细集料可采用干筛法，必要时则采用水洗法筛分。

筛分试验就是将集料经过一系列筛孔尺寸的标准筛，测出各个筛上的筛余量，根据各筛孔上存留量占集料试样总质量的百分比，就可求得一系列与级配有关的参数——分计筛余百分率（各筛上的筛余量除以试样总量的百分率）、累计筛余百分率（该筛上的分计筛余百分率与大于该筛的各筛上的分计筛余百分率之总和）及通过量（集料中小于该筛的颗粒质量占总质量的百分比）。

2. 粗度

粗度是评价砂粗细程度的一种指标。砂的粗度是指不同粒径砂总体的粗细程度，通常用细度模数表示。细度模数是表征天然砂的粗细程度及类别的指标。

天然砂的细度模数按下式计算，精确至0.01。

$$m_x = \frac{(A_{0.15} + A_{0.3} + A_{0.6} + A_{1.18} + A_{2.36}) - 5A_{4.75}}{100 - A_{4.75}} \tag{1-2-6}$$

式中：m_x——砂的细度模数；

$A_{0.15}$、$A_{0.3}$、…、$A_{4.75}$——分别为0.15mm、0.3mm、…、4.75mm各筛上的累计筛余百分率（%）。

细度模数越大，表示砂越粗。普通混凝土用砂的细度模数范围在3.7～1.6，以中砂为宜，或者用粗砂加少量的细砂，其比例为4:1。

三、力学性质

粗集料力学性质主要有压碎性和磨耗性；对于路面抗滑表层用的粗集料，还必须具备一定的抗磨耗、抗磨光和抗冲击能力。

1. 压碎值

粗集料压碎值是集料在逐渐增加的荷载下抵抗压碎的能力，它是衡量石料强度的一个指标，以评价其在公路工程中的适用性。

2. 磨耗率

磨耗率是测定标准条件下粗集料抵抗摩擦、撞击的能力，以磨耗损失（%）表示。按《公路工程集料试验规程》（JTG E42—2005）规定，粗集料的磨耗率用洛杉矶试验法测定。

3. 坚固性

除将原石料加工成规则试块进行抗冻性和坚固性试验外，对已轧制成的碎石或天然卵石亦可采用规定级配的各粒级集料，按现行《公路工程集料试验规程》（JTG E42—2005）选取规定数量，分别装在金属网篮浸入饱和硫酸钠溶液中进行干湿循环试验。

经5次循环后，观察其表面破坏情况，并用质量损失百分率来计算其坚固性（也称安定性）。

1.2.3 集料的技术要求

一、粗集料

1. 桥涵混凝土用粗集料

桥涵混凝土用粗集料采用坚硬的卵石或碎石，应按产地、类别、加工方法和规格等不同情况，分批进行检验，机械集中生产时，每批不宜超过400m^3；人工分散生产时，每批不宜超过200m^3。粗集料的试验可按现行《公路工程集料试验规程》（JTG E42—2005）执行。

2. 粗集料的颗粒级配

桥涵混凝土用粗集料可采用连续级配或连续级配与单粒级配合使用。在特殊情况下，通过试验证明混凝土无离析现象时，也可采用单粒级。粗集料的级配范围应符合表1-2-1的要求。

碎石或卵石的颗粒级配规格表

表1-2-1

级配情况	公称粒级（mm）	累计筛余（按质量百分率计）										
		圆孔筛筛孔尺寸（mm）										
		2.5	5	10	16	20	25	31.5	40	50	63	80
连续级配	5~10	95~100	80~100	0~15	0	—	—	—	—	—	—	—
	5~16	95~100	90~100	30~60	0~10	0	—	—	—	—	—	—
	5~20	95~100	90~100	40~70	—	0~10	0	—	—	—	—	—
	5~25	95~100	90~100	—	30~70	—	0~5	0	—	—	—	—
	5~31.5	95~100	90~100	70~90	—	15~40	—	0~5	0	—	—	—
	5~40	—	95~100	75~90	—	30~60	—	—	0~5	0	—	—
单粒级	10~20	—	95~100	85~100	—	0~15	0	—	—	—	—	—
	16~31.5	—	95~100	—	85~100	—	—	0~10	0	—	—	—
	20~40	—	—	95~100	—	80~100	—	—	0~10	0	—	—
	31.5~63	—	—	—	95~100	—	—	75~100	45~75	—	0~10	0
	40~80	—	—	—	—	95~100	—	—	70~100	—	30~60	0~10

3. 粗集料最大粒径

粗集料最大粒径应按混凝土结构情况及施工方法选取，但最大粒径不得超过结构最小边尺寸的1/4和钢筋最小净距的3/4；在两层或多层密布钢筋结构中，不得超过钢筋最小净距的1/2，同时最大粒径不得超过100mm。用混凝土泵运送混凝土时的粗集料最大粒径，除应符合上述规定外，对于碎石不宜超过输送管径的1/3；对于卵石不宜超过输送管径的1/2.5，同时应符合混凝土泵制造厂的规定。

4. 粗集料的技术要求及有害物质含量

粗集料的技术要求及有害物质含量的规定见表1-2-2和表1-2-3。

粗集料的技术要求

表 1-2-2

项　　目	混凝土强度等级			
	C55 ~ C40	≤C35	≥C30	< C30
石料压碎指标值(%)	≤12	≤16	—	—
针片状颗粒含量(%)	—	—	≤15	≤25
含泥量(按质量计)(%)	—	—	≤1.0	≤2.0
泥块含量(按质量计)(%)	—	—	≤0.5	≤0.7
小于 2.5mm 的颗粒含量(按质量计)(%)	≤5	≤5	≤5	≤5

注:①混凝土强度等级为 C60 及以上时应进行岩石抗压强度检验,其他情况下,如有必要时也可进行岩石的抗压强度检验。岩石的抗压强度与混凝土强度等级之比对于大于或等于 C30 的混凝土,不应小于 2,其他不应小于 1.5,且火成岩强度不宜低于 80MPa,变质岩不宜低于 60MPa,水成岩不宜低于 30MPa。岩石的抗压强度试验可按现行《公路工程岩石试验规程》(JTG E41—2005)执行。

②混凝土强度在 C10 及以下时,针片状颗粒最大含量可为 40%。

碎石或卵石中有害物质含量

表 1-2-3

项　　目	品 质 指 标
硫化物及硫酸盐折算为 SO_3(按质量计)不大于(%)	1
卵石中有机质含量(用比色法试验)	颜色不应深于标准色,如深于标准色,则应配制混凝土进行强度试验,抗压强度应不低于 95%

注:如含有颗粒硫酸盐或硫化物,则要进行混凝土耐久性试验,确认能满足要求时方能使用。

表 1-2-2 中,针片状颗粒是指集料中细长的针状颗粒与扁平的片状颗粒,当颗粒形状的诸方向中的最小厚度(或直径)与最大长度(或宽度)的尺寸之比小于规定比例时,属于针片状颗粒。

水泥混凝土用粗集料针片状颗粒含量试验采用规准仪法,沥青混合料用粗集料针片状颗粒含量试验采用游标卡尺法。

5. 坚固性试验

混凝土结构物处于表 1-2-4 所列条件下时,应对碎石或卵石进行坚固性试验,试验结果应符合表内的规定。

碎石或卵石的坚固性试验

表 1-2-4

混凝土所处环境条件	在溶液中循环次数	试验后质量损失不宜大于(%)
寒冷地区,经常处于干湿交替状态	5	5
严寒地区,经常处于干湿交替状态	5	3
混凝土处于干燥条件,但粗集料风化或软弱颗粒过多时	5	12
混凝土处于干燥条件,但抗疲劳、耐磨、抗冲击要求高或强度大于 C40 时	5	5

注:有抗冻、抗渗要求的混凝土用硫酸钠法进行坚固性试验不合格时,可再进行直接冻融试验。

6. 碱活性试验

施工前应对所用的碎石或卵石进行碱活性检验，在条件许可时尽量避免采用有碱活性反应的集料，或采取必要的措施。具体试验方法可参照现行《公路工程集料试验规程》(JTG E42—2005)进行。

7. 集料的存放

集料在生产、采集、运输与储存过程中，严禁混入影响混凝土性能的有害物质。集料应按品种规格分别堆放，不得混杂。在装卸及存储时，应采取措施，使集料颗粒级配均匀，并保持洁净。

二、细集料

1. 桥涵混凝土用细集料

采用级配良好、质地坚硬、颗粒洁净、粒径小于5mm的河砂，河砂不易得到时，也可用山砂或用硬质岩石加工的机制砂。细集料不宜采用海砂，不得不采用海砂时，其氯离子的含量对于钢筋混凝土应符合规范的有关规定。细集料的试验可按现行《公路工程集料试验规程》(JTG E42—2005)执行。

2. 砂的级配要求

(1)砂的分类见表1-2-5。

砂的分类 表1-2-5

分类	粗砂	中砂	细砂	特细砂
细度模数	3.7~3.1	3.0~2.3	2.2~1.6	1.5~0.7
平均粒径	>0.5mm	0.5~0.35mm	0.3~50.25mm	<0.25mm

注：细度模数主要反映全部颗粒的粗细程度，不完全反映颗粒的级配情况，配制混凝土时应同时考虑砂的细度模数和级配情况。

(2)砂按0.6mm筛孔的累计筛余百分率划分为三个级配区：Ⅰ、Ⅱ、Ⅲ区。

砂的级配应符合表1-2-6中任何一个级配区所规定的级配范围。

砂的分区及级配范围 表1-2-6

级配区	筛孔尺寸(mm)						
	9.5	4.75	2.36	1.18	0.6	0.3	0.15
	累计筛余(%)						
Ⅰ区	0	10~0	35~5	65~35	85~71	95~80	100~90
Ⅱ区	0	10~0	25~0	50~10	70~41	92~70	100~90
Ⅲ区	0	10~0	15~0	25~0	40~16	85~55	100~90

注：①表中除5mm、0.63mm、0.16mm筛孔外，其余各筛孔累计筛余允许超出分界线，但其总量不得大于5%。

②Ⅰ区砂宜提高砂率以配低流动性混凝土；Ⅱ区砂宜优先选用以配不同强度等级的混凝土；Ⅲ区砂宜适当降低砂率以保证混凝土的强度。

③对于高强泵送混凝土用砂宜选用中砂，细度模数为2.9~2.6。2.5mm筛孔的累计筛余量不得大于15%，0.315mm筛孔的累计筛余量宜在85%~92%范围内。

3. 坚固性试验

当对河砂、海砂或机制砂的坚固性有怀疑时，应用硫酸钠进行坚固性试验，试验时循环5次，砂的总质量损失应符合表1-2-7的规定。

砂的坚固性指标表　　表 1-2-7

混凝土所处的环境条件	循环后的质量损失(%)
在寒冷地区室外使用,并经常处于潮湿干燥交替状态下的混凝土	≤8
在其他条件下使用的混凝土	≤12

注:①寒冷地区系指最寒冷月份的月平均温度为 0 ~ -10℃且日平均温度≤5℃的天数不超过 145d 的地区。
②对同一产源的砂,在类似的气候条件下使用已有可靠经验时,可不做坚固性检验。
③对于有抗疲劳、耐磨、抗冲击要求的混凝土用砂,或有腐蚀介质作用或经常处于水位变化区的地下结构混凝土用砂,其循环后的质量损失率应小于 8%。

4. 砂中杂质的含量

砂中杂质的含量应通过试验测定,其最大含量不宜超过表 1-2-8 的规定。

砂中杂质的最大含量　　表 1-2-8

项　目	≥C30 的混凝土	<C30 的混凝土
含泥量(%)	≤3	≤5
其中泥块含量(%)	≤1.0	≤2.0
云母含量(%)	<2	
轻物质含量(%)	<1	
硫化物及硫酸盐折算为 SO_3(%)	<1	
有机质含量(用比色法试验)	颜色不应深于标准色,如深于标准色,应以水泥砂浆进行抗压强度对比试验,加以复核	

注:①对有抗冻、抗渗或其他特殊要求的混凝土用砂,总含泥量应不大于 3%,其中泥块含量应不大于 1.0%,云母含量不应超过 1%;
②对有机质含量进行复核时,用原状砂配制的水泥砂浆抗压强度不低于用洗除有机质的砂所配制的砂浆的 95% 时为合格;
③砂中如含有颗粒状的硫酸盐或硫化物,则要进行混凝土耐久性试验,满足要求时方能使用;
④杂质含量均按质量计。

其中,含泥量是指砂中粒径小于 0.075mm 的尘屑、淤泥和黏土的含量。

砂当量是测定各种细集料中所含的黏性土或杂质的含量。

1.2.4　集料试验与检测

实训项目一　细集料筛分试验

一、目的与适用范围

(1)本方法适用于不同用途的细集料,对水泥混凝土用细集料可用干筛法,必要时也可用水筛法;对沥青混合料及基层用细集料必须用水洗法。

(2)通过筛分试验可以确定细集料的颗粒级配。

二、主要仪具

(1)标准筛,见图 1-2-1。尺寸为 9.5mm、4.75mm、2.36mm、1.18mm、0.6mm、0.3mm、0.15mm、0.075mm的方孔筛。

(2)天平,见图 1-2-2,称量 1 000g,感量不大于 0.5g。

(3)摇筛机,见图 1-2-1。

(4)烘箱,能控温在 105℃ ±5℃,见图 1-2-3。

图 1-2-1　标准筛

图 1-2-2　天平

图 1-2-3　烘箱

三、试验操作方法

序　号		项　　目	内容及要求
一、试样准备			
1		取样	筛除超粒径部分的颗粒。将样品拌匀，用分料器法或四分法缩分至不少于550g的试样两份
2		烘干、冷却	在105℃±5℃的烘箱中烘至恒重，冷却备用
3		准备仪具	将天平调平，标准筛由大到小组装好
二、试验步骤			
干筛法	1	称样	称取烘干试样约500g
	2	摇筛	将试样置于套筛的最上面一只，摇10min
	3	分别筛	从大到小的筛号逐个手筛，直到每分钟的筛出量不超过筛上剩余量的0.1%时为止
	4	称量	称量各筛筛余质量。所有各筛的分计筛余量和底盘中剩余量的总量与筛分前的试样总量相差不得超过后者的1%
三、结果整理			
1		计算分计筛余百分率	各号筛的分计筛余百分率为各号筛上的筛余量除以试样总量的百分率，精确至0.1%
2		计算累计筛余百分率	各号筛的累计筛余百分率为该号筛及大于该号筛的各号筛的分计筛余百分率之和，精确至0.1%
3		计算质量通过百分率	各号筛的质量通过百分率等于100减去该号筛的累计筛余百分率，准确至0.1%
4		绘制级配曲线	根据通过百分率，绘制级配曲线。通常纵坐标采用常数坐标，横坐标采用对数坐标。 首先应在横坐标上标明筛孔尺寸的对数位置，在纵坐标上标出通过百分率的常数坐标位置，然后将筛分试验计算结果点绘于坐标图上，并将各点用线段相连，即为级配曲线
5		计算天然砂的细度模数，精确至0.01	$M_x=\frac{(A_{0.15}+A_{0.3}+A_{0.6}+A_{1.18}+A_{2.36}-5A_{4.75})}{100-A_{4.75}}$ 式中：　M_x——砂的细度模数； $A_{0.15}$、…、$A_{4.75}$——分别为0.15mm、0.3mm、…、4.75mm各筛上的累计筛余百分率(%)
精密度和允许差			两次平行试验所得的细度模数之差应不大于0.2，以两次结果的算术平均值作为测定值，否则应重做

四、注意事项

(1)试验前应检查各号筛是否按从大到小的顺序排列。筛分过程中应防止试样损失。

(2)每个筛子筛到1min内通过筛孔的质量不超过筛上剩余量的0.1%。

(3)所有各筛的分计筛余量和底盘中剩余量的总量与筛分前的试样总量相差不得超过后者的1%。

(4)恒重系指相邻两次称量间隔时间大于3h(通常不少于6h)的情况下,前后两次称量之差小于该项试验所要求的称量精密度。

(5)两次平行试验所得的细度模数之差应不大于0.2。

(6)如试样含泥量超过5%,不宜采用干筛法。

五、试验记录

试验记录及结果整理填入《道路建筑材料试验检测报告》表1-2-1和试表1-2-1。

实训项目二 粗集料筛分试验(干筛法)

一、目的与适用范围

(1)测定粗集料(碎石、砾石、矿渣等)的颗粒组成,对水泥混凝土用粗集料可采用干筛法筛分。

(2)本方法也适用于同时含有粗集料、细集料、矿粉的集料混合料筛分试验,如未筛碎石、级配碎石、天然砂砾、级配砂砾、无机结合料稳定基层材料、沥青拌和楼的冷料混合料、热料仓材料、沥青混合料经溶剂抽提后的矿料等。

二、仪具与材料

(1)标准筛。

(2)天平或台秤,感量不大于试样质量的0.1%。

(3)盘子、铲子、毛刷等。

三、试验操作方法

序号	项目	内容及要求
		一、试样准备
1	取样,风干	将样品拌匀,用分料器或四分法缩分,风干后备用
2	除颗粒	除去超粒径部分颗粒
3	准备仪具	将天平调平,标准筛由大到小组装好
		二、试验步骤
1	称样	按表1-2-9中的质量称量干燥集料试样的质量
2	筛分	用搪瓷盘作筛分容器,按筛孔大小排列顺序逐个将集料过筛。当采用摇筛机筛分时,应在摇筛机筛分后再逐个由人工补筛。直至各号筛全部筛完为止。应确认1min内通过筛孔的质量确实小于筛上残余量的0.1%
3	分两次筛	如果某个筛上的集料过多,影响筛分作业时,可以分两次筛分
4	称量并校核	称取每个筛上的筛余量,准确至总质量的0.1%。各筛分计筛余量及筛底存量的总和与筛分前试样的干燥总质量 m_0 相比,相差不得超过 m_0 的0.5%

续上表

序　号	项　　目	内容及要求
三、结 果 整 理		
1	计算损耗和损耗率	计算各筛分计筛余量及筛底存量的总和与筛分前试样的干燥总质量 m_0 之差，作为筛分时的损耗，并计算损耗率，若损耗率大于0.3%，应重新进行试验。 $$m_s = m_0 - (\sum m_i + m_{底})$$ 式中：m_s——由于筛分造成的损耗(g)； m_0——用于干筛的干燥集料总质量(g)； m_i——各号筛上的分计筛余(g)； i——依次为0.075mm、0.15mm…至集料最大粒径的排序； $m_{底}$——筛底(0.075mm以下部分)集料总质量(g)
2	计算分计筛余百分率	干筛后各号筛上的分计筛余百分率按下式计算，精确至0.1%。 $$p'_i = \frac{m_i}{m_0 - m_s} \times 100$$ 式中：p'_i——各号筛上的分计筛余百分率(%)； 其余符号意义同前。
3	计算累计筛余百分率	累计筛余百分率为该号筛以上各号筛的分计筛余百分率之和
4	计算通过百分率	各号筛的质量通过百分率 p_i 等于100减去该号筛累计筛余百分率，精确至0.1%
5	计算0.075mm筛的通过率	由筛底存量除以扣除损耗后的干燥集料总质量计算0.075mm筛的通过率
精密度和允许差		试验结果以两次试验的平均值表示，精确至0.1%。当两次试验结果的差值超过1%时，试验应重新进行

筛分用的试样质量　　表1-2-9

公称最大粒径(mm)	75	63	37.5	31.5	26.5	19	16	9.5	4.75
试样质量不小于(kg)	10	8	5	4	2.5	2	1	1	0.5

四、注意事项

(1)试验前应检查各号筛是否按从大到小的顺序排列。筛分过程中应防止试样损失。

(2)当筛余颗粒的粒径大于19mm时，筛分过程中允许用手指轻轻拨动颗粒，但不得逐粒塞过筛孔。

五、试验记录

试验记录及结果整理填入《道路建筑材料试验检测报告》项目表1-2-2和试表1-2-2。

实训项目三　细集料表观密度及堆积密度试验

一、细集料表观密度试验(容量瓶法)

1. 目的与适用范围

(1)为水泥混凝土组成设计提供原始数据。

(2)用容量瓶法测定细集料(天然砂、石屑、机制砂)在23℃时对水的表观相对密度和表观密度。本方法适用于含有少量大于2.36mm颗粒的细集料。

2. 仪具与材料

(1)天平,称量1kg,感量不大于1g。

(2)容量瓶,500mL。

(3)烘箱,能控温在105℃ ±5℃。

(4)烧杯,500mL。

(5)洁净水。

(6)干燥器、浅盘、铝制料勺、温度计等。

3. 试验操作方法

序号	项目	内容及要求
		一、试验准备
1	缩分	将试样缩分至650g左右
2	烘干	在105℃ ±5℃的烘箱中烘干至恒重
3	冷却	在干燥器内冷却至室温
4	备用	将试样分成两份备用
		二、试验步骤
1	称试样 m_0	称取烘干的试样约300g(m_0)
2	装试样,排气	将试样装入盛有半瓶洁净水的容量瓶中,摇转容量瓶,使试样在已保温至23℃ ±1.7℃的水中充分搅动以排除气泡
3	静置,称试样、水及容量瓶总质量 m_2	塞紧瓶塞,静置24h左右,然后用滴管添水,至瓶颈刻度线,再塞紧瓶塞,擦干瓶外水分,称其总质量(m_2)
4	称水、瓶的质量 m_1	倒出瓶中的水和试样,将瓶洗净,再向瓶内注入同样温度的洁净水(温差不超过2℃)至瓶颈刻度线,塞紧瓶塞,擦干瓶外水分,称其总质量(m_1)
		三、结果整理
1	计算表观相对密度	细集料的表观相对密度按下式计算,精确至小数点后3位。 $$\gamma_a = \frac{m_0}{m_0 + m_1 - m_2}$$ 式中:γ_a——细集料的表观相对密度,无量纲; m_0——试样的烘干质量(g); m_1——水及容量瓶总质量(g); m_2——试样、水及容量瓶总质量(g)
2	计算表观密度 ρ_a	表观密度 ρ_a 按下式计算,精确至小数点后3位。 $$\rho_a = \gamma_a \times \rho_t \text{ 或 } \rho_a = (\gamma_a - \alpha_t) \times \rho_w$$ 式中:ρ_a——细集料的表观密度(g/cm^3); ρ_w——水在4℃时的密度(g/cm^3); α_t——试验时水温对水密度影响的修正系数,按表1-2-10取用; ρ_t——试验温度 t 时水的密度(g/cm^3),按表1-2-10取用
精密度和允许差		表观密度以两次平行试验结果的算术平均值作为测定值,如两次结果之差值大于0.01g/cm^3 时,应重新取样进行试验

4. 注意事项

(1)要用四分法取样,缩分后的试样应具有代表性。

(2)向容量瓶中装入试样时,要防止试样损失。装入试样后,排气要充分。

(3)两次加水要至瓶颈的同一刻度线,应当以弯液面为准。

(4)试验时水的温度应控制在15~25℃之间。试验的各项称量也应在15~25℃范围内进行。

不同水温时水的密度 ρ_t 及水温修正系数 α_t　　表1-2-10

水温(℃)	15	16	17	18	19	20
水的密度 ρ_t(g/cm³)	0.99913	0.99897	0.99880	0.99862	0.99843	0.99822
水温修正系数 α_t	0.002	0.003	0.003	0.004	0.004	0.005
水温(℃)	21	22	23	24	25	—
水的密度 ρ_t(g/cm³)	0.99802	0.99779	0.99756	0.99733	0.99702	—
水温修正系数 α_t	0.005	0.006	0.006	0.007	0.007	—

二、细集料堆积密度试验

1. 目的与适用范围

测定砂在自然状态下的堆积密度、紧装密度,以了解细集料的密实程度,为计算空隙率提供必要的数据。

2. 仪具与材料

(1)台秤,称量5kg,感量5g。

(2)容量筒,为金属制圆形筒,内径108mm,净高109mm,筒壁厚2mm,筒底厚5mm,容积为1L。

(3)标准漏斗,见图1-2-4。

(4)烘箱,能控温在105℃±5℃。

(5)小勺、直尺、浅盘等。

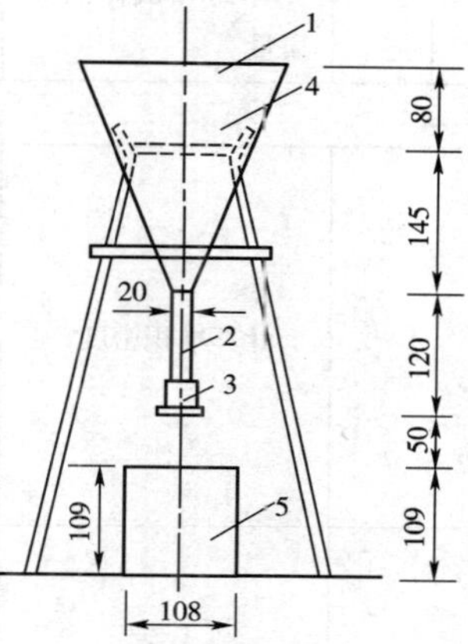

图1-2-4　标准漏斗(尺寸单位:mm)
1-漏斗;2-ϕ20mm 管子;3-活动门;4-筛;5-金属量筒

3. 试验操作方法

序　号	项　　目		内容及要求
一、试 验 准 备			
1	准备试样	取样	用浅盘装试样约5kg
		烘干	在105℃±5℃的烘箱中烘干至恒重
		冷却	在干燥器内冷却至室温
		备用	将试样分成两份备用
2	容量筒容积的校正	用水装满容量筒	以20℃±5℃的洁净水装满容量筒
		用玻璃板沿筒口滑移	用玻璃板沿筒口滑移,使其紧贴水面,玻璃板与水面之间不得有空隙
		称量水和筒的质量	擦干筒外壁水分,然后称量
		计算筒的容积	$$V = m'_2 - m'_1$$ 式中:V——容量筒的容积(mL); m'_1——容量筒和玻璃板总质量(g); m'_2——容量筒、玻璃板和水的总质量(g)

续上表

序号		项目	内容及要求
二、试验步骤			
1	堆积密度试验	称筒的质量	称容量筒的质量 m_0
		装试样，刮平	将试样装入漏斗中，打开底部的活动门，将砂流入容量筒中。试样装满并超出容量筒筒口后，用直尺将多余的试样沿筒口中心线向两个相反方向刮平
		称筒和试样的总质量	称容量筒和试样的总质量 m_1
2	紧装密度试验	装第二层试样并颠实	取试样 1 份，分两层装入容量筒。装完一层后，在筒底垫放一根直径为 10mm 的钢筋，将筒按住，左右交替颠击地面各 25 下
		装第二层试样并颠实	第二层装满后用同样方法颠实（筒底所垫钢筋的方向应与第一层放置方向垂直）
		称筒和试样的总质量	两层装完并颠实后，填试样超出筒口，用直尺将多余的试样沿筒口中心线向两个相反方向刮平，称其质量 m_2
三、结果整理			
1		计算堆积密度	堆积密度按下式计算，精确至小数点后 3 位。 $$\rho = \frac{m_1 - m_0}{V}$$ 式中：ρ——砂的堆积密度（g/cm^3）； m_0——容量筒的质量（g）； m_1——容量筒和堆积砂的总质量（g）； V——容量筒的容积（mL）
2		计算紧装密度	紧装密度按下式计算，精确至小数点后 3 位。 $$\rho' = \frac{m_2 - m_0}{V}$$ 式中：ρ'——砂的紧装密度（g/cm^3）； m_2——容量筒和紧装砂的总质量（g）
3		计算空隙率	砂的空隙率按下式计算，精确至 0.1%。 $$n = \left(1 - \frac{\rho}{\rho_a}\right) \times 100$$ 式中：n——砂的空隙率（%）； ρ——砂的堆积或紧装密度（g/cm^3）； ρ_a——砂的表观密度（g/cm^3）
精密度和允许差			以两次试验结果的算术平均值作为测定值

4. 注意事项

（1）试样烘干后如有结块，应在试验前先予捏碎。

（2）测定细集料堆积密度时，从装料起到称量前，不许碰动容量筒，以免影响试样的质量。

5. 试验记录及结果

试验记录及结果整理填入《道路建筑材料试验检测报告》项目表 1-2-3 和试表 1-2-3。

实训项目四　细集料含泥量试验

一、目的与适用范围

(1)通过含泥量的测定,可掌握测定细集料含泥量的方法,为混凝土配合比设计提供数据。

(2)本方法仅用于测定天然砂中粒径小于0.075mm的尘屑、淤泥和黏土的含量,不适用于人工砂、石屑等矿粉成分较多的细集料。

二、主要试验仪具

(1)天平,称量1kg,感量不大于1g。

(2)烘箱,能控温在105℃±5℃。

(3)标准筛,孔径0.075mm及1.18mm的方孔筛。

三、试验操作方法

序　号	项　　目	内容及要求
		一、试验准备
1	烘料	用四分法缩分样品至每份约1 000g,置于温度为105℃±5℃的烘箱中烘干至恒重
2	称样	称取约400g冷却后的试样两份
		二、试验步骤
1	浸泡	取试样倒入容器中,加水,水面高出砂面约200mm,拌匀,浸泡24h
2	淘洗	用手淘洗,缓缓地将浑浊液倒入1.18mm至0.075mm的套筛上,滤去小于0.075mm的颗粒,反复洗、过筛,直至水清为止
3	洗净细粒	用水冲洗筛上的细粒,并将0.075mm筛放在水中来回摇动
4	烘干,冷却,称重	将筒中和两筛上颗粒一并倒入浅盘,放于烘箱中烘干,冷却,称重
		三、结果整理
	计算砂的含泥量	$$Q_n = \frac{m_0 - m_1}{m_0} \times 100$$ 式中:Q_n——砂的含泥量(%); m_0——试验前烘干试样质量(g); m_1——试验后烘干试样质最(g)
	精密度和允许差	当两次平行试验结果的差值不超过0.5%时,取算术平均值作为测定值,否则应重做

四、注意事项

(1)试验前筛子的两面应先用水湿润,在整个试验过程中应注意避免砂粒丢失。

(2)不得直接将试样放在0.075mm筛上用水冲洗,或者将试样放在0.075mm筛上后在水中淘洗,以免误将小于0.075mm的砂颗粒当作泥冲走。

五、试验记录及上交资料

试验记录及结果整理填入《道路建筑材料试验检测报告》项目表1-2-4和试表1-2-3。

实训项目五　细集料砂当量试验

一、目的与适用范围

(1)通过本试验的测定,可以掌握天然砂、人工砂、石屑等各种细集料中所含的黏性土或杂质的含量,以评定集料的洁净程度;掌握测定细集料砂当量的方法。

(2)本方法适用于公称最大粒径不超过4.75mm的集料。

二、仪具与材料

(1)透明圆柱形试筒,如图1-2-5所示,透明塑料制,外径40mm±0.5mm,内径32mm±0.25mm,高度420mm±0.25mm。在距试筒底部100mm、380mm处刻划刻度线,试筒口配有橡胶瓶口塞。

(2)冲洗管,如图1-2-6所示,为一根弯曲的硬管,用不锈钢或冷锻钢制成,其外径为6mm±0.5mm,内径为4mm±0.2mm。管的上部有一个开关,下部有一个不锈钢两侧带孔尖头,孔径为1mm±0.1mm。

(3)透明玻璃或塑料桶,容积5L。

(4)橡胶管(或塑料管),同冲洗管联在一起吸液用,配有金属夹。

(5)配重活塞,如图1-2-7所示,由长440mm±0.25mm的杆、直径25mm±0.1mm的底座(下面平坦、光滑,垂直杆轴)、套筒和配重组成,且在活塞上有三个横向螺钉可保持活塞在试筒中间,并使活塞与试筒之间有一条小缝隙。

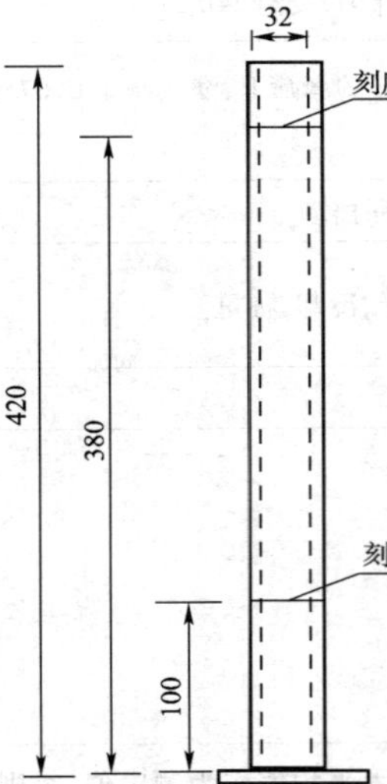

图1-2-5　透明圆柱试筒(尺寸单位:mm)

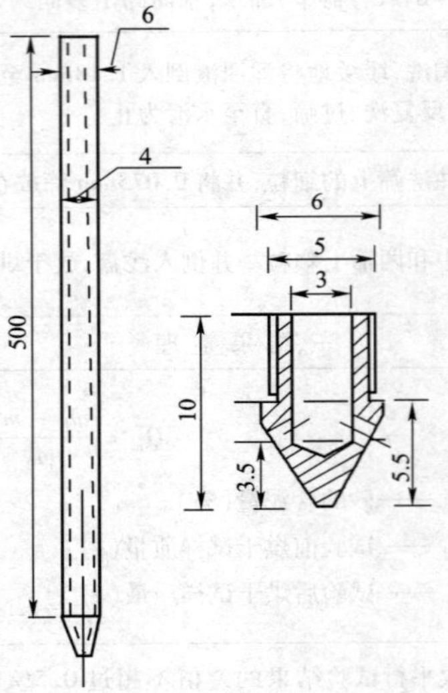

图1-2-6　冲洗管(尺寸单位:mm)

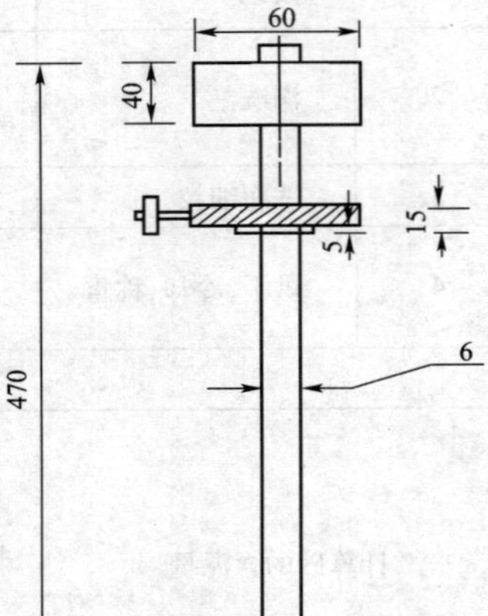

图1-2-7　配重活塞(尺寸单位:mm)

套筒为黄铜或不锈钢制,厚10mm±0.1mm,大小适合试筒并且引导活塞杆,能标记筒中活塞下沉的位置。套筒上有一个螺钉用以固定活塞杆。配重为1kg±5g。

(6)机械振荡器,如图1-2-8所示,可以使试筒产生横向的直线运动振荡,振幅203mm±1.0mm,频率180次/min±2次/min。

(7)天平,称量1kg,感量不大于0.1g。

(8)烘箱,能控温在105℃±5℃。

(9)钢板尺,长50cm,刻度1mm。

(10)无水氯化钙($CaCl_2$),即分析纯,含量96%以上,分子量110.99,纯品为无色立方结晶,在水中溶解度大,溶解时放出大量热,它的水溶液呈微酸性,具有一定的腐蚀性。

(11)丙三醇($C_3H_8O_3$),又称甘油,分析纯,含量98%以上,分子量92.09。

(12)甲醛(HCHO),即分析纯,含量36%以上,分子量30.03。

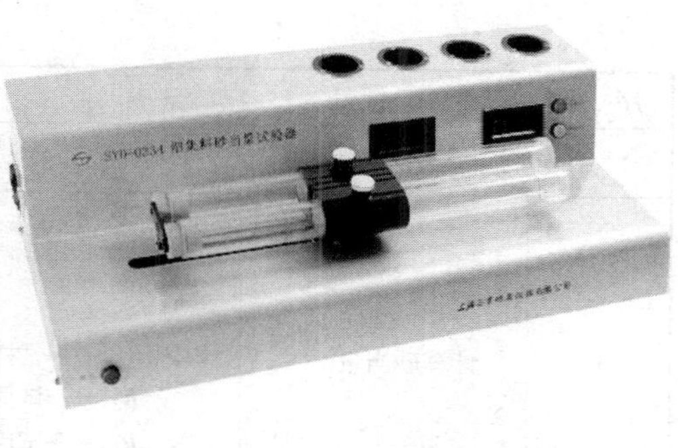

图1-2-8 机械振荡器

三、试验操作方法

序号	项目	内容及要求
		一、试验准备
1	取样	过筛,试样不少于1 000g
2	润湿	加水润湿
3	测含水率	测定试样含水率
4	计算样品湿质量	计算相当于120g干燥试样的样品湿重,精确至0.1g。 $m_1 = \frac{120 \times (100 + w)}{100}$ 式中:w——集料试样的含水率(%); m_1——相当于干燥试样120g时的潮湿试样的质量(g)
5	称取湿样	称取试样的湿质量
6	配制冲洗液	冲洗液的浓度以每升冲洗液中的氯化钙、甘油、甲醛含量分别为2.79g、12.12g、0.34g控制
		二、试验步骤
1	加入试筒少许冲洗液	用冲洗管将冲洗液加入试筒到100mm刻度处
2	倒湿样入筒	把湿样倒入试筒中
3	除气	用手掌敲打试筒下部,除气后放置10min
4	固定于振荡机上	塞上橡胶塞堵,将试筒水平固定在振荡机上
5	振荡	开动机械振荡器,在30s±1s的时间内振荡90次。取下试筒
6	再加冲洗液	用冲洗管冲洗筒壁,然后从底部缓慢匀速向上拔出冲洗管,最后液面保持在380mm刻度线处
7	静置	静置20min±15s
8	量絮凝物和沉淀物高度	用尺量测从试筒底部到絮状凝结物上液面的高度
9	量沉淀物高度	将配重活塞徐徐插入试筒里,直至碰到沉淀物时,立即拧紧套筒上的固定螺钉。将活塞取出,用直尺插入套筒开口中,量取套筒顶面至活塞底面的高度h_2,同时记录试筒内的温度

续上表

序号	项目	内容及要求
三、结果整理		
1	计算砂当量	$$SE = \frac{h_2}{h_1}$$ 式中：SE——试样的砂当量(%)； h_2——试筒中用活塞测定的集料沉淀物的高度(mm)； h_1——试筒中絮凝物和沉淀物的总高度(mm)
2	结果表示	一种集料应平行测定两次，取两个试样的平均值，并以活塞测得砂当量为准，以整数表示

四、注意事项

(1)试验用的样品，在测定含水率和取样试验期间不要丢失水分。

(2)观察溶液是否有不溶的杂质，若有杂质必须用滤纸将溶液过滤，以除去不溶的杂质。

(3)冲洗液的使用期限不得超过2周，超过2周后必须废弃，其工作温度为22℃±3℃。

(4)以两次平行试验结果的平均值为测定值。

(5)为了不影响沉淀过程，试验必须在无振动的水平台上进行。

(6)应尽量避免将塑料试筒等直接暴露阳光下，盛试验溶液的塑料桶用完要清洗干净。

五、试验记录

试验记录及结果整理填入《道路建筑材料试验检测报告》项目表1-2-5和试表1-2-3。

实训项目六 粗集料表观密度及堆积密度试验

一、粗集料表观密度试验(网篮法)

1.目的与适用范围

(1)为水泥混凝土组成设计提供原始数据。

(2)本方法适用于测定各种粗集料的表观相对密度和表观密度。

2.仪具与材料

(1)天平或浸水天平，可悬挂吊篮测定集料的水中质量，称量应满足试样数量称量要求，感量不大于最大称量的0.05%。

(2)吊篮，耐锈蚀材料制成，直径和高度为150mm左右，四周及底部用1~2mm的筛网编织或具有密集的孔眼。

(3)溢流水槽，在称量水中质量时能保持水面高度一定。

(4)烘箱，能控温在105℃±5℃。

(5)温度计。

(6)标准筛。

(7)盛水容器(如搪瓷盘)。

(8)刷子、毛巾等。

3. 试验操作方法

序　号	项　　目	内容及要求
一、试 验 准 备		
1	过筛，取样	试样用 4.75mm 或 2.36mm 的筛子过筛，用四分法或分料器法缩分取样，分两份备用
2	称量	称量试样的质量，应符合表 1-2-11 的规定
3	洗净	浸泡试样，搅动，洗净每一份试样
二、试 验 步 骤		
1	试样浸水	将试样浸水 24h，水面至少应高出试样 20mm，搅动，使附着在石料上的气泡完全逸出
2	天平调零	将吊篮挂在天平的吊钩上，水面高度至水槽的溢流孔为止，将天平调零
3	调节水温	调节水温在 15～25℃范围内
4	称水中质量	将试样移入吊篮中，称集料的水中质量
5	烘干	将集料置于浅盘中烘干，冷却
6	称量	称取集料的烘干质量
三、结 果 整 理		
1	计算粗集料的表观相对密度	粗集料的表观相对密度 γ_a 按下式计算，精确至小数点后 3 位。 $$\gamma_a = \frac{m_a}{m_a - m_w}$$ 式中：γ_a——集料的表观相对密度，无量纲； m_a——集料的烘干质量(g)； m_w——集料的水中质量(g)
2	计算粗集料的表观密度(视密度)	粗集料的表观密度(视密度)ρ_a 按下式计算，精确至小数点后 3 位。 $$\rho_a = \gamma_a \times \rho_t \text{ 或 } \rho_a = (\gamma_a - \alpha_t) \times \rho_w$$ 式中：ρ_a——集料的表观密度，(g/cm^3)； ρ_t——试验温度 t 时水的密度(g/cm^3)，按表 1-2-10 取用； α_t——试验温度 t 时的水温修正系数，按表 1-2-10 取用； ρ_w——水在 4℃时的密度($1.000g/cm^3$)
重复试验的精密度		表观相对密度两次试验结果相差不得超过 0.02

4. 注意事项

(1)要用四分法取样，每次试验应满足一份试样最小质量的要求(表 1-2-11)。

测定密度所需要的试样最小质量　　表 1-2-11

公称最大粒径(mm)	4.75	9.5	16	19	26.5	31.5	37.5	63	75
每一份试样的最小质量(kg)	0.8	1	1	1	1.5	1.5	2	3	3

(2)试样的各项称量应在15～25℃范围内进行。

二、粗集料堆积密度试验

1. 目的与适用范围

(1)测定粗集料的堆积密度，包括自然堆积状态、振实状态和捣实状态。

(2)了解粗集料的密实程度，为计算空隙率提供必要的数据。

2. 仪器设备

(1)天平或台秤，感量不大于称量的0.1%。

(2)容量筒，适用于粗集料堆积密度测定的容量筒规格应符合表1-2-12的要求。

容量筒的规格要求 表1-2-12

粗集料公称最大粒径(mm)	容量筒容积(L)	容量筒规格(mm)			筒壁厚度(mm)
		内径	净高	底厚	
≤4.75	3	155±2	160±2	5.0	2.5
9.5～26.5	10	205±2	305±2	5.0	2.5
31.5～37.5	15	255±5	295±5	5.0	3.0
≥53	20	355±5	305±5	5.0	3.0

(3)平头铁锹。

(4)烘箱，能控温在105℃±5℃。

(5)振动台，频率为3000次/min±200次/min，负荷下的振幅为0.35mm，空载时的振幅为0.5mm。

(6)捣棒，一端为圆头的钢棒，直径16mm，长600mm。

3. 试验操作方法

序号	项目		内容及要求
	一、试验准备		
1	准备试样	取样，缩分	按四分法取样，缩分，质量应满足试验要求
		烘干或风干	在105℃±5℃的烘箱中烘干或摊在清洁的地面上风干
		备用	将试样拌匀后分成两份备用
2	容量筒容积的标定	用水装满容量筒	用水装满容量筒，测量水温，擦干筒外壁的水分
		用玻璃板沿筒口滑移	用玻璃板沿筒口滑移，使其紧贴水面，玻璃板与水面之间不得有空隙
		称量水和筒的质量	称取容量筒与水的总质量(m_w)，并按水的密度对容量筒的容积作校正
		计算筒的容积	$$V=\frac{m_w-m_1}{\rho_t}$$ 式中：V——容量筒的容积(L)； m_1——容量筒的质量(kg)； m_w——容量筒与水的总质量(kg)； ρ_t——试验温度t时水的密度，按表1-2-10取用

续上表

序号	项目		内容及要求
二、试验步骤			
1	自然堆积密度	称筒的质量	称容量筒的质量 m_1
		装料	将试样置于水泥地(或铁板)上,用平头铁锹铲起,自由落入容量筒内。铁锹的齐口至容量筒上口的距离应保持为50mm左右,装满容量筒使表面稍凸起部分和凹陷部分的体积大致相等
		称筒和试样的总质量	称取试样和容量筒的总质量 m_2
2	振实密度	装料并振实	按堆积密度试验步骤,将装满试样的容量筒放在振动台上,振动3min,或者将试样分三层装入容量筒,每层装完后,在筒底垫放一根直径为25mm的圆钢筋,将筒按住,左右交替颠击地面各25下(钢筋的方向应与上一层放置方向垂直)。待三层试样装填完毕后,用钢筋沿筒口边缘滚转,刮下、填平,使表面稍凸起部分和凹陷部分的体积大致相等
		称筒和试样的总质量	称取试样和容量筒的总质量 m_2
3	捣实密度	筛出多余颗粒	根据沥青混合料的类型和公称最大粒径,确定起骨架作用的关键性筛孔。将矿料混合料中此筛孔(通常4.75mm或2.36mm)以上颗粒筛出
		装料并捣实	试样分三层装入容器中,每层达1/3的高度,由边至中用捣棒均匀捣实25次。后两层捣实深度约至下层的表面。最后使集料与容器口齐平
		称取筒与试样的总质量	填充表面,用直尺刮平,目测估计表面凸起部分与凹陷部分的容积大致相等,称取容量筒与试样的总质量 m_2
三、结果整理			
1	计算堆积密度		堆积密度(包括自然堆积状态、振实状态和捣实状态)按下式计算,精确至小数点后2位。 $$\rho = \frac{m_2 - m_1}{V}$$ 式中:ρ——与各种状态相对应的堆积密度(t/m^3); m_1——容量筒的质量(kg); m_2——容量筒与试样的总质量(kg); V——容量筒的容积(L)
2	计算空隙率		水泥混凝土用粗集料振实状态下的空隙率按下式计算。 $$V_c = \left(1 - \frac{\rho}{\rho_a}\right) \times 100$$ 式中:V_c——水泥混凝土用粗集料的空隙率(%); ρ_a——粗集料的表观密度(t/m^3); ρ——按自然下落或振实法测定的粗集料的堆积密度(t/m^3)
精密度和允许差			以两次试验结果的算术平均值作为测定值

4. 注意事项

(1)要用四分法取样,每次试验应满足一份试样最小质量的要求。

(2)测定自然堆积密度时,装料时铁锹的齐口至容量筒上口的距离应保持在50mm左右,使石子自由落入容量筒内，从装料起到称量前不许碰动容量筒，以免影响试样的质量。

5. 试验记录及结果

试验记录及结果整理填入《材料试验检测报告》项目表1-2-6和试表1-2-4。

实训项目七　水泥混凝土用粗集料针片状颗粒含量试验（规准仪法）

一、目的与适用范围

（1）通过粗集料针片状颗粒含量的测定，可以评价集料的形状及其在工程中的适用性，为路面配合比设计提供原始数据。

（2）本方法适用于测定水泥混凝土使用的4.75mm以上的粗集料的针状及片状颗粒含量，以百分率计。

二、仪具与材料

（1）水泥混凝土用粗集料针状规准仪和片状规准仪，如图1-2-9所示。片状规准仪的钢板基板厚度3mm。

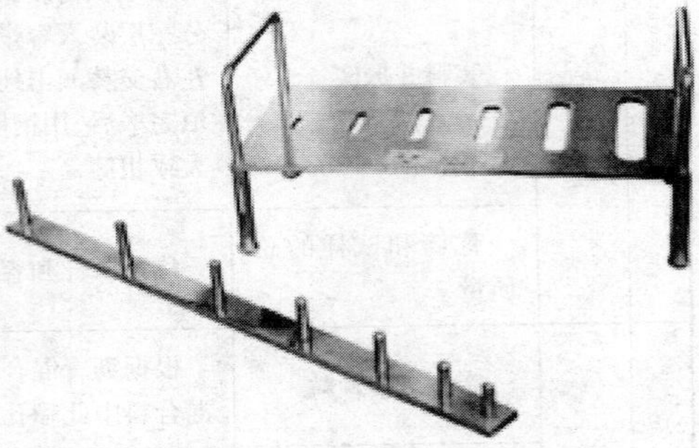

图1-2-9　针、片状规准仪（尺寸单位：mm）

水泥混凝土用粗集料针片状颗粒含量试验的粒级划分及其相应的规准仪孔宽或间距见表1-2-13。

粒级划分及规准仪规格　　表1-2-13

粒级（方孔筛）（mm）	4.75～9.5	9.5～16	16～19	19～26.5	26.5～31.5	31.5～37.5
针状规准仪上相对应的立柱之间的间距宽（mm）	17.1(B_1)	30.6(B_2)	42.0(B_3)	54.6(B_4)	69.6(B_5)	82.8(B_6)
片状规准仪上相对应的孔宽（mm）	2.8(A_1)	5.1(A_2)	7.0(A_3)	9.1(A_4)	11.6(A_5)	13.8(A_6)

（2）天平或台秤，感量不大于称量值的0.1%。

（3）标准筛，孔径分别为4.75mm、9.5mm、16mm、19mm、26.5mm、31.5mm、37.5mm，试验时根据需要选用。

三、试验操作方法

序　号	项　　目	内容及要求
		一、试 验 准 备
1	风干试样	将试样风干
2	缩分试样	用四分法或分料器法缩分试样
3	取试样	按表1-2-14的规定称取试样的总质量
		二、试 验 步 骤
1	挑选针状颗粒	先目测挑选，再用规准仪逐粒鉴定，挑出颗粒长度大于针状规准仪上相应间距而不能通过者，为针状颗粒
2	挑选片状颗粒	将通过针状规准仪挑出厚度小于片状规准仪上相应孔宽能通过者，为片状颗粒
3	称量	称量所有针状颗粒和片状颗粒的质量，其总质量为m_1

续上表

序号	项目	内容及要求
三、结果整理		
	计算针片状颗粒含量	$$Q_c = \frac{m_1}{m_0} \times 100$$ 式中：Q_c——针片状颗粒含量(%)； m_1——针片状颗粒的质最(g)； m_0——试验用集料的总质量(g)

针片状颗粒含量试验所需的试样最小质量　　表 1-2-14

公称最大粒径(mm)	9.5	16	19	26.5	31.5	37.5	37.5	37.5
试样的最小质量(kg)	0.3	1	2	3	5	10	10	10

四、试验记录

试验记录及结果整理填入《道路建筑材料试验检测报告》中项目表 1-2-7 和试表 1-2-4。

选做实训项目　沥青混合料用粗集料针片状颗粒含量试验(游标卡尺法)

一、目的与适用范围

(1)通过粗集料针片状颗粒含量的测定,可以掌握集料的形状和抗压碎能力,以评定石料生产厂的生产水平及该材料在工程中的适用性,为路面配合比设计提供原始数据。

(2)掌握游标卡尺法测定粗集料针片状颗粒含量的试验方法。

(3)本方法适用于测定沥青混合料使用的 4.75mm 以上的粗集料的针状及片状颗粒含量,以百分率计。

二、仪具与材料

(1)标准筛,4.75mm 的方孔筛。

(2)游标卡尺,精密度为 0.1mm。

(3)天平,感量不大于 1g。

三、试验操作方法

序号	项目	内容及要求
一、试验准备		
1	采集试样	采集粗集料试样
2	缩分试样	用分料器法或四分法缩分试样
3	取试样	过筛,按表 1-2-14 的规定称取试样的总质量
二、试验步骤		
1	目测	首先用目测挑出立方体颗粒
2	挑选针片状颗粒	用卡尺逐颗测量石料,将最大长度方向与最大厚度方向的尺寸之比大于 3 的颗粒分别挑出作为针片状颗粒
3	称量	称取针片状颗粒的质量

续上表

序　号	项　　目	内容及要求
三、结 果 整 理		
	计算针片状颗粒含量	$$Q_c = \frac{m_1}{m_0} \times 100$$ 式中：Q_c——针片状颗粒含量(%)； m_1——针片状颗粒的质量(g)； m_0——试验用集料的总质量(g)

四、注意事项

(1)用分料器法或四分法缩分风干试样。

(2)称取试样的总质量应符合表1-2-14中的要求。

五、试验记录

本实训为选做项目，学生可以参照项目表1-2-7和试表1-2-4自己制作表格，并完成表格中的内容。

实训项目八　粗集料压碎值试验

一、目的与适用范围

(1)通过本试验的测定，可以掌握石料在逐渐增加荷载下抵抗压碎的能力，这是衡量石料力学性质的指标，以评定其在公路工程中的适用性；掌握测定集料压碎值的方法。

(2)本方法适用于测定各种石料的压碎值。

二、仪具与材料

(1)石料压碎值试验仪，如图1-2-10所示，由两端开口的钢制圆形试筒、压柱和底板组成。

(2)金属棒，一端加工成半球形，直径10mm。

(3)天平，称量2～3kg，感量不大于1g。

(4)标准筛，筛孔尺寸13.2mm、9.5mm、2.36mm的方孔筛各一个。

(5)压力机，500kN，应能在10min内加载到400kN。

(6)金属筒，圆柱形，内径112.0mm，高179.4mm，容积1 767cm^3。

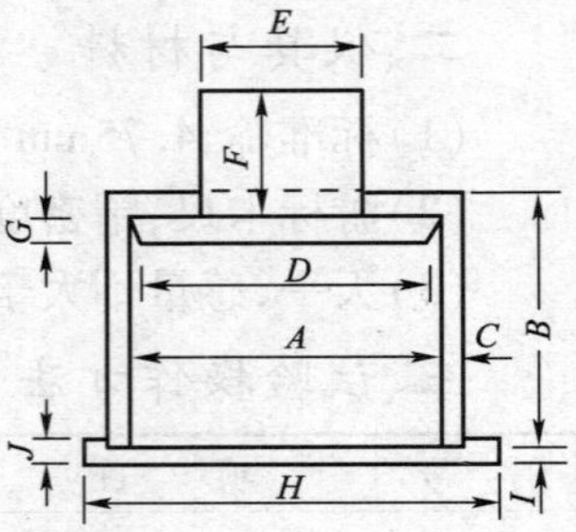

图1-2-10　压碎指标值测定仪

三、试验操作方法

序　号	项　　目	内容及要求
一、试 验 准 备		
1	取试样	采用风干石料过筛，取9.5～13.2mm的试样三组各3 000g，供试验用
2	确定石料数量	将试样分三次装入金属筒试模中，每次捣实25次，最后将表面整平。称量金属筒中试样质量(m_1)，以相同质量的试样进行压碎值的平行试验

续上表

序 号	项 目	内容及要求
二、试验步骤		
1	安放试筒	将试筒安放在底板上
2	装筒	将要求质量的试样分三次装入试筒中，每次捣实25次，最后将表面整平
3	放试筒于压力机上	将装有试样的试筒放到压力机上，同时加压头
4	加压	开动压力机，至10min左右达到总荷载400kN，稳压5s，然后卸荷
5	取出试样	将试筒从压力机上取下，取出试样
6	过筛	用2.36mm标准筛筛分
7	称取通过量	称取通过2.36mm筛孔的全部细料质量(m_0)，精确至1g
三、结果整理		
1	计算压碎值	计算石料压碎值，精确至0.1%。 $$Q'_a=\frac{m_0}{m_1}\times 100$$ 式中：Q'_a——石料压碎值(%)； m_1——试验前试样质量(g)； m_0——试验后通过2.36mm筛孔的细料质量(g)
2	结果表示	压碎值以三次平行试验结果的算术平均值为测定值

四、注意事项

(1)如试样过于潮湿需加热烘干时，烘箱温度不得超过100℃，烘干时间不超过4h。试验前，石料应冷却至室温。

(2)注意使压头摆平，勿楔挤试模侧壁。

(3)压力机加压时，一定要均匀。

(4)用2.36mm标准筛筛分时，需筛到在1min内无明显的筛出物为止。

(5)压碎值的平行试验要以相同质量的试样进行。

五、试验记录

试验记录及结果整理填入《道路建筑材料试验检测报告》项目表1-2-8和试表1-2-4。

实训项目九　粗集料磨耗试验(洛杉矶法)

一、目的与适用范围

(1)通过本试验，可以掌握标准条件下粗集料抵抗摩擦、撞击的能力；掌握粗集料磨耗试验的方法。

(2)本方法适用于各种等级规格集料的磨耗试验。

二、仪具与材料

(1)洛杉矶磨耗试验机，两端封闭，投料口的钢盖通过紧固螺栓和橡胶垫与钢筒紧闭密封。钢筒的回转速率为30～33r/min。

(2)钢球，直径约46.8mm，质量为390～445g。

(3)台秤，感量5g。

(4)标准筛，符合要求的标准筛系列，以及筛孔为1.7mm的方孔筛一个。

(5)烘箱,能控温在 105℃ ±5℃。

三、试验操作方法

序　号	项　　目	内容及要求
		一、试 验 准 备
1	洗净	将不同规格的集料洗净
2	烘干	将集料置 105℃ ±5℃烘箱中烘至恒重
3	备料	对所使用的集料,按表 1-2-15 选择粒级类别,确定试验条件,备料,筛分
		二、试 验 步 骤
1	称量,装筒	分级称量,称取总质量(m_1),装入磨耗机圆筒中
2	加入钢球,盖好盖	选择钢球,加入钢筒中,盖好筒盖
3	设定转数,开机	将计数器调零,设定回转次数。开动磨耗机转动至要求的回转次数为止
4	取出试样	取出钢球,将试样倒入盘中
5	过筛	将试样过 1.7mm 筛,筛去细屑
6	洗净	用水冲干净留在筛上的碎石
7	烘干,称量	烘干,准确称质量
		三、结 果 整 理
计算粗集料洛杉矶磨耗损失		计算粗集料洛杉矶磨耗损失,精确至 0.1%。 $$Q = \frac{m_1 - m_2}{m_1} \times 100$$ 式中:Q——洛杉矶磨耗损失(%); m_1——装入圆筒中试样的质量(g); m_2——试验后在 1.7mm 筛上洗净烘干的试样质量(g)
精密度和允许差		粗集料的磨耗损失取两次平行试验结果的算术平均值为测定值,两次试验的差值应不大于 2%,否则须重做试验

粗集料洛杉矶试验条件　　表 1-2-15

粒度类别	粒级组成(mm)	试样质量(g)	试样总质量(g)	钢球数量(个)	钢球总质量(g)	转动次数(转)	适用的粗集料	
							规格	公称粒径(mm)
A	26.5 ~ 37.5 19.0 ~ 26.5 16.0 ~ 19.0 9.5 ~ 16.0	1250 ±25 1250 ±25 1250 ±10 1250 ±10	5000 ±10	12	5000 ±25	500		
B	19.0 ~ 26.5 16.0 ~ 19.0	2500 ±10 2500 ±10	5000 ±10	11	4850 ±25	500	S6 S7 S8	15 ~ 30 10 ~ 30 10 ~ 25
C	9.5 ~ 16.0 4.75 ~ 9.5	2500 ±10 2500 ±10	5000 ±10	8	3320 ±20	500	S9 S10 S11 S12	10 ~ 20 10 ~ 15 5 ~ 15 5 ~ 10

续上表

粒度类别	粒级组成(mm)	试样质量(g)	试样总质量(g)	钢球数量(个)	钢球总质量(g)	转动次数(转)	适用的粗集料	
							规格	公称粒径(mm)
D	2.36～4.75	5000±10	5000±10	6	2500±15	500	S13 S14	3～10 3～5
E	63～75 53～63 37.5～53	2500±50 2500±50 5000±50	10000±100	12	5000±25	1000	S1 S2	40～75 40～60
F	37.5～53 26.5～37.5	5000±50 5000±25	10000±75	12	5000±25	1000	S3 S4	30～60 25～50
G	26.5～37.5 19～26.5	5000±25 5000±25	10000±50	12	5000±25	1000	S5	20～40

注:①表中 16mm 也可用 13.2mm 代替。

②A 级适用于未筛碎石混合料及水泥混凝土用集料。

③C 级中 S12 可全部采用 4.75～9.5mm 颗粒 5 000g;S9 及 S10 可全部采用 9.5～16mm 颗粒 5000g。

④E 级中的 S2 中缺 63～75mm 颗粒,可用 53～63mm 颗粒代替。

对所使用的集料,根据实际情况按表 1-2-15 选择最接近的粒级类别,确定相应的试验条件,按规定的粒级组成备料、筛分。其中水泥混凝土用集料宜采用 A 级粒度,沥青路面及各种基层、底基层用粗集料,表中的 16mm 筛孔也可用 13.2mm 筛孔代替。对非规格材料,应根据材料的实际粒度,从表 1-2-15 中选择最接近的粒级类别及试验条件。

四、注意事项

(1)将钢球加入钢筒中后,盖好筒盖,紧固密封。

(2)用水冲干净留在筛上的碎石、烘干,整个过程不得使料损失。

五、试验记录

试验记录及结果整理填入《道路建筑材料试验检测报告》项目表 1-2-9 和试表 1-2-4。

复习思考题

1. 集料的筛分试验在试验前应如何取样?在集料的筛分试验中,按筛孔大小顺序逐个进行手筛,筛至何时为止?筛分前后质量允许误差是多少?

2. 水泥混凝土用砂筛分时标准筛的规格是多少?筛分前后质量允许误差是多少?筛分后可确定哪些筛分参数?

3. 细集料筛分试验时,两次平行试验后,结果如何处理?如何确定所测定的砂样为几区的砂?

4. 粗集料磨耗试验准备工作有哪些?试验结果应如何评定?

5. 细集料含泥量试验中所用标准筛的规格是多少?筛洗时应注意什么?

6. 用什么方法测定粗集料的表观密度?试述粗集料表观密度试验的目的和主要仪具。

7. 简述粗集料压碎值的试验方法。

任务1.3 钢筋质量检测

【教学目标】 通过本单元的学习,掌握钢筋的技术性质、技术要求和工程应用,能够按照现行技术规范要求检验钢筋的质量。学生会做钢筋质量的试验检测工作。

【关 键 词】 钢筋 钢绞线 屈服强度 伸长率

1.3.1 钢材生产及组成

一、何谓钢材

钢是指以铁为主要元素,含碳量小于2%,并含有其他元素的铁碳合金,由生铁冶炼、脱氧而成。再经过铸锭、加工后,其产品有型材、板材和钢筋,统称为钢材。钢材被用于各类混凝土及预应力混凝土结构中。要求其具有较高的强度、良好的塑性、可焊性和冲击韧性,以满足相应结构需要承受的车辆荷载作用和大气等各种自然因素的考验。

本单元只对钢筋混凝土和预应力混凝土结构中所用的钢材作介绍。

1. 钢筋混凝土用热轧光圆钢筋

经热轧成型并自然冷却的成品、横截面为圆形且表面光滑的钢筋混凝土配筋用钢材为钢筋混凝土用热轧光圆钢筋。

2. 钢筋混凝土用热轧带肋钢筋

它是指钢筋混凝土配筋用的直条或盘条状钢材,通常带有两道纵肋和沿长度方向均匀分布的横肋。钢筋在混凝土中主要承受拉应力。

3. 预应力混凝土用钢绞线

钢绞线是由2根、3根钢丝捻制的,其中用得最多的是由7根圆形断面钢丝捻制而成。做预应力混凝土配筋用的钢绞线,简称预应力钢绞线。钢绞线按左捻制成并经回火处理,消除内应力。它具有强度高、柔性好、质量稳定、成盘供应、不需接头等优点。适用于大型建筑、公路或铁路桥梁等大跨度预应力混凝土构件。

二、钢材的特点

它具有强度高、塑性好、韧性高、能经受冲击、品种均匀、性能可靠等优点,可以对其进行热处理和冷加工,又可以进行焊接、铆接和切割,便于装配成大型构件和构筑物等。带肋钢筋由于表面肋的作用,和混凝土有较大的黏结能力,因而能更好地承受外力的作用。钢材广泛用于各种建筑结构,几乎所有的公路工程混凝土结构物中都有应用,特别是大、中桥梁。其主要缺点是易锈蚀、维护费用高。

三、钢材的组成

1. 碳

碳是钢中除铁之外含量最多的元素,是决定钢性能的主要元素。含碳量多时,钢的屈服强度、强度极限及硬度相应提高,而伸长率、断面收缩率及冲击韧性则相应降低。

2. 锰

锰是低合金钢的重要合金元素,它可减轻硫的有害作用,消除钢的热脆性,改善加工性能。钢中含锰量增加时,其强度、硬度和耐磨性都提高。碳钢中锰含量一般低于0.8%。

3. 硅

硅在钢中也是一种有益元素。硅含量少时，仅作为少量杂质存在，对钢的性能无显著影响。随硅含量的增高，钢的强度、弹性及硬度都升高，而韧性、塑性及锻造和焊接性均降低。碳钢中含硅量通常小于0.35%。

4. 硫

硫是由炼钢原料带入钢中的有害元素。硫的含量虽然很低，但它的存在使钢质变脆，并降低抗蚀性，而且对焊接也不利。规定普通碳素钢含硫量不大于0.035%，优质钢不超过0.045%。

5. 磷

磷是由炼钢原料带入钢中的有害元素。磷会显著降低钢材的塑性、韧性、冷弯性能和可焊性，特别是低温下冲击韧性下降更为明显。常把这种现象称为冷脆性。但磷可使钢材的强度、耐蚀性提高。因此钢中含磷量要严格控制。规定普通碳素钢含磷量不大于0.040%，优质钢不超过0.030%。

6. 氧、氮

氧、氮都是钢中的有害元素，显著降低钢的塑性、韧性、冷弯性能和可焊性。

综上可知，化学元素对钢材的性能影响很大，其中的C、Si、Mn是碳素钢的有益元素，而S、P、N、O等微量元素则是钢材的有害元素，应严格按照规范控制其含量，以保证钢材的力学性能和工艺性能。

四、钢材的分类

钢材的分类方法很多，常用的分类方法如下。

1. 按化学成分分类

(1)碳素钢——含少量硫、磷杂质的铁碳合金。据碳元素在钢中的含量不同，进一步分为：

低碳钢——含碳<0.25%，软韧、易加工，是建筑工程的主要用钢。如I级钢筋。

中碳钢——含碳0.25%~0.6%，较硬，多用于机械部件。如原II级钢筋。

高碳钢——含碳>0.6%，很硬，是一般工具的主要用钢。如碳素钢丝。

(2)合金钢——在低碳素钢或中碳素钢冶炼时添加合金元素（锰、硅、钛、铬、铌等）后得到的钢材，而使轧制的钢材强度高且综合性能好。其主要牌号有20锰硅和20锰铌的HRB335钢、25锰硅的HRB400钢。据合金元素掺入的总量，又可分为：

低合金钢——合金元素总量<5%。

中合金钢——合金元素总量5%~10%。

高合金钢——合金元素总量>10%。

2. 按质量分类

根据钢中硫(S)、磷(P)杂质元素的含量不同，可分为：

普通碳素钢——S≤0.055%，P≤0.040%。

优质碳素钢——0.030%≤S≤0.040%，P≤0.040%。

高级优质碳素钢——0.020%≤S≤0.030%，P≤0.035%。

3. 按生产工艺分类

热轧钢筋——钢锭或连铸坯在高温时用轧钢机轧制，而不再经过任何处理的钢筋。

冷拉钢筋——将热轧钢筋在常温下、一般在工地上拉到屈服点以上、极限强度以下的一定强度，卸荷后可使原钢筋的屈服点、极限强度和硬度都得到提高。

冷拔低碳钢丝——将 ϕ6mm ~ ϕ10mm 的热轧光圆钢筋，一般在厂内或有条件的工地，通过拔丝模具多次强力冷拔卸荷后，使原钢筋直径减小，塑性降低，极限强度大为提高。

热处理钢筋——将热轧螺纹钢筋，经淬火和回火调质热处理而成。提高了抗拉强度并改善了其性能，可使热轧普通钢筋的抗拉强度提高到预应力筋所需要的抗拉强度。

碳素钢丝——通称高强钢丝，由含碳量0.25% ~0.6%，磷及硫含量少于0.05%的优质碳素钢制成。分矫直回火和冷拉两种，直径为3 ~5mm。

刻痕钢丝——碳素钢丝经压痕机轧制而成。

钢绞线——一般由7根 ϕ2.5mm ~ ϕ5mm 碳素钢丝编绞而成，成股直径为9 ~15mm。

4. 按用途分类

钢的用途与其形状有关，所以按用途分类时实际上是按形状来分类。

桥梁用钢按其形状可分为型材、棒材（或线材）和异型材（特种形状）等三类。

型材主要包括型钢和钢板，主要用于钢桥建筑。

线材主要包括钢筋、预应力钢筋、高强钢丝和钢绞线等，是钢筋混凝土桥梁建筑中使用的重要材料之一。

异型材是为特殊用途制作的，如预应力混凝土桥梁中的锚具、夹具和大变形伸缩件中使用的异型钢梁等。

5. 按使用性能和力学性能分类

普通钢筋——仅做非预应力钢筋使用。

预应力混凝土用钢筋——目前使用的有热处理钢筋、矫直回火钢丝、冷拉钢丝、刻痕钢丝、钢绞线等，使用最多的是钢绞线。用7根钢丝捻制的为标准型钢绞线。

6. 按直径分类

钢丝——直径3 ~5mm。

细钢筋——直径6 ~10mm

中粗钢筋——直径12 ~20mm。

粗钢筋——直径大于20mm

7. 按供应形式分类

按供应形式可分为盘圆钢筋（直径6 ~10mm）和直条钢筋（6 ~12m）。

8. 按钢筋的轧制外形分类

按钢筋的轧制外形可分为光面圆钢筋、变形钢筋和刻痕钢筋。

1.3.2 钢材的技术性质

一、钢材的技术性质

钢材的技术性质包括使用性能和工艺性能。

1. 使用性能

使用性能是指能够保证钢筋制成的成品正常使用的能力，如物理性能、力学性能和化学性能等。

物理性能是指钢材本质不发生变化而表现的性能，包括密度、熔点、强度、硬度、导电性、导热性、磁性、塑性等。

力学性能是指在外力作用下所表现出的各种特性，包括弹性、塑性、韧性、强度、硬度等。

化学性能主要是指其化学稳定性，即抵抗周围各种介质腐蚀的能力。

2. 工艺性能

工艺性能是指钢材在生产加工过程中，能承受各种加工制造工艺且不产生瑕疵或废品而应具备的性能，钢材应具有良好的工艺性能，以满足施工工艺的要求。如冷弯、冷拉、冷拔及焊接性能等是钢材的重要工艺性能。

二、钢筋混凝土结构用钢筋的基本技术性能

1. 强度

强度是钢筋力学性能的主要指标，包括屈服强度和抗拉强度。

(1) 屈服强度也称屈服极限，它是钢材在承受抗拉试验时，开始失去对变形的抵抗能力，并产生大量塑性变形时所对应的应力。对于低碳钢，在屈服阶段有一锯齿形应力—应变曲线，对应于锯齿形最高点的应力称为上屈服点，对应于锯齿形最低点的应力称为下屈服点。上屈服点与试验过程中的许多因素有关，数据范围变化较大，而下屈服点较为稳定，所以我国现行规范中规定：取低碳钢的下屈服点所对应的应力为屈服强度。由于中碳钢和高碳钢没有明显的屈服阶段，故取中碳钢和高碳钢在受拉过程产生残余应变为0.2%时所对应的应力作为屈服强度。预应力钢筋混凝土用的钢材都无明显的屈服点。

当钢材中的实际应力达到屈服点时，虽未破坏，但却产生了比较明显的、不可恢复的塑性变形，为一般建筑结构的正常使用所不允许，所以屈服强度是确定钢结构容许应力的主要依据。

(2) 抗拉强度，它是钢材所承受的最大拉应力，即当拉应力达到强度极限时，钢材完全丧失了对变形的抵抗能力而断裂。抗拉强度不能直接利用。

(3) 屈强比是屈服强度和抗拉强度的比值，通常用来比较结构的安全可靠性和钢材的有效利用率。屈强比越小，表明钢材越不易发生危险的脆性破坏，结构的安全性、可靠性越高。但太小则钢材强度的有效利用率低，造成浪费。所以，屈服强度和抗拉强度是钢材力学性能的主要检验指标。

建筑结构钢屈强比一般在0.60～0.75范围内较合理。普通碳素结构钢Q235的屈强比大约为0.58～0.63；低合金结构钢的屈强比大约为0.65～0.75；对有抗震要求的框架结构纵向受力钢材要求屈强比不应超过0.80。

2. 塑性

塑性是钢材在受力破坏前可以经受永久变形的性能，通常用伸长率和断面收缩率表示。

1) 伸长率

它是钢材在拉伸试验中发生断裂时所能承受的永久变形的能力。试件拉断后标距长度的增量与原标距长度之比的百分率即为伸长率。最大力总伸长率就是最大力时原始标距的伸长与原始标距(l_0)之比的百分率。

伸长率是衡量钢材塑性的重要指标，伸长率愈大，钢材的塑性愈好。而有明显屈服点的钢材都有较高的伸长率和较大的塑性，塑性良好的钢材，偶尔遇到超载，将产生塑性变形，使内部应力重新分布，不致由于应力集中造成脆性断裂而发生突然破坏。相反塑性小的钢材，钢质硬脆，超载后易脆断破坏。

伸长率的大小与试件尺寸有关，一般规定试件计算长度为其直径的5倍或10倍，伸长率分别用δ_5、δ_{10}表示。通常以伸长率大小来区别钢材的塑性好坏。δ越大，表明钢材的塑性越好。当$\delta > 2\% \sim 5\%$时，称为塑性材料，如铜、铁等；当$\delta < 2\% \sim 5\%$时称脆性材料，如铸铁等。

通过拉伸试验可以测得屈服强度、抗拉强度和伸长率。

2）断面收缩率

断面收缩率也是反映钢材塑性的指标，它是试件拉断后缩颈处横断面积的最大缩减量占横截面积的百分率。

3. 冲击韧性

冲击韧性是钢材抵抗冲击荷载作用的能力，用冲断试件所需能量的多少表示。它是衡量钢材抵抗脆性破坏的力学性能指标。将有缺口的试件放在冲击试验机的支座上，用摆锤打断试件，测得试件单位面积上所消耗的功，作为冲击韧性指标。值愈大，钢材在断裂时所吸收的能量越多，则冲击韧性越好。

对于重要钢结构及使用时承受动荷载作用的结构，必须对其钢材的冲击韧性予以鉴定。

4. 硬度

钢材表面局部体积内抵抗更硬物体压入而引起塑性变形的抗力称为硬度。常用的测定钢材硬度的方法是布氏法，所测的硬度称布氏硬度。测定钢材硬度的方法还有洛氏法和维氏法。

布氏硬度试验时用直径为 D(mm)的硬钢球，在一定荷载 P(N)作用下压入钢材表面后，并持续一定时间后卸荷，量出压痕直径 d(mm)，计算每单位压痕球面积所承受的荷载值，即是布氏硬度值(HB)。硬度的大小，既可判断钢材的软硬程度，也可以近似地估计钢材的抗拉强度。硬度愈高，即表明钢材抵抗塑性变形的能力愈大，钢材产生塑性变形越困难。

5. 耐疲劳性

钢材若在交变应力(随时间作周期性交替变更的应力)的反复作用下，往往在工作应力远小于抗拉强度时发生骤然断裂，这种现象称为“疲劳破坏”。钢材抵抗疲劳破坏的能力称为耐疲劳性。

6. 冷弯性能

冷弯性能是钢材在常温条件下承受规定弯曲程度的弯曲变形能力，并可在弯曲中显示钢材缺陷的一种工艺性能。钢筋混凝土所用的钢材，多需进行弯曲加工，因此必须满足冷弯性能的要求。

冷弯性能是以规定尺寸试件，在常温下进行弯曲试验，弯曲性能用弯曲角度、弯心的直径与试件的厚度(或直径)比值表示。能承受的弯曲角度愈大，弯心直径与试件厚度(或直径)比愈小，则表示该钢材的弯曲性能愈好。按规定试件弯曲处不产生裂纹、断裂和起层等现象即认为冷弯性能合格。

冷弯是检验钢材塑性的一种方法，并与伸长率存在着必然的联系。伸长率大的钢材，其冷弯性能必然好，但冷弯试验对钢材塑性的评定比拉伸试验更严格、更敏感。冷弯有助于暴露钢材中的气孔、杂质、裂纹等缺陷。钢材的局部脆性及接头缺陷都可在焊接中的冷弯时发现，所以钢材的冷弯不仅是评定塑性、加工性能的要求，而且也是评定焊接质量的重要指标之一。对于重要结构和弯曲成型的钢材，冷弯必须合格。

7. 焊接性能

建筑工程中，钢材间的连接90%以上采用焊接方式。因此，要求钢材应有良好的焊接性能。

焊接的质量取决于钢材与焊接材料的可焊性及其焊接工艺。可焊性是指在一定的焊接工艺条件下，在焊缝及附近过热区不产生裂缝及硬脆倾向。可焊性好的钢材，焊接后在焊缝处的力学性能尤其是强度应与母材性质基本相同，以保证焊接牢固可靠。

焊接性受化学成分及其含量的影响。含碳量小的碳素钢具有良好的可焊性，但硫、磷及气体杂质使可焊性降低，加入过多的合金元素，也可降低可焊性。一般焊接结构用钢应注意选用含碳量较低的氧气转炉或平炉镇静钢。对于高碳钢及合金钢，为了改善焊接性能，焊接时一般要采用焊前预热及焊后热处理等措施。

8. 腐蚀性

钢材因受周围介质的化学作用而逐渐破坏的现象称为腐蚀，也称锈蚀。原因有两种：化学锈蚀和电化学锈蚀。

防止方法有：制成合金钢、金属覆盖和油漆等。

以上几种性能是钢材的基本技术性能，其中常用的指标是强度和塑性，建筑用钢材主要检测钢材的强度和塑性两项指标。

1.3.3　钢材的技术要求

一、钢材应具备以下技术要求

（1）良好的综合力学性能。应具有较多的屈服点与抗拉强度，并有良好的塑性、冷弯、冲击韧性和抵抗振动应力的疲劳强度以及低温（$-40℃$）冲击韧性。

（2）良好的焊接性。由于近代焊接技术的发展，桥梁钢结构趋向于采用焊接结构代替铆接结构，以加快施工速度和节约钢材，因此要求钢材具有良好的焊接性能。

（3）良好的抗蚀性。桥梁长期暴露于大气中，故要求钢材具有良好的抵抗大气因素腐蚀的性能。

二、钢制品

1. 普通钢筋的力学性能和表面质量要求

钢筋混凝土中的钢筋和预应力混凝土中的非预应力钢筋有光圆钢筋、热轧带肋钢筋、冷轧带肋钢筋、低碳钢热轧圆盘条。在工程中需要做拉伸试验和弯曲试验，其力学性能指标、强度标准见表 1-3-1。常用圆钢筋截面积、质量见表 1-3-2。

普通钢筋的力学性能指标、强度标准（GB 1499.1—2008，GB 1499.2—2007）　　表 1-3-1

表面形状	牌号	公称直径（mm）	屈服强度 R_{el}（MPa）	抗拉强度 R_m（MPa）	断后伸长率（%）	最大力总伸长率（%）	弯芯直径	冷弯试验
			不小于					
热轧光圆	HPB235	6~22	235	370	25	10	d	180°
	HPB300		300	420				
普通热轧带肋	HRB335 HRBF335	6~25	335	455	17	7.5	$3d$	180°
		28~40					$4d$	
		>40~50					$5d$	
	HRB400 HRBF400	6~25	400	540	16		$4d$	180°
		28~40					$5d$	
		>40~50					$6d$	
	HRB500 HRBF400	6~25	500	630	15		$6d$	180°
		28~40					$7d$	
		>40~50					$8d$	

续上表

表面形状	牌号	公称直径(mm)	屈服强度 R_{el}(MPa)	抗拉强度 R_m(MPa)	断后伸长率(%)	最大力总伸长率(%)	弯芯直径	冷弯试验
			不小于					
冷轧带肋	CRB550	4~12	500	550	8.0	—	3d	180°
	CRB650	4,5,6	585	650	—	4.0	—	
	CRB800		720	800	—	4.0	—	
	CRB970		875	970	—	4.0	—	

注:d 为钢筋直径。

单根圆钢筋截面积、质量表 表 1-3-2

直径(mm)	钢筋截面面积(cm^2)	质量(kg/m)	直径(mm)	钢筋截面面积(cm^2)	质量(kg/m)
6	0.283	0.222	26	5.309	4.170
8	0.503	0.396	28	6.153	4.830
9	0.636	0.617	30	7.069	5.549
10	0.785	0.499	32	8.043	6.310
12	1.131	0.888	34	9.079	7.130
14	1.539	1.208	36	10.179	7.990
16	2.011	1.578	38	11.341	8.900
18	2.545	1.998	40	12.561	9.865
19	2.835	2.230	42	13.854	10.88
20	3.142	2.466	45	15.904	12.49
22	3.801	2.934	48	18.093	14.21
24	4.524	3.551	50	19.635	15.41
25	4.909	3.850			

表面质量要求:钢筋外表有严重锈蚀、麻坑、裂纹夹砂和夹层等缺陷时,应予剔除,不得使用。

2. 预应力钢筋的力学性能和表面质量要求

预应力钢筋的种类比较多,包括热处理钢筋、冷拉钢筋、精轧螺纹钢筋、冷拔钢丝、预应力混凝土用钢丝、钢绞线。

1)热处理钢筋

热处理钢筋由热轧螺纹钢筋经淬火和回火调质处理而成,经热处理后改变了钢筋的内部组织结构,其性能得到改善,抗拉强度提高到预应力钢筋所需要的强度等级。热处理钢筋按其螺纹外形分有纵肋和无纵肋。热处理钢筋的力学性能见表 1-3-3,尺寸及允许偏差和计算数值见表 1-3-4 和表 1-3-5。

热处理钢筋的力学性能 表 1-3-3

公称直径(mm)	牌号	屈服强度 $\sigma_{0.2}$(MPa)	抗拉强度 σ_b(MPa)	伸长率 δ_{10}(%)
		不小于		
6	40Si2Mn	1325	1470	6
8.2	48Si2Mn			
10	45Si2Cr			

热处理钢筋（有纵肋）的尺寸及允许偏差和计算数值 表 1-3-4

公称直径 d（mm）	尺寸及允许偏差（mm）							截面计算面积 F（mm^2）	理论质量（kg/m）
	垂直内径 d_1	水平内径 d_2	肋距 L	横肋高 h_1	横肋宽 b_2	纵肋高 h_2	纵肋宽 b_2		
8.2	$8.0^{+0.6}_{-0.2}$	$8.3^{+0.6}_{-0.2}$	7.5 ±0.5	$0.7^{+0.5}_{-0.2}$	$0.7^{+0.5}_{-0.2}$	$0.7^{+0.5}_{-0.2}$	1.2 ±0.5	52.81	0.432
10	$9.6^{+0.6}_{-0.2}$	9.6 ±0.4	7.0 ±0.5	1.0 ±0.4	$1.0^{+0.7}_{-0.3}$	$1.0^{+0.5}_{-0.2}$	1.5 ±0.5	78.54	0.617

热处理钢筋（无纵肋）的尺寸及允许偏差和计算数值 表 1-3-5

公称直径 d（mm）	尺寸及允许偏差（mm）					截面计算面积 F（mm^2）	理论质量（kg/m）
	垂直内径 d_1	水平内径 d_2	肋距 L	横肋高 h	横肋宽 b		
6	$5.8^{+0.6}_{-0.2}$	$6.3^{+0.6}_{-0.2}$	7.5 ±0.5	$0.4^{+0.3}_{-0.2}$	$0.7^{+0.5}_{-0.2}$	28.27	0.230
8.2	$7.9^{+0.6}_{-0.2}$	$8.5^{+0.6}_{-0.2}$	7.5 ±0.5	$0.7^{+0.5}_{-0.2}$	$0.7^{+0.5}_{-0.2}$	52.73	0.424

表面质量要求：钢筋表面不得有肉眼可见的裂纹、结疤、折叠；允许有凸块，但不得有超过横肋高度的凸块；表面允许有不影响使用的缺陷，但不得沾有油污。

2）冷拉钢筋

冷拉是将钢筋在常温下拉伸超过屈服点，以提高钢筋的屈服极限、强度极限和疲劳极限的一种加工工艺。但经冷拉后会降低钢筋的延伸率、断面收缩率、冷弯性能和冲击韧性。预应力混凝土结构所用的钢筋，主要要求具有高的屈服极限、变形极限等强度性能，而延伸率、断面收缩率、冷弯性能要求不高，因此这就为采用冷拉加工工艺提供了可能性。冷拉钢筋的力学性能要求见表 1-3-6。

表面质量要求：钢筋冷拉后，其表面不应发生裂纹。冷弯试验后无裂纹、鳞落或断裂现象。

冷拉钢筋的力学性能 表 1-3-6

钢筋级别	直径（mm）	屈服强度（MPa）	抗拉强度（MPa）	伸长率 δ_{10}（%）	冷弯	
		不小于			弯曲直径	弯曲角度
冷拉 IV 级钢筋	10 ~ 28	700	835	6	5 d	90°

注：表中 d 为钢筋直径（mm），直径大于 25mm 的钢筋，冷弯弯曲直径应增加一个 d。

3）精轧螺纹钢筋

精轧螺纹钢筋是用热轧方法直接生产的一种无纵肋的钢筋，钢筋的连接是在端部用螺纹套筒进行连接接长，其力学性能如表 1-3-7 所示。

精轧螺纹钢筋的力学性能 表 1-3-7

级别	屈服强度 $\sigma_{0.2}$（MPa）	抗拉强度 σ_b（MPa）	伸长率 δ_5（%）	冷弯		10h 松弛率（%）不大于
	不小于			弯曲直径	弯曲角度	
JL540	540	835	10	$D=6d$	90°	1.5
JL785	785	980	7	$D=7d$	90°	
JL930	930	1080	6			

注：① d 为钢筋直径（mm），其规格一般为 18mm、25mm、32mm、40mm，D 为弯心直径。

②除非生产厂家另有规定，弹性模量取为 2×10^5 MPa。

③冷弯指标不作为交货条件。

表面质量要求：钢筋表面不得有横向裂纹、结疤和机械损伤，钢筋表面允许有不影响力学性能和连接的缺陷。

4）冷拔钢丝

冷拔钢丝是把直径6~8mm的普通碳素钢筋条用强力拉过比它本身直径还小的硬质合金拉丝模，这时钢筋同时受到纵向拉力和横向压力的作用，截面变小，长度拉长，经过几次拉丝，其强度比原来有极大提高。冷拔钢丝的力学性能要求如表1-3-8所示。

冷拔低碳钢丝的力学性能 表1-3-8

直径(mm)	抗拉强度(MPa) 不小于		伸长率 δ_{100}(%) 不小于	180°反复弯曲次数
	Ⅰ组	Ⅱ组		
4	700	650	2.5	4
5	650	600	3.0	

注：冷拔低碳钢丝经机械调直后，抗拉强度标准值应降低50MPa。

表面质量要求：钢丝表面不得有裂纹和机械损伤。

5）预应力混凝土用钢丝

预应力混凝土用钢丝包括冷拉钢丝、消除应力钢丝和消除应力刻痕钢丝。按《预应力混凝土用钢丝》(GB/T 5223—2002)的规定，钢丝按加工状态分为冷拉钢丝、消除应力钢丝两种。冷拉钢丝是用盘条通过拔丝模或轧辊经冷加工而成的产品；消除应力钢丝是按下述一次性连续处理方法之一生产的钢丝。

(1)钢丝在塑性变形下(轴应变)进行的短时热处理，得到的应是低松弛钢丝，其代号为WLR。

(2)钢丝通过矫直工序后在适当温度下进行的短时热处理，得到的应是普通松弛钢丝，其代号为WNR。

桥涵工程用钢丝一般为低松弛钢丝。

冷拉钢丝的力学性能应符合表1-3-9的规定。规定非比例伸长应力 $\sigma_{P0.2}$ 值不小于公称抗拉强度的75%。除抗拉强度、规定非比例伸长应力外，对压力管道用钢丝还需进行断面收缩率、扭转次数、松弛率的检验；对其他用途钢丝还需进行断后伸长率、弯曲次数的检验。

冷拉钢丝的力学性能 表1-3-9

公称直径(mm)	抗拉强度 σ_b(MPa) 不小于	规定非比例伸长应力 $\sigma_{P0.2}$(MPa) 不小于	最大力下总伸长率(L_0=200mm) δ_{gt}(%) 不小于	弯曲次数(次/180°) 不小于	弯曲半径 R(mm)	断面收缩率 ψ(%) 不小于	每210mm扭矩的扭转次数 n 不小于	初始应力相当于70%公称抗拉强度时，1 000h后应力松弛率 r(%) 不大于
3.00	1 470	1 100	1.5	4	7.5	—	—	8
4.00	1 570	1 180		4	10	35	8	
	1 670	1 250						
5.00	1 770	1 330		4	15		8	
6.00	1 470	1 100		5	15		7	
7.00	1 570	1 180		5	20	30	6	
	1 670	1 250						
8.00	1 770	1 330		5	20		5	

消除应力的光圆及螺旋肋钢丝的力学性能应符合表 1-3-10 的规定。规定非比例伸长应力值 $\sigma_{P0.2}$ 对低松弛钢丝应不小于公称抗拉强度的 88%，对普通松弛钢丝应不小于公称抗拉强度的 85%。

消除应力光圆及螺旋肋钢丝的力学性能

表 1-3-10

公称直径（mm）	抗拉强度 σ_b（MPa）不小于	规定非比例伸长应力 $\sigma_{P0.2}$（MPa）不小于		最大力下总伸长率（L_0 = 200mm）δ_{gt}（%）不小于	弯曲次数（次/180°）不小于	弯曲半径 R（mm）	松弛		
							初始应力相当于公称抗拉强度的百分数（%）	1 000h 后应力松弛率 r（%）不大于	
		WLR	WNR					WLR	WNR
							对所有规格		
4.00	1 470 1 570	1 290 1 380	1 250 1 330	3.5	3	10			
4.80	1 670	1 470	1 410		4	15			
5.00	1 770 1 860	1 560 1 640	1 500 1 580						
6.00	1 470	1 290	1 250		4	15			
6.25	1 570 1 670	1 380 1 470	1 330 1 410		4	20	60	1.0	4.5
7.00	1 770	1 560	1 500		4	20	70	2.0	8
8.00	1 470	1 290	1 250		4	20			
9.00	1 570	1 380	1 330		4	25			
10.00	1 470	1 290	1 250		4	25	80	4.5	12
12.00					4	30			

消除应力的刻痕钢丝的力学性能应符合表 1-3-11 的规定。规定非比例伸长应力 $\sigma_{P0.2}$ 值对低松弛钢丝应不小于公称抗拉强度的 88%，对普通松弛钢丝应不小于公称抗拉强度的 85%。钢丝弹性模量为 205GPa ± 10GPa，但不作为交货条件。允许用不少于 100h 的测试数据推算 1 000h 的松弛值。

消除应力的刻痕钢丝的力学性能

表 1-3-11

公称直径（mm）	抗拉强度 σ_b（MPa）不小于	规定非比例伸长应力 $\sigma_{P0.2}$（MPa）不小于		总伸长率（L_0 = 200mm）δ_g（%）不小于	弯曲次数（次/180°）不小于	弯曲半径 R（mm）	松弛		
							初始应力相当于公称抗拉强度的百分数（%）	1 000h 后应力松弛率 r（%）不大于	
		WLR	WNR					WLR	WNR
							对所有规格		
≤5.0	1470 1570 1670 1770 1860	1290 1380 1470 1560 1640	1250 1330 1410 1500 1580	3.5	3	15	60	1.0	4.5
							70	2.0	8
>5.0	1470 1570 1670 1770	1290 1380 1470 1560	1250 1330 1410 1500			20	80	4.5	12

三面刻痕钢丝的尺寸及允许偏差见表 1-3-12 所示，外形见图 1-3-1，钢丝的公称横截面积，每米参考质量与光圆钢丝相同。光圆钢丝的尺寸及允许偏差和每米质量见表 1-3-13，计算钢

丝每米参考质量时的密度为7.85g/cm³。

三面刻痕钢丝的尺寸及允许偏差

表1-3-12

公称直径 d_m(mm)	刻痕深度		刻痕长度		节距	
	公称深度 a (mm)	允许偏差 (mm)	公称长度 b (mm)	允许偏差 (mm)	公称节距 L (mm)	允许偏差 (mm)
≤5.0	0.12	±0.05	3.5	±0.05	5.5	±0.05
>5.0	0.15		5.0		8.0	

光圆钢丝的尺寸及允许偏差、每米参考质量

表1-3-13

公称直径 d_0(mm)	直径允许偏差(mm)	公称横截面积 S_n(mm^2)	每米参考质量(g/m)
3.00	±0.04	7.07	55.5
4.00		12.57	98.6
5.00	±0.05	19.63	154
6.00		28.27	222
6.25		30.68	241
7.00		38.48	302
8.00	±0.06	50.26	394
9.00		63.62	499
10.00		78.54	616
12.00		113.1	888

螺旋肋钢丝的尺寸及允许偏差见表1-3-14，外形见图1-3-2，钢丝的公称横截面积，每米参考质量与光圆钢丝相同。

螺旋肋钢丝的尺寸及允许偏差

表1-3-14

公称直径 d_n(mm)	螺旋肋数量	基圆尺寸		外轮廓尺寸		单肋尺寸	螺旋肋导程 C(mm)
		基圆直径 D_i(mm)	允许偏差 (mm)	外轮廓直径 D(mm)	允许偏差 (mm)	宽度 a (mm)	
4.00	4条	3.85	±0.05	4.25	±0.05	0.90~1.30	24~30
4.80		4.60		5.10		1.30~1.70	28~36
5.00		4.80		5.30			
6.00		5.80		6.30		1.60~2.00	30~38
6.25		6.00		6.70			30~40
7.00		6.73		7.46	±0.10	1.80~2.20	35~45
8.00		7.75		8.45		2.00~2.40	40~50
9.00		8.75		9.45		2.10~2.70	42~52
10.00		9.75		10.45		2.50~3.00	45~58

表面质量要求：钢丝表面不得有裂纹、小刺、机械损伤、氧化铁皮及油污；回火成品表面允许有回火颜色。除非另有协议，表面允许有浮锈，但不得锈蚀成目视可见的麻坑。

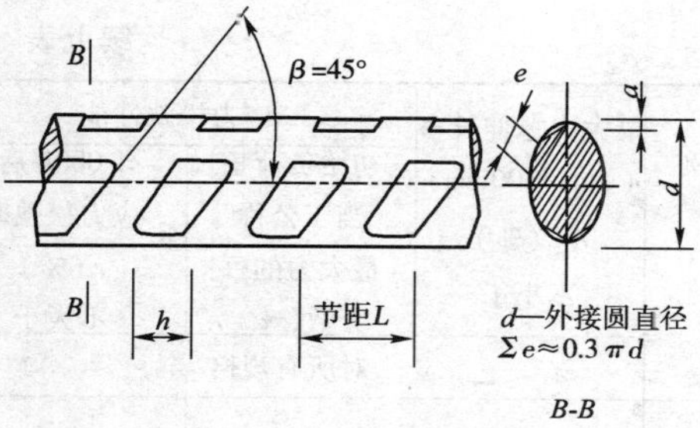

图 1-3-1　三面刻痕钢丝外形示意图

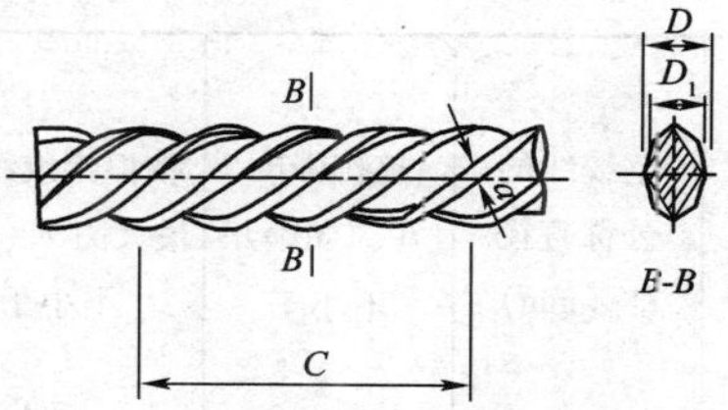

图 1-3-2　螺旋肋钢丝外形示意图

6）钢绞线

钢绞线是钢厂用优质碳素结构钢经过冷加工、再经回火和绞捻等加工而成的，塑性好、无接头、使用方便，专供预应力混凝土结构使用。桥涵工程常用结构为 1×7 的钢绞线（图 1-3-3），其力学性能要求见表 1-3-15 所示，尺寸及允许偏差和每米参考质量见表 1-3-16 所示。

钢绞线弹性模量为 195GPa±10GPa，但不作为交货条件。允许用不少于 100h 的测试数据推算 1 000h 的松弛值。

表面质量要求：钢绞线表面不得带有降低钢绞线与混凝土黏结力的润滑剂、油渍等物质，允许有轻微的浮锈，但不得锈蚀成肉眼可见的麻坑。

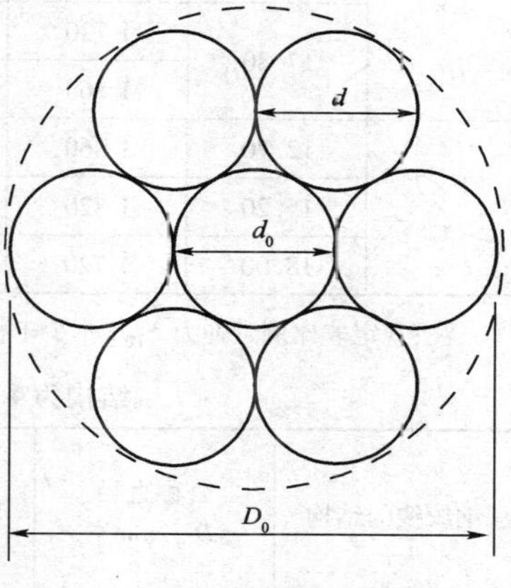

图 1-3-3　1×7 钢绞线外形示意图

结构为 1×7 的钢绞线的力学性能　　表 1-3-15

钢绞线的结构	钢绞线的公称直径 D_n（mm）	抗拉强度 R_m（MPa）不小于	整根钢绞线的最大力 F（kN）不小于	规定非比例延伸力 $F_{P0.2}$（kN）不小于	最大力总伸长率（L_0≥500mm）A_{gt}（%）不小于	应力松弛性能：初始负荷相当于公称最大力的百分数（%）	应力松弛性能：1 000h 后应力松弛率 r（%）不大于
						对所有规格	
1×7	9.50	1 720	94.3	84.9	3.5	60	1.0
		1 860	102	91.8			
		1 960	107	96.3			
	11.10	1 720	128	115			
		1 860	138	124			
		1 960	145	131			
	12.70	1 720	170	153		70	2.5
		1 860	184	166			
		1 960	193	174			
	15.20	1 470	206	185		80	4.5
		1 570	220	198			
		1 670	234	211			
		1 720	241	217			
		1 860	260	234			
		1 960	274	247			

续上表

钢绞线的结构	钢绞线的公称直径 D_n(mm)	抗拉强度 R_m(MPa) 不小于	整根钢绞线的最大力 F(kN) 不小于	规定非比例延伸力 $F_{P0.2}$(kN) 不小于	最大力总伸长率 ($L_0 \geqslant 500$mm) A_{gt}(%) 不小于	应力松弛性能：初始负荷相当于公称最大力的百分数(%)	应力松弛性能：1 000h 后应力松弛率 r(%) 不大于
					对所有规格	对所有规格	对所有规格
1×7	15.70	1 770	266	239			
		1 860	279	251			
	17.80	1 720	327	294			
		1 860	353	318			
(1×7)C	12.70	1 860	208	187			
	15.20	1 820	300	270			
	18.00	1 720	384	346			

注：规定非比例延伸力 $F_{P0.2}$ 不少于整根钢绞线公称最大负荷的 90%。

结构为 1×7 的钢绞线的尺寸、允许偏差和每米参考质量 表 1-3-16

钢绞线的结构	公称直径 D_n(mm)	直径允许偏差(mm)	钢绞线参考截面积 S_n(mm^2)	每米钢绞线参考质量(g/m)	中心钢丝直径 d_0 加大范围(%) 不小于
1×7	9.50	+0.30 −0.15	54.8	430	2.5
	11.10		74.2	582	
	12.70	+0.40 −0.20	98.7	775	
	15.20		140	1 101	
	15.70		150	1 178	
	17.80		191	1 500	
(1×7)C	12.70	+0.40 −0.20	112	890	
	15.20		165	1 295	
	18.00		223	1 750	

预应力钢绞线的力学性能见表 1-3-17。

预应力用钢绞线的力学性能(GB/T 5224—2003) 表 1-3-17

钢绞线结构	钢绞线公称直径 D_n(mm)	抗拉强度 R_m(MPa) 不小于	整根钢绞线的最大力 F_m(kN) 不小于	规定非比例延伸力 $F_{p0.2}$(kN) 不小于	最大总伸长率 ($L_0 \geqslant 400$mm) A_{gt}(%) 不小于	应力松弛性能：初始负荷相当于公称最大力的百分数(%)	应力松弛性能：1 000h 后应力松弛率 r(%) 不大于
					对所有规格	对所有规格	对所有规格
1×2	5.00	1 570	15.4	13.9			
		1 720	16.9	15.2			
		1 860	18.3	16.5			
		1 960	19.2	17.3			

续上表

钢绞线结构	钢绞线公称直径 D_r（mm）	抗拉强度 R_m（MPa）不小于	整根钢绞线的最大力 F_m（kN）不小于	规定非比例延伸力 $F_{p0.2}$（kN）不小于	最大总伸长率（$L_0 \geqslant 400mm$）A_{gt}（%）不小于	应力松弛性能	
						初始负荷相当于公称最大力的百分数（%）	1 000h 后应力松弛率 r（%）不大于
					对所有规格		
1×2	5.80	1 570	20.7	18.6		60	1.0
		1 720	22.7	20.4			
		1 860	24.6	22.1			
		1 960	25.9	23.3	3.5	70	2.5
	8.00	1 470	36.9	33.2			
		1 570	39.4	35.5			
		1 720	43.2	38.9		80	4.5
		1 860	46.7	42.0			
		1 960	49.2	44.3			
	10.00	1 470	57.8	52.0			
		1 570	61.7	55.5			
		1 720	67.6	60.8			
		1 860	73.1	65.8			
		1 960	77.0	69.3			
	12.00	1 470	83.1	74.8			
		1 570	88.7	79.8			
		1 720	97.2	87.5			
		1 860	105	94.5			
1×3	6.20	1 570	31.1	28.0			
		1 720	34.1	30.7			
		1 860	36.8	33.1			
		1 960	38.8	34.9			
	6.50	1 570	33.3	30.0			
		1 720	36.5	32.9			
		1 860	39.4	35.5			
		1 960	41.6	37.4		60	1.0
	8.60	1 470	55.4	49.9			
		1 570	59.2	53.3			
		1 720	64.8	58.3	3.5	70	2.5
		1 860	70.1	63.1			
		1 960	73.9	66.5			
	8.74	1 570	60.6	54.5			
		1 670	64.5	58.1			
		1 860	71.8	64.6			

续上表

钢绞线结构	钢绞线公称直径 D_n (mm)	抗拉强度 R_m (MPa) 不小于	整根钢绞线的最大力 F_m (kN) 不小于	规定非比例延伸力 $F_{p0.2}$ (kN) 不小于	最大总伸长率 ($L_0 \geqslant 400$mm) A_{gt} (%) 不小于	应力松弛性能	
						初始负荷相当于公称最大力的百分数(%)	1 000h 后应力松弛率 r (%) 不大于
						对所有规格	
1×3	10.80	1 470	86.6	77.9			
		1 570	92.5	83.3			
		1 720	101	90.9		80	4.5
		1 860	110	99.0			
		1 960	115	104			
	12.90	1 470	125	113			
		1 570	133	120			
		1 720	146	131			
		1 860	158	142			
		1 960	166	149			
1×3I	8.74	1 570	60.6	54.5			
		1 670	64.5	58.1			
		1 860	71.8	64.6			
1×7	9.50	1720	94.3	84.9			
		1860	102	91.8			
		1960	107	96.3			
	11.10	1720	128	115			
		1860	138	124			
		1960	145	131		60	1.0
	12.7	1720	170	153			
		1860	184	166	3.5	70	2.5
		1960	193	174			
	15.20	1470	206	185			
		1570	220	198			
		1670	234	211			
		1720	241	217			
		1860	260	234		80	4.5
		1960	274	247			
	15.70	1770	266	239			
		1860	279	251			
	17.80	1720	327	294			
		1860	353	318			
(1×7)C	12.70	1 860	208	187			
	15.20	1 820	300	270			
	18.00	1 720	384	346			

注：规定非比例延伸力 $F_{p0.2}$ 值不小于整根钢绞线最大力 F_m 的90%。

表面质量要求：钢绞线表面不得带有降低钢绞线与混凝土黏结力的润滑剂、油渍等物质，允许有轻微的浮锈，但不得锈蚀成肉眼可见的麻坑。

1.3.4 钢筋的工程应用

一、热轧钢筋

它是钢筋混凝土结构或预应力混凝土结构的主要材料，共有四个牌号，其中I级钢筋的强度较低，但塑性及焊接性能较好，便于加工，因而广泛用于普通钢筋混凝土构件中，多用于中小型构件受力钢筋及其他构件的构造钢筋。在使用前一般经过冷拉处理，以达到调直、除锈及节约钢材的目的。盘圆I级钢筋还可作为加工冷拔低碳钢丝及冷扭钢筋等的原料。II级钢筋的强度、塑性、焊接性等综合性能比较好，广泛用于建筑、桥梁及水坝等构筑物中，还可以在进行冷拉处理后用作预应力钢筋。III、IV级钢筋主要经冷拉后用作预应力钢筋。

二、热处理钢筋

将热轧带肋钢筋经淬火及回火调质热处理工艺，使钢筋的强度大幅度提高成为热处理钢筋。其强度性能好，抗腐蚀性能有所提高。产品一般成17～20m长的弹性盘卷，开盘后能自然伸直，使用时可任意截断，不需冷拉和焊接，施工方便，价格便宜，是应用于预应力钢筋混凝土结构比较理想的钢筋。

三、冷拉钢筋

将热轧钢筋冷拉加工后得到冷拉钢筋，冷拉加工一般由施工单位在现场进行。

冷拉I级钢筋一般用于普通混凝土结构，冷拉II至IV级钢筋用于预应力钢筋混凝土结构作为预应力筋。由于冷拉钢筋的冲击韧度有所降低，在承受冲击荷载的动力设备基础结构中不得使用冷拉钢筋。

四、钢丝

钢丝直径通常为3～5mm，建筑上常用的有冷拉低碳钢丝和预应力钢丝。

1. 冷拉低碳钢丝

将直径6.5～8mm的碳素结构钢Q235热轧圆钢筋，经多次冷拔而得，其直径一般在3～5mm。其强度大大提高，一般可提高40%～60%但塑性显著降低，屈服阶段不明显，属于硬钢类钢丝。可分甲、乙两类，前者普遍用于中小型预应力构件中作预应力钢筋，后者主要用于作焊接骨架、焊接网及箍筋等。其加工方便，可在工厂生产，更多在现场施工单位自行拔制，质量波动较大，强度和塑性不够稳定，应用时要加强检验。

2. 预应力钢丝

是将优质碳素结构钢经高温、淬火、酸洗、冷拔加工而成的高强钢丝。它具有强度高、柔性好、无需焊接、使用方便等优点，主要用于后张法的预应力钢筋混凝土结构，特别是大跨度屋架、吊车梁等大型结构。

3. 刻痕钢丝

为增加钢筋混凝土间的黏结力将钢丝表面经压痕而成。它与混凝土之间有着良好的黏结性能，可充分发挥预应力钢丝的高强性能，适用于先张法预应力钢筋混凝土结构。

五、钢绞线

其特点是强度高，与混凝土黏结性好，与预应力钢丝相比，由于截面面积大，使用根数少，在结构中排列布置比较方便，且易于锚固，因而多用于大跨度、重荷载的预应力钢筋混凝土结构。

1.3.5　钢筋试验与检测

实训项目一　钢筋拉伸试验

一、目的、意义与适用范围

通过钢筋拉伸试验可检验不同钢筋的力学性能是否满足要求。

本方法适用于进行各种金属常温拉伸试验，用以测定一项或几项力学性能。

二、主要试验仪具

各种类型的试验机均可使用，试验机误差应能满足测定力学性能的要求。

三、试验操作方法

序号	项目	内容及要求
		一、试样准备
1	量尺寸	首先测量试样尺寸
2	算面积	计算试样的横截面面积
3	选量程	查得材料强度极限，估计试验中要加的最大荷载，并由此选择合适的测力量程
4	画标距	画好标距
5	调试验机	然后再调试好试验机，同时调整好记录装置
		二、试验步骤
1	安放	将试样安装在试验机上
2	确定速度	根据试验机的特点及试样材质、尺寸及试验目的来确定试样拉伸速度，必须保证所测性能的准确性
3	加载拉伸	开动试验机进行缓慢匀速加载
		三、结果整理
性能测试	屈服强度	钢筋拉伸试验在试验机上进行时，当测力度盘的指针停止转动时恒定负荷或第一次回转的最小负荷即为屈服点的荷载
		计算屈服强度。 $R_e = \frac{F_e}{A_0}$ 式中：F_e——相当于所求屈服应力时的荷载(N)； A_0——试件原截面面积(mm^2)
		中碳钢和高碳钢没有明显的屈服点，采用分级加荷，求出弹性直线段相应于小等级负荷的平均伸长增量，由此计算出偏离直线段后各级负荷的弹性伸长。从总伸长中减去弹性伸长即为残余伸长。通常以残余伸长0.2%的应力作为屈服强度，表示为$\sigma_{0.2}$
		中碳钢和高碳钢的屈服强度按下式计算： $R_{0.2} = \frac{F_{0.2}}{A_0}$ 式中：$F_{0.2}$——相当于所求应力时的荷载(N)； A_0——试件原截面面积(mm^2)

续上表

序号	项目	内容及要求
性能测试	抗拉强度	抗拉强度是对试件连续加荷直至拉断，由测力度盘或拉伸曲线上读出最大负荷 F_b
		抗拉强度(σ_b)按下式计算： $$\sigma_b = \frac{F_b}{A_0}$$ 式中：F_b——试件拉断前的最大荷载(N)； A_0——试件原截面面积(mm^2)
	平行试验	同一试样每组做两次平行试验
	表示方法	钢材塑性指标通常用伸长率和断面收缩率表示，钢筋一般进行伸长率单项抽检。当试件拉断后标距长度的增量与原标距长度之比的百分率即为伸长率
	伸长率计算	$$\delta_n = \frac{L_1 - L_0}{L_0} \times 100\%$$ 式中：L_1——试件拉断后标距部分的长度(mm)； L_0——试件原始标距长度(mm)； n——长、短比例试件的伸长率分别以 δ_5、δ_{10} 表示，定标距试件伸长率应附该标距长度数值的角注，如 $L_0 = 100mm$ 或 $200mm$，则伸长率分别以 δ_{100}、δ_{200} 表示之
	平行试验	同一试样每组做两次平行试验
四、结果判断		
1	试验出现下列情况之一者，试验结果无效，应重做： ①试件断在标距外(伸长率无效)； ②操作不当，影响试验结果； ③试验记录有误或发生故障	
2	试验后试样出现两个或两个以上的缩颈以及有肉眼可见的冶金缺陷，应在记录和报告中注明	

四、注意事项

(1)画标距时尽量画满整个工作段，以保证大多数试件都能测到延伸率。

(2)加载速率应严格控制，否则影响测量结果。

(3)应用小标记、细画线或细墨线标记原始标距，但不得用引起过早断裂的缺口作标记。

(4)选择测力量程时，试件破坏荷载必须大于试验机全量程的20%且小于试验机全量程的80%。

五、试验记录

试验记录及结果整理填入《道路建筑材料试验检测报告》项目表1-3-1和试表1-3-1。

实训项目二　钢筋冷弯试验

一、目的和适用范围

通过钢筋的冷弯试验可检验不同钢筋的力学性能是否满足要求。

本试验用来检验钢筋承受规定弯曲程度的弯曲变形性能，是评定钢筋塑性和工艺性能的重要依据。

本方法适用于进行各种金属常温拉伸试验，用以测定其一项或几项力学性能。

二、主要试验仪具

各种类型试验机均可使用,试验机误差应符合有关要求。试验机应备有调速指示装置,试验时能在规定的速度范围内灵活调节,并具有记录或显示装置,以满足测定力学性能的要求。试验机应由计量部门定期进行检定。试验时所使用力的范围应在检定范围内。

弯曲试验可在配备弯曲装置的压力机或万能试验机上进行。常用弯曲装置有支辊式、V形模具式、虎钳式、翻板式等四种。

试验机应具备以下装置:

(1)应有足够硬度的支承辊,其长度应大于试样的宽度或直径。支辊间的距离可以调节。

(2)具有不同直径的弯心,弯心直径由有关标准规定,其宽度应大于试样的宽度或直径。弯心应有足够的硬度。

三、试验操作方法

序　号	项　　目	内容及要求
		一、试 验 准 备
1	横截面	对直径不大于35mm的钢筋,试样的横截面与原材料截面积相同。若试验机能量允许时,直径不大于50mm的钢筋可用全截面的试样进行试验
2	加工	对直径大于35mm的钢筋,应制成直径25mm的圆形试样,但有关标准另有规定时,则按规定执行。加工时,在试样的一面或一侧必须保留原轧制面,试验时该面应是弯曲外侧
3	长度	试样长度L为:$L=5d+150$mm(d为钢筋直径)
		二、试 验 步 骤
1	弯曲角度	试样弯曲至规定的弯曲角度
2	U形弯曲	试样弯曲至两臂相距规定弯度且相互平行
		三、结 果 处 理
1	合格	冷弯试验后,弯曲外侧表面如无裂纹、断裂或起层,即判为合格
2	不合格	作冷弯试验的两根试件中,如有一根试件不合格,可取双倍数量试件重新做冷弯试验,第二次冷弯试验中,如仍有一根不合格,即判该批钢筋为不合格品
3	平行试验	同一试样每组做两次平行试验

四、注意事项

(1)弯曲试验时,应缓慢施加弯曲力。

(2)相关产品标准中规定的弯曲角度认作为最小值,规定的弯曲半径认作为最大值。

(3)应严格按照相关产品标准中规定的弯曲直径选取压头直径。工程中试验最多的是各种规格的钢材冷弯试验,决不容许对各种不同规格的钢材使用一个规格直径的弯头来完成试验,否则试验结果将无法评定。

(4)在微裂纹、裂纹、裂缝中规定的长度和宽度,只要有一项达到某规定范围,即应按该级评定。

(5)试验应在10~35℃下进行。在控制条件下,试验在23℃±5℃下进行。

五、试验记录

试验记录及结果整理填入《道路建筑材料试验检测报告》项目表1-3-2和试表1-3-2。

实训项目三　钢绞线试验

钢绞试验方法参考钢筋拉伸试验。

试验记录及结果整理填入《道路建筑材料试验检测报告》项目表 1-3-3 和试表 1-3-3。

复习思考题

1. 钢筋拉伸试验的目的是什么？准备工作有哪些？
2. 简述钢筋拉伸试验的试验步骤，试验中能测得哪些值？
3. 试验时应注意哪些事项？如何进行试验结果处理？
4. 钢筋冷弯试验的目的是什么？准备工作有哪些？
5. 简述钢筋冷弯试验的试验步骤，试验温度如何规定？

任务 1.4　水泥混凝土质量检测

【教学目标】　掌握普通水泥混凝土的基本概念、技术性质和配合比设计方法，学会水泥混凝土质量技术指标的检测方法，能够熟练操作仪器，进行水泥混凝土各项试验和结果整理分析。

【关 键 词】　普通水泥混凝土　工作性　强度　配合比设计

1.4.1　混凝土的定义及组成

一、何谓水泥混凝土

水泥混凝土是由水泥、水和粗、细集料按适当比例配合，拌制成拌和物，经搅拌、成型、养护和一定时间的硬化而成的人造石材。

二、水泥混凝土的分类

水泥混凝土可从不同的角度进行分类。

1. 按表观密度分类

(1) 普通混凝土。干表观密度为 2 000 ~ 2 800kg/m^3 的水泥混凝土，是由天然砂、石、水泥和水配制而成。

(2) 轻混凝土。干表观密度 <1 900kg/m^3 的水泥混凝土，包括轻集料混凝土、多孔混凝土和大孔混凝土。

(3) 重混凝土。干表观密度为 2 600 ~ 3 200kg/m^3 的水泥混凝土，由各种高密度集料（如重晶石、铁矿石）、水泥和水配制而成。

2. 按抗压强度分类

(1) 低强度混凝土。强度等级为小于 C30 的混凝土。

(2) 中强度混凝土。强度等级大于等于 C30，小于 C60 的混凝土。

(3) 高强度混凝土。强度等级为 C60 及其以上的混凝土。

3. 按流动性分类

(1) 干硬性混凝土。混凝土拌和物的坍落度小于 10mm 且须用维勃稠度(s)表示其稠度的混凝土。

(2)塑性混凝土。混凝土拌和物的坍落度为10~90mm的混凝土。

(3)流动性混凝土。混凝土拌和物的坍落度为100~150mm的混凝土。

(4)大流动性混凝土。混凝土拌和物的坍落度等于或大于160mm的混凝土。

4. 按特性分类

(1)抗渗混凝土。抗渗等级等于或大于P6级的混凝土。

(2)抗冻混凝土。抗冻等级等于或大于F50级的混凝土。

(3)高强混凝土。强度等级为C60及其以上的混凝土。

(4)泵送混凝土。混凝土拌和物的坍落度不低于100mm并用泵送施工的混凝土。

(5)大体积混凝土。混凝土结构物实体最小尺寸等于或大于1m,或预计会因水泥水化热引起混凝土内外温差过大而导致裂缝的混凝土。

此外,按用途可分为结构混凝土、道路混凝土、水工混凝土、耐热混凝土、耐酸混凝土、防辐射混凝土、补偿收缩混凝土、纤维混凝土、高聚物混凝土等;按施工方法还可分为喷射混凝土、碾压混凝土、泵送混凝土等。

三、何谓普通水泥混凝土

普通水泥混凝土是由通用水泥、水、普通砂石按适当比例配合,经搅拌、成型、养护而得到的水泥混凝土,简称混凝土。

四、普通水泥混凝土的特点

普通水泥混凝土具有良好的塑性,抗压强度高,耐久性好,原料丰富,价格低廉,与钢筋有牢固的黏结力等优点;其主要缺点是抗拉强度低,受拉时变形能力小,容易开裂,成型后养护时间较长,自重大等。

五、普通水泥混凝土的组成及作用

普通水泥混凝土是由水泥、粗集料、细集料和水所组成。表1-4-1为混凝土组成及各组分的体积比。

混凝土组成及各组分的体积比　　表1-4-1

组　分	水泥	水	砂	石	空气
占混凝土总体积(%)	10~15	15~20	20~33	35~48	1~3
	22~35		66~78		1~3
各部分的作用	硬化前,赋予拌和物流动性		填充	骨架	
	硬化后,将砂石黏结成整体				

水泥和水组成水泥浆,填充集料的空隙并包裹在集料的表面。在混凝土硬化前,在砂石间起润滑作用,赋予拌和物流动性,便于施工;在硬化后,将砂石黏结成具有一定强度的整体,石起着骨架的作用,砂填充石子的空隙。

1.4.2　混凝土的技术性质

一、普通水泥混凝土的主要技术性质

1. 新拌水泥混凝土的工作性(或称和易性)

水泥混凝土在尚未凝结硬化以前,称为新拌水泥混凝土或称混凝土拌和物。

1)工作性的概念

新拌水泥混凝土的工作性是指混凝土拌和物易于施工操作(拌和、运输、浇筑、振捣)且成型后质量均匀、密实的性能。它包括三方面的含义。

(1)流动性是指混凝土拌和物在自重或机械振捣作用下,能产生流动,并均匀密实地填满模板的性能。流动性的大小反映了混凝土的稀稠,所以又称稠度。

(2)黏聚性是指混凝土拌和物在施工过程中其组成材料之间有一定的黏聚力,不致产生分层和离析现象。分层是指混凝土出现混凝土层、砂浆层、水泥浆层和水层。离析是指混凝土各组分分离、不均匀,失去连续性的现象。

(3)保水性是指混凝土拌和物在施工过程中,具有一定的保水能力,不致产生严重的泌水现象。泌水是指混凝土拌和物在静置状态下表面水分渗出的现象。混凝土泌水后会形成贯通的通道,在混凝土表面、粗集料下部和钢筋下部有水分,蒸发后出现麻面、蜂窝、薄弱夹层等,降低混凝土的强度和耐久性。

2)工作性的测定方法

目前没有一种能够全面表征工作性的测定方法。通常是测定混凝土拌和物的稠度,测定方法有:

(1)坍落度试验。坍落度试验如图1-4-1所示,适用于坍落度大于10mm,集料公称最大粒径不大于31.5mm的塑性混凝土。试验方法是将混凝土拌和物按规定的方法装入坍落度筒内,然后垂直提起坍落度筒,测量混凝土拌和物在自重作用下的下沉量(筒高与坍落后试样顶面最高点的高差),即为坍落度(以毫米为单位)。坍落度愈大表示流动性愈大。坍落度试验的同时,可用目测方法评定混凝土拌和物的棍度、含砂情况、黏聚性和保水性。

(2)维勃稠度试验。维勃稠度试验使用维勃稠度仪,如图1-4-2所示,适用于集料公称最大粒径不大于31.5mm及维勃时间在5~30s之间的干硬性混凝土的稠度测定。测定方法是将坍落度筒放在维勃稠度仪的圆筒中,圆筒固定在振动台上,将混凝土拌和物装入坍落度筒中,提起坍落度筒,并将透明圆盘置于拌和物顶部,开动振动台,从开始振动至透明圆盘底面被水泥浆布满的瞬间止所经历的时间,即为维勃稠度值,以秒计。

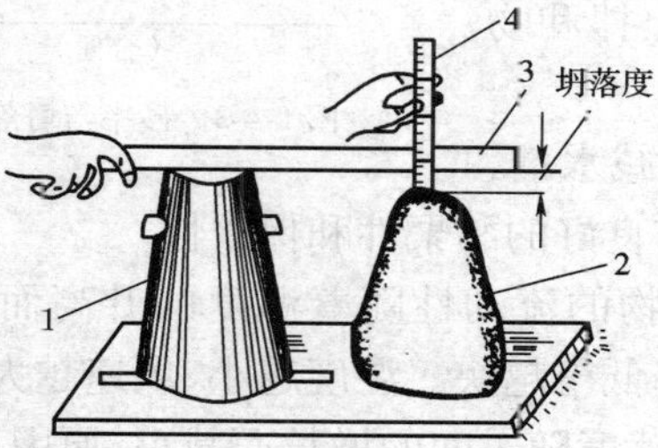

图1-4-1　坍落度试验

1-坍落度筒;2-试体;3-木尺;4-钢尺

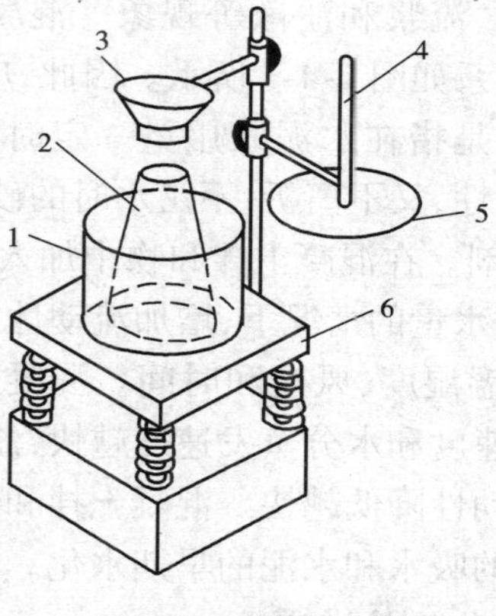

图1-4-2　维勃稠度仪

1-金属圆筒;2-坍落度筒;3-漏斗;4-测杆;5-圆盘;6-振动台

3)影响工作性的因素

影响混凝土拌和物工作性的因素主要有:内因——组成材料及其用量比例;外因——环境

温度、湿度、风速和时间等。

(1)水泥的品种。水泥品种不同,达到标准稠度的用水量不同,在配合比相同的情况下,配制的混凝土拌和物具有不同的流动性。标准稠度用水量小的水泥,其流动性好。通常普通水泥比矿渣水泥和火山灰水泥混凝土拌和物工作性好。矿渣水泥混凝土拌和物的流动性虽大,但黏聚性和保水性差,易离析泌水;火山灰水泥混凝土拌和物的流动性小,但黏聚性好。

(2)集料的性质。集料的级配、最大粒径、表面特征、形状等都将影响混凝土拌和物的工作性。在相同用水量的条件下,表面光滑、较圆、少棱角的卵石比表面粗糙、多棱角的碎石拌制的混凝土拌和物流动性好,但强度较碎石低。最大粒径增大,集料的总表面积减小,在水泥浆用量相同时,拌和物的流动性提高。级配良好的集料,空隙率较小,所配制的混凝土拌和物具有较好的工作性。

(3)水灰比。在固定用水量的条件下,水灰比较小,水泥浆较稠,混凝土拌和物的流动性较小,当水灰比过小时,在一定施工方法下就不易密实成型;水灰比较大,水泥浆较稀,拌和物的流动性增大,但水灰比过大时,拌和物会产生流浆、离析和泌水现象,严重降低混凝土的强度。

(4)集浆比。集浆比就是集料与水泥浆的用量之比。在混凝土拌和物中,水泥浆除了填充集料间的空隙外,还赋予拌和物一定的流动性。在单位体积的拌和物中,在水灰比一定的条件下,集浆比愈小(水泥浆愈多),流动性愈大,但集浆比过小,即水泥浆过多,将会出现流浆的现象,使拌和物的黏聚性变差,同时降低混凝土的强度和耐久性,且浪费水泥。集浆比愈大(水泥浆愈少),流动性愈小,若集浆比过大,即水泥浆过少,不足以包裹集料表面和填满其空隙,拌和物的黏聚性也变差,甚至会产生崩坍现象。

(5)砂率。砂率是指混凝土中砂的质量占砂、石总质量的百分率。砂率表征了粗细集料的相对比例,它影响混凝土集料的空隙率和总表面积。

当水泥浆用量一定时,砂率过大,集料的总表面积增大,包裹集料的水泥浆层变薄,拌和物的流动性减小;砂率过小,虽然总表面积减小,但由于砂浆量不足,包裹在石子表面的砂浆层变薄,也会使流动性减小,同时也易导致拌和物离析、流浆和溃散等现象。混凝土拌和物坍落度与砂率的关系如图1-4-3所示。因此,应有一个合理砂率。合理砂率是指在水泥浆用量一定时,混凝土拌和物获得最大流动性,又不离析、不泌水时的砂率。

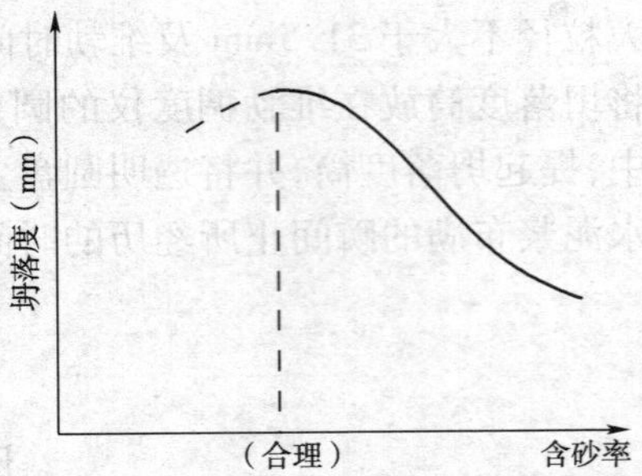

图1-4-3　砂率与坍落度的关系

(6)外加剂。在混凝土拌和物中加入少量的减水剂,可在不增加用水量的情况下,增加流动性,并具有良好的黏聚性和保水性。

(7)环境温湿度、风速和时间。混凝土拌和物的流动性随着温度的升高而减小,温度越高,水化反应速度和水分蒸发速度越快,流动性降低得越快。湿度越小、风速越大,水分蒸发的速度越快,流动性降低越快。混凝土拌和物的坍落度随时间的增长而减小,原因是水分随时间的蒸发、集料的吸水和水泥的早期水化。

4)改善工作性的措施

(1)调节混凝土材料的组成。在保证混凝土强度、耐久性和经济性的前提下,适当调整混凝土的配合比以提高工作性。

(2)掺加外加剂。掺加减水剂、硫化剂等均能提高混凝土拌和物的工作性,同时还可以提高强度、耐久性并节约水泥。

（3）提高振捣机械效能。提高振捣效能，可降低施工条件对混凝土拌和物工作性的要求，从而既保持原有工作性亦能达到捣实的效果。

2. 水泥混凝土的力学性质

1）强度

水泥混凝土在路面结构和桥梁构件中，将受到复杂的应力作用，因此要求其必须具备各种力学强度，如抗压、抗折和抗拉强度等。其中抗压强度最大，各种强度可通过抗压强度折算，在工程上主要以抗压强度为主。

（1）抗压强度：

①立方体抗压强度（f_{cu}）。按照标准方法制成边长为150mm的立方体试件，在标准养护条件（温度20℃±2℃，相对湿度95%以上）下，养护至28d龄期，按照标准的测定方法测定其抗压强度值（以MPa计）。

$$f_{cu}=\frac{F}{A} \tag{1-4-1}$$

式中：f_{cu}——混凝土立方体抗压强度（MPa）；

F——极限荷载（N）；

A——受压面积（mm^2）。

以三个试件测值的平均值为测定值。三个测值中的最大值或最小值中如有一个与中间值之差超过中间值的15%，则取中间值为测定值；如最大值和最小值与中间值之差均超过中间值的15%，则该组试验结果无效。

②立方体抗压强度标准值（$f_{cu,k}$）。用标准方法制作、养护至28d龄期，边长为150mm的立方体试件，用标准试验方法测得的具有95%保证率的抗压强度（以MPa计）。它是划分混凝土强度等级的依据。

③混凝土强度等级。它是按立方体抗压强度标准值来确定的，用符号C和立方体抗压强度标准值来表示。如C30表示混凝土立方体抗压强度标准值为30MPa的混凝土的强度等级。

我国现行规范规定，普通混凝土按立方体抗压强度标准值划分为：C7.5、C10、C15、C20、C25、C30、C35、C40、C45、C50、C55、C60等12个强度等级。

（2）抗弯拉强度（f_{cf}）。道路路面或机场道面用水泥混凝土，以抗弯拉强度（或称抗折强度）为主要强度指标，以抗压强度为参考强度指标。抗弯拉强度试验装置如图1-4-4所示。

水泥混凝土抗弯拉强度是按标准制作方法制成150mm×150mm×550mm棱柱体试件，在标准条件下养护28d后，按三分点加荷方式测定其抗弯拉强度（以MPa计）。

$$f_{cf}=\frac{FL}{bh^2} \tag{1-4-2}$$

式中：f_{cf}——抗弯拉强度（MPa）；

F——极限荷载（N）；

L——支座间距离（mm）；

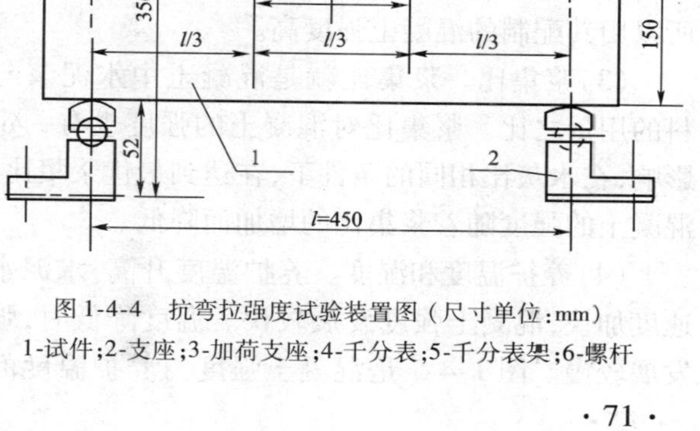

图1-4-4　抗弯拉强度试验装置图（尺寸单位：mm）

1-试件；2-支座；3-加荷支座；4-千分表；5-千分表架；6-螺杆

b——试件宽度(mm);

h——试件高度(mm)。

2)影响混凝土强度的因素

水泥混凝土破坏主要有三种形式:水泥石破坏、集料破坏和集料与水泥石界面破坏。因此,影响水泥混凝土强度的因素主要有:内因——材料组成;外因——养生条件、龄期、试验条件和制备方法等。

(1)水泥强度等级和水灰比。水泥混凝土的强度主要取决于水泥石的强度,而水泥石的强度又取决于水泥的强度和水灰比。在配合比相同的条件下,水泥强度等级越高,混凝土的强度越高。当水泥强度等级一定时,混凝土的强度主要取决于水灰比的大小,水灰比越小,混凝土的强度越高。

我国根据大量的实验资料,提出混凝土的强度公式如下:

$$f_{cu,28}=\alpha_a f_{ce}\left(\frac{C}{W}-\alpha_b\right) \tag{1-4-3}$$

式中:$f_{cu,28}$——混凝土28d龄期的立方体抗压强度(MPa);

C/W——灰水比;

α_a、α_b——回归系数,根据工程使用的水泥、集料,通过试验由建立的水灰比与混凝土强度关系式确定,或按表1-4-2采用;

f_{ce}——水泥28d抗压强度实测值(MPa),当无水泥28d抗压强度实测值时,f_{ce}值可按下式确定:

$$f_{ce}=\gamma_c\cdot f_{ce,g}$$

其中:γ_c——水泥强度等级值的富余系数,可按实际统计资料确定;

$f_{ce,g}$——水泥强度等级值(MPa)。

f_{ce}值也可根据3d强度或快测强度推定28d强度关系式推定得出。

回归系数 α_a、α_b 表1-4-2

石子品种 / 系数	碎石	卵石
α_a	0.46	0.48
α_b	0.07	0.33

(2)集料特性。粗集料的形状与表面性质对混凝土的强度有明显的影响。在混凝土强度公式中,对表面粗糙、多棱角的碎石以及表面光滑、浑圆的卵石,它们的回归系数均不同。碎石与水泥石的黏附性好,所以用其配制的混凝土强度高。

(3)浆集比。浆集比就是混凝土中水泥浆与集料的用量之比。浆集比对混凝土的强度也有一定的影响,在水灰比相同的条件下,在达到最优浆集比后,混凝土的强度随着浆集比的增加而降低。

(4)养护温度和湿度。养护温度升高,水泥水化速度加快,混凝土强度发展较快。温度降低时,强度发展较慢。图1-4-5是混凝土强度与养护温度的关

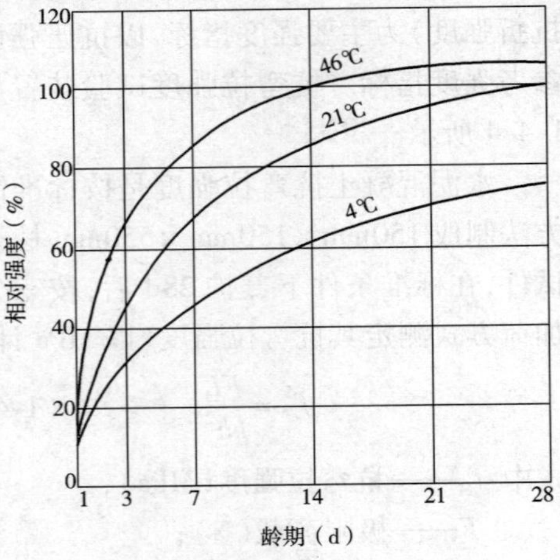

图1-4-5 强度与养护温度的关系

系。当温度降至0℃以下，水泥水化停止，且水结冰产生膨胀压力，使混凝土的结构遭受破坏，强度降低。

环境湿度适当，水泥水化便能顺利进行，使混凝土强度得到充分发展。如果湿度不够，会影响水泥的水化，甚至停止水化，不仅降低混凝土的强度，而且会使混凝土结构疏松，或形成干缩裂缝，从而影响混凝土的耐久性。因此，应加强混凝土的早期养护。

(5)龄期。在正常的养护条件下，混凝土的强度随着龄期的增长而提高。初期(7～14d内)增长较快，后期(28 d以后)增长缓慢。在标准养护条件下，混凝土强度与龄期的对数大致成正比，如图1-4-6所示。工程中可根据混凝土早期强度推算后期强度，对拆模或预计承载力有重要意义。

$$f_{cu,n}=\frac{\lg n}{\lg a}f_{cu,a} \tag{1-4-4}$$

式中：$f_{cu,n}$——n天龄期的混凝土抗压强度(MPa)；

$f_{cu,a}$——a天龄期的混凝土抗压强度(MPa)。

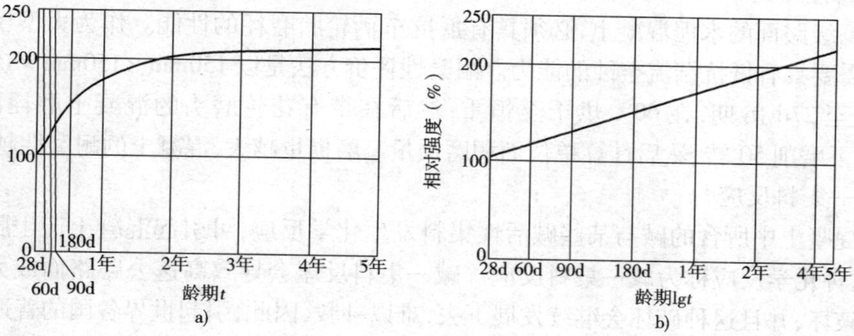

图1-4-6　水泥混凝土的强度随时间的增长

a)龄期为常坐标；b)龄期为对数坐标

(6)试验条件。影响混凝土强度的试验条件主要有：试件形状与尺寸、试件温度和湿度、支承条件和加载方式等。

3)提高混凝土强度的措施

(1)采用高强度水泥和早强型水泥。为了提高混凝土的强度，应采用高强度的水泥。对于紧急抢修工程以及要求早期强度高的混凝土，则应优先选用早强型水泥。

(2)提高混凝土的密实度。降低水灰比，从而减少混凝土中的孔隙，提高混凝土的密实度和强度。

(3)掺加混凝土外加剂。在混凝土中掺入减水剂，在保持流动性不变的条件下，可降低水灰比，从而提高混凝土的强度。掺入早强剂，可提高混凝土的早期强度。

(4)采用蒸汽养护和蒸压养护。蒸汽养护和蒸压养护主要用来提高混凝土的早期强度，适用于掺混合材水泥拌制的混凝土。桥梁预制构件适合采用湿热处理来提高混凝土的强度。

蒸汽养护是将混凝土放在低于100℃的常压蒸汽中养护。混凝土经16～20h蒸汽养护后，强度可达正常养护条件下28d强度的70%～80%，而且28d强度略有提高。这是因为蒸汽养护加速了活性混合材料与氢氧化钙的反应；另一方面，由于氢氧化钙的减少又促进了水泥的水化，故强度增长较快。矿渣水泥和火山灰水泥适宜的温度为90℃左右。

蒸压养护是将浇筑完的混凝土构件静置8～10h后，放入蒸压釜内，在高压、高温(如≥8个大气压，温度为175℃以上)饱和蒸汽中进行养护。在高温高压下，水泥水化析出的氢氧化钙不仅能与活性氧化硅结合,而且也能与结晶状态的氧化硅结合生成含水硅酸盐结晶,从而加速水泥的水化和硬化,提高混凝土的强度。

3. 耐久性

道路与桥梁工程用混凝土应具有一定的抗冻性,路面混凝土还应具有一定的耐磨性,桥梁墩台混凝土则要求具有抗海水、污水的耐蚀性等,这些性能统称为耐久性。

1)抗冻性

抗冻性是指水泥混凝土抵抗冻融循环的能力。以抗冻等级表示,抗冻等级是以100mm×100mm×400mm棱柱体混凝土试件,以龄期28d的试件在吸水饱和后,于-17℃和5℃条件下快速冻结和融化循环。每25次冻融循环,对试件进行一次横向基频的测试并称重。当冻融至300次,或相对动弹性模量下降至60%以下,或试件的质量损失率达5%,即可停止试验,此时的循环次数即为混凝土的抗冻等级。混凝土的抗冻等级分为F10、F15、F25、F50、F100、F150、F200、F250、F300等。

2)耐磨性

作为高级路面的水泥混凝土,必须具有抵抗车辆轮胎磨耗的性能。作为大型桥梁的墩台用混凝土也需要具有抵抗湍流空蚀的能力。耐磨性评价方法是以150mm×150mm×150mm立方体试件,养生至27d龄期,在60℃烘干至恒重,然后在带有花轮磨头的混凝土磨耗试验机上,在200N负荷下磨削50转,然后计算单位面积磨损量。磨损量越大,混凝土的耐磨性越差。

3)碱—集料反应

水泥混凝土中所含的碱与某些碱活性集料发生化学反应,可引起混凝土产生膨胀、开裂,甚至破坏,这种化学反应称为碱—集料反应。碱—集料反应会导致高速公路路面或大型桥梁墩台的开裂和破坏,并且这种破坏会继续发展下去,难以补救,因此,引起世界各国的普遍关注。

碱—集料反应必须具备三个条件:①混凝土中的集料具有活性;②混凝土中含有一定量可溶性碱;③有一定湿度。为防止碱—集料反应的危害,现行规范规定:①应使用含碱量小于0.6%的水泥或采用抑制碱—集料反应的掺和料;②当使用含钾、钠离子的混凝土外加剂时,必须专门试验。

1.4.3 混凝土的技术要求

一、公路桥涵用混凝土拌和物工作性的选择

混凝土拌和物的坍落度,应根据构件断面尺寸、钢筋疏密和振捣方式来确定。当构件断面尺寸较小,钢筋较密或人工插捣时,选择较大的坍落度,易于浇捣密实;反之,当构件断面尺寸较大,配筋较疏或采用机械振捣时,选择较小的坍落度,以节约水泥。根据《公路桥涵施工技术规范》(JTJ 041—2000)规定,混凝土的坍落度宜按表1-4-3选用。

混凝土灌注时的坍落度 表1-4-3

结构类别	坍落度(mm)
小型预制块及便于浇筑振动的结构	0~20
桥涵基础、墩台等无筋或少筋的结构	10~30
普通配筋率的钢筋混凝土结构	30~50
配筋较密、断面较小的钢筋混凝土结构	50~70
配筋极密、断面高而窄的钢筋混凝土结构	70~90

二、混凝土耐久性的控制

我国《混凝土结构工程施工质量验收规范》(GB 50204—2002)规定,水泥混凝土耐久性主要用“最大水灰比”和“最小水泥用量”两项指标来进行限制,见表1-4-4。

混凝土的最大水灰比和最小水泥用量(GB 50204—2002)　　表1-4-4

<table>
<tr><th colspan="2" rowspan="2">环境条件</th><th rowspan="2">结构物类别</th><th colspan="3">最大水灰比</th><th colspan="3">最小水泥用量(kg)</th></tr>
<tr><th>素混凝土</th><th>钢筋混凝土</th><th>预应力混凝土</th><th>素混凝土</th><th>钢筋混凝土</th><th>预应力混凝土</th></tr>
<tr><td colspan="2">干燥环境</td><td>正常的居住或办公用房屋内部件</td><td>不作规定</td><td>0.65</td><td>0.60</td><td>200</td><td>260</td><td>300</td></tr>
<tr><td rowspan="2">潮湿环境</td><td>无冻害</td><td>· 高湿度的室内部件
· 室外部件
· 在非侵蚀性土和(或)水中的部件</td><td>0.70</td><td>0.60</td><td>0.60</td><td>225</td><td>280</td><td>300</td></tr>
<tr><td>有冻害</td><td>· 经受冻害的室外部件
· 在非侵蚀性土和(或)水中且经受冻害的部件
· 高湿度且经受冻害的室内部件</td><td>0.55</td><td>0.55</td><td>0.55</td><td>250</td><td>280</td><td>300</td></tr>
<tr><td colspan="2">有冻害和除冰剂的潮湿环境</td><td>· 经受冻害和除冰剂作用的室内和室外部件</td><td>0.50</td><td>0.50</td><td>0.50</td><td>300</td><td>300</td><td>300</td></tr>
</table>

注:①当用活性掺和料取代部分水泥时,表中的最大水灰比及最小水泥用量即为替代前的水灰比和水泥用量。

②配制C15级及其以下等级的混凝土,可不受本表限制。

1.4.4 混凝土工程应用实例

水泥混凝土是道路与桥梁建设中应用最广、用量最大的建筑材料。在道路工程中,水泥混凝土已成为高等级路面的主要建筑材料;在桥梁工程中,钢筋混凝土和预应力钢筋混凝土桥是最主要的桥型。

一、30mT 梁

双庙大桥位于丹东至锡林浩特高速公路朝阳至黑水(辽蒙界)段第二合同段,全长366m,具体见表1-4-5。

双庙大桥具体规模及主要结构材料表　　表1-4-5

<table>
<tr><th colspan="2">桥　名</th><th colspan="2">桥梁全长(m)</th><th>上部结构</th><th colspan="2">下部结构</th></tr>
<tr><td colspan="2">双庙大桥</td><td colspan="2">366.0</td><td>预应力混凝土T梁</td><td colspan="2">柱式墩、肋板台、钻孔灌注桩基础</td></tr>
<tr><td colspan="7">双庙大桥主要结构材料</td></tr>
<tr><td>混凝土强度等级</td><td>C15</td><td>C25</td><td colspan="2">C30</td><td>C50聚丙烯纤维混凝土</td><td>C50</td></tr>
<tr><td>结构部位</td><td>搭板、下垫层</td><td>泄水槽、墩台基础、搭板</td><td colspan="2">墩台盖梁、墩台身、挡块、台耳背墙、防撞墙、承台、系梁</td><td>桥面铺装、伸缩缝槽、主梁的连续端头</td><td>预制T梁现浇横隔板及湿接缝、垫石</td></tr>
</table>

二、16m 空心板梁

贺家屯中桥位于锦州至阜新高速公路第六合同段,全长84.2m,具体见表1-4-6。

贺家屯中桥具体规模及主要结构材料表　　表 1-4-6

桥　名	桥梁全长(m)	上部结构	下部结构
贺家屯中桥	84.2	预应力混凝土空心板	柱式墩、肋板台、钻孔灌注桩基础
贺家屯中桥主要结构材料			
混凝土强度等级	C15	C25	C40
结构部位	搭板、下垫层及泄水槽	防撞墙、盖梁、墩台身、桩基础、搭板	桥面铺装(厚度 8cm)、预应力混凝土空心板

注:该桥锥坡护坡及锥坡基础采用 M7.5 浆砌片石。

1.4.5　混凝土配合比设计

一、水泥混凝土的组成材料

1. 水泥

水泥是混凝土的胶结材料,混凝土的性能很大程度上取决于水泥的质量,在选择混凝土组成材料时,对水泥的品种和强度等级必须慎重选择。

(1)水泥品种的选择。配制混凝土用水泥,通常采用硅酸盐水泥、普通水泥、矿渣水泥、火山灰水泥或粉煤灰水泥等五大品种,在特殊情况下,可采用特种水泥。常用五大品种水泥可根据工程特点,气候与环境条件,参照表 1-1-9 选用。

(2)强度等级的选择。水泥强度等级应与混凝土设计强度等级相适应。通常以水泥强度等级为混凝土强度等级的 1.5 ~ 2.0 倍为宜。配制高强度等级混凝土时,水泥强度等级为混凝土强度等级的 0.9 ~ 1.5 倍为宜。随着混凝土强度等级的不断提高,现代高强度混凝土并不受此比例的约束。如水泥强度等级选用过高,则混凝土中水泥用量过低,影响混凝土的和易性和耐久性。反之,如水泥强度等级选用过低,则混凝土中水泥用量太多,非但不经济,会使混凝土的收缩率增大。

2. 细集料

细集料应采用级配良好、质地坚硬、洁净的天然砂(包括河砂、湖砂、山砂、淡化海砂),也可使用人工砂(包括机制砂、混合砂)。砂按技术要求分为 I 类、II 类、III 类。I 类宜用于强度等级大于 C60 的混凝土;II 类宜用于强度等级 C30 ~ C60 及抗冻、抗渗或其他要求的混凝土;III 类宜用于强度等级小于 C30 的混凝土。

细集料的技术要求如下:

(1)有害物质。砂不应混有草根、树叶、树枝、塑料、煤块、炉渣等杂物。砂中如含有云母、轻物质、有机物、硫化物及硫酸盐、氯盐等,其含量应符合表 1-4-7 的规定。

细集料技术要求(GB/T 14684—2001)　　表 1-4-7

技术指标				技术要求		
				I 类	II 类	III 类
人工砂	压碎指标(%)			<20	<25	<30
	甲基蓝试验	MB 值<1.4 或合格	石粉含量(%)	<3.0	<5.0	<7.0
			泥块含量(%)	0	<1.0	<2.0
		MB 值≥1.4 或不合格	石粉含量(%)	<1.0	<3.0	<5.0
			泥块含量(%)	0	<1.0	<2.0

续上表

技术指标		技术要求		
		I类	II类	III类
天然砂	含泥量(按质量计,%)	<1.0	<3.0	<5.0
	泥块含量(按质量计,%)	0	<1.0	<2.0
有害物质含量	云母(按质量计,%)	<1.0	<2.0	<2.0
	轻物质(按质量计,%)	<1.0	<1.0	<1.0
	有机物(比色法)	合格	合格	合格
	硫化物及硫酸盐(按 SO_3 质量计,%)	<0.5	<0.5	<0.5
	氯化物(以氯离子质量计,%)	<0.01	<0.02	<0.06
坚固性(质量损失,%)		<8	<8	<10
砂表观密度大于 2 500kg/m^3;松散堆积密度大于 1 350kg/m^3;空隙率小于 47%				

(2)颗粒级配。按《建筑用砂》(GB/T 14684—2001)的规定,混凝土用砂的颗粒级配应符合表 1-4-8 或图 1-4-7 的规定。

砂的分区及级配范围 表 1-4-8

级配区	筛孔尺寸(mm)						
	9.5	4.75	2.36	1.18	0.6	0.3	0.15
	累计筛余(%)						
I 区	0	10~0	35~5	65~35	85~71	95~80	100~90
II 区	0	10~0	25~0	50~10	70~41	92~70	100~90
III 区	0	10~0	15~0	25~0	40~16	85~55	100~90

注:砂的实际颗粒级配与表中所列数字相比,除 4.75 mm 和 0.6mm 筛档外,可以略有超出,但超出总量不应大于5%。

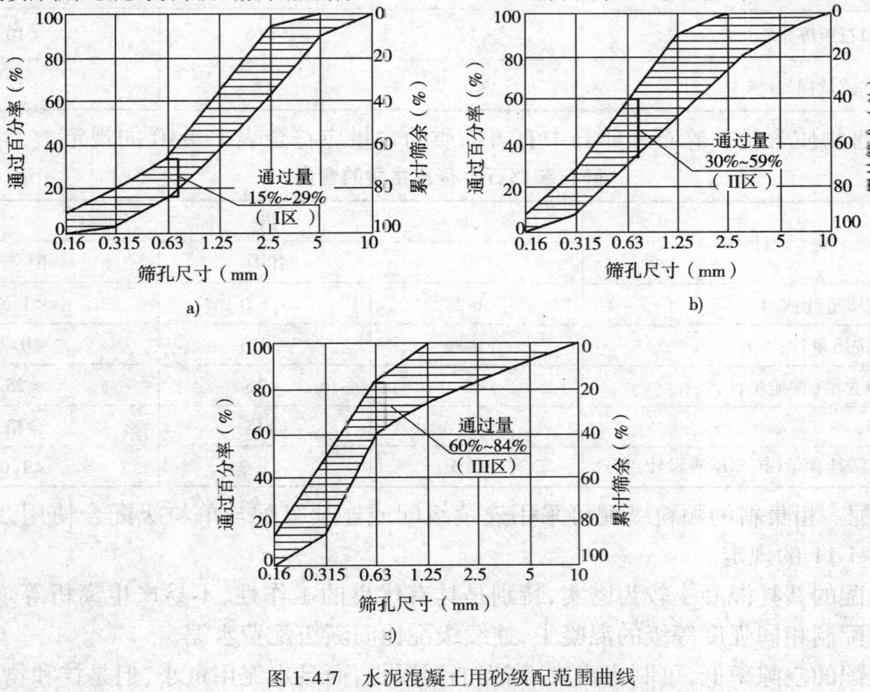

图 1-4-7 水泥混凝土用砂级配范围曲线

a)I 区砂;b)II 区砂;c)III 区砂

I 区砂属于粗砂范畴，用 I 区砂配制混凝土时，应较 II 区砂采用较大的砂率。否则，新拌混凝土的内摩擦阻力较大，保水性差，不易捣实成型。II 区砂是由中砂和一部分偏粗的细砂组成，III 区砂系由细砂和一部分偏细的中砂组成。当用 III 区砂配制混凝土时，应较 II 区砂采用较小的砂率，因用 III 区砂所配制成的新拌混凝土黏性略大，比较细软，易振捣成型，而且由于 III 区砂的级配小、比表面积大，所以对新拌混凝土的工作性影响比较敏感。

(3)坚固性和压碎值。天然砂采用硫酸钠溶液法进行试验，5 次循环后其质量损失应符合表 1-4-9 的规定。人工砂采用压碎指标法进行试验，压碎指标应符合表 1-4-9 的规定。

3. 粗集料

普通混凝土中常用的粗集料主要是碎石和卵石。按碎石、卵石的技术要求分为 I 类、II 类、III 类。I 类宜用于强度等级大于 C60 的混凝土；II 类宜用于强度等级 C30 ~ C60 及抗冻、抗渗或其他要求的混凝土；III 类宜用于强度等级小于 C30 的混凝土。

粗集料的技术要求如下：

(1)强度。粗集料的强度可用岩石抗压强度和压碎值两种方式表示。岩石的抗压强度与混凝土强度等级之比不应小于 1.5，且火成岩强度不宜低于 80MPa，变质岩不宜低于 60MPa，沉积岩不宜低于 30MPa。

(2)坚固性。采用硫酸钠溶液法进行试验，碎石和卵石经 5 次循环后其质量损失应符合表 1-4-9 的规定。

粗集料压碎指标和坚固性指标 表 1-4-9

项　目	指　标		
	I 类	II 类	III 类
碎石压碎指标(%)	<10	<20	<30
卵石压碎指标(%)	<12	<16	<16
质量损失(%)	<5	<8	<12

(3)有害物质含量。碎石和卵石中有害物质的含量应符合表 1-4-10 的规定。

碎石和卵石中有害物质的含量 表 1-4-10

项　目	指　标		
	I 类	II 类	III 类
含泥量（按质量计，%）	<0.5	<1.0	<1.5
泥块含量（按质量计，%）	0	<0.5	<0.7
针片状颗粒含量（按质量计，%）	<5	<15	<25
有机物含量	合格	合格	合格
硫化物及硫酸盐含量（按 SO_3 质量计，%）	<0.5	<1.0	<1.0

(4)级配。粗集料的颗粒级配可采用连续级配或连续级配与单粒级配合使用，级配范围应符合表 1-4-11 的规定。

连续级配的新拌混凝土较为密实，特别是具有优良的工作性，不易产生离析等现象，故经常采用。但配制相同强度等级的混凝土，连续级配比间断级配费水泥。

间断级配的空隙率低，可制成密实、高强的混凝土，而且水泥用量小，但是拌和物容易产生离析现象，适宜于配制稠硬性拌和物，并须采用强力振捣。

碎石或卵石的颗粒级配范围 表 1-4-11

级配情况	公称粒径(mm)	筛孔尺寸(圆孔筛,mm)											
		2.36	4.75	9.5	16.0	19.0	26.5	31.5	37.5	53	63	75	90
		累计筛余(按质量计,%)											
连续粒级	4.75~9.5	95~100	80~100	0~15	0								
	4.75~16	95~100	85~100	40~60	0~10	0							
	4.75~19	95~100	85~95	60~75	30~45	0~5	0						
	4.75~26.5	95~100	90~100	70~90	50~70	25~40	0~5	0					
	4.75~31.5	95~100	90~100	75~90	60~75	40~60	20~35	0~5	0				
	4.75~37.5		95~100	75~90		30~65			0~5	0			
单粒级	9.5~19		95~100	85~100	40~60	0~15	0						
	16~31.5			95~100	85~100	55~70	25~40	0~10	0				
	19~37.5			95~100		80~100			0~10	0			
	31.5~63				95~100			75~100	45~75		0~10	0	
	37.5~80					95~100			70~100		30~60	0~10	0

(5)最大粒径。粗集料中公称粒级的上限称为该粒级的最大粒径。集料的最大粒径越大,单位用水量越少。在固定用水量和水灰比的条件下,最大粒径越大,流动性越好;或减小水灰比提高混凝土强度和耐久性。通常在结构截面允许的条件下,尽量增大最大粒径以节约水泥。规范规定,粗集料的最大粒径不得大于结构截面最小尺寸的 1/4,同时不得大于钢筋间最小净距的 3/4;对于混凝土实心板,允许采用最大粒径为 1/2 板厚的颗粒级配,但最大粒径不得超过 50mm。

(6)表面特征及颗粒形状。表面粗糙、多棱角的碎石与表面光滑、圆形的卵石相比较,碎石配制的混凝土强度较高,但是在相同水泥浆用量的条件下,卵石配制的混凝土和易性较好。

粗集料的形状接近正立方体为佳,不宜含有较多针状颗粒(颗粒长度大于该颗粒所属粒级平均粒径的 2.4 倍)和片状颗粒(颗粒厚度小于该颗粒所属粒级平均粒径的 0.4 倍)。否则将降低混凝土的抗折强度,同时影响和易性。

(7)碱活性检验。对于重要的水泥混凝土工程用粗集料,应进行集料碱活性检验。首先应用岩相法确定活性集料的种类和数量。若岩石中含有活性二氧化硅时,应用化学法或砂浆长度法检验,确定其是否含有潜在危险。

4. 混凝土拌和用水

符合国家标准的饮用水,可拌制各种混凝土。地表水和地下水首次使用,应进行检验。海水可用于拌制素混凝土,但不得用于饰面混凝土、钢筋混凝土和预应力混凝土。工业废水经检验合格后可用于拌制混凝土。

混凝土拌和用水应符合表 1-4-12 的规定。

混凝土拌和用水技术要求(JGJ 63—89) 表 1-4-12

项目	预应力混凝土	钢筋混凝土	素混凝土
pH 值	>4	>4	>4
不溶物(mg/L)	<2 000	<2 000	<5 000
可溶物(mg/L)	<2 000	<5 000	<10 000

续上表

项　　目	预应力混凝土	钢筋混凝土	素混凝土
氯化物(以 Cl^- 计)(mg/L)	<500 *	<1 200	<3 500
硫酸盐(以 SO_4^{2-} 计)(mg/L)	<600	<2 700	<2 700
硫化物(以 S^{2-} 计)(mg/L)	<100		

注:①使用钢丝或热处理钢筋的预应力混凝土氯化物含量不得超过350mg/L。

②用待检验水和蒸馏水(或符合国标饮用水)试验,所得的初凝时间差及终凝时间差均不得大于30min,其初凝和终凝时间尚应符合水泥国家标准的规定。

③用待检验水配制水泥砂浆或混凝土的28d抗压强度(若有早期强度要求时需增加7d抗压强度)不得低于用蒸馏水(或符合国标饮用水)拌制的对应砂浆或混凝土抗压强度的90%。

5. 混凝土外加剂

混凝土外加剂是在拌制混凝土过程中掺入,用以改善混凝土性能的物质。掺量不大于水泥质量的5%(特殊情况除外)。

混凝土外加剂按其主要功能分为四类。

改善混凝土拌和物流变性能的外加剂,包括各种减水剂、引气剂和泵送剂等。

调节混凝土凝结时间、硬化性能的外加剂,包括缓凝剂、早强剂和速凝剂等。

改善混凝土耐久性的外加剂,包括引气剂、防水剂和阻锈剂等。

改善混凝土其他性能的外加剂,包括加气剂、膨胀剂、防冻剂、着色剂、防水剂和泵送剂等。

(1)减水剂。减水剂是在混凝土坍落度基本相同的条件下,能减少拌和用水的外加剂。减水剂可分为普通减水剂和高效减水剂。高效减水剂是在混凝土坍落度基本相同的条件下,能大幅度减少拌和用水量的外加剂。

减水剂的主要技术经济效果见表1-4-13。

减水剂对混凝土的技术经济效果　　　表1-4-13

编号	混凝土名称	试验目的	材料组成				技术性质	
			水泥用量 m_c (kg/m³)	用水量 m_w (kg/m³)	水灰比 W/C	外加剂 UNF (%)	坍落度 H(m)	抗压强度 $f_{cu,28}$(MPa)
1	基准混凝土	对照组	345	185	0.54	—	30	38.2
2	掺外加剂的混凝土	增大流动性	345	185	0.54	0.5	90	38.5
3		提高强度	345	166	0.48	0.5	30	44.5
4		节约水泥	308	166	0.54	0.5	30	38.0

①保持混凝土配合比不变,可增大混凝土拌和物的流动性。

②保持混凝土流动性和水泥用量不变时,则可减少用水量,降低水灰比,提高混凝土强度,同时也提高了耐久性。

③保持混凝土流动性和强度不变时,则可节约水泥用量。

减水剂的作用机理:目前研究认为,水泥加水拌和后,由于熟料在水化过程中所带电荷不同等原因,异性电荷相互吸引而产生絮凝状结构,如图1-4-8所示。在絮凝状结构中,包裹着很多拌和水,从而降低了混凝土拌和物的工作性。施工中为了保证拌和物的工作性,就必须增加用水量,从而使混凝土中的孔隙增多,降低混凝土的物理—力学性质。当掺入减水剂后,减水剂的憎水基团吸附于水泥颗粒表面,亲水基团朝向水溶液,由于减水剂的定向排列产生电性斥力,以及减水剂与水缔合在水泥颗粒表面形成一层溶剂化水膜,使絮凝结构中的游离水释放出来,因而达到减水的目的,如图 1-4-9 所示。

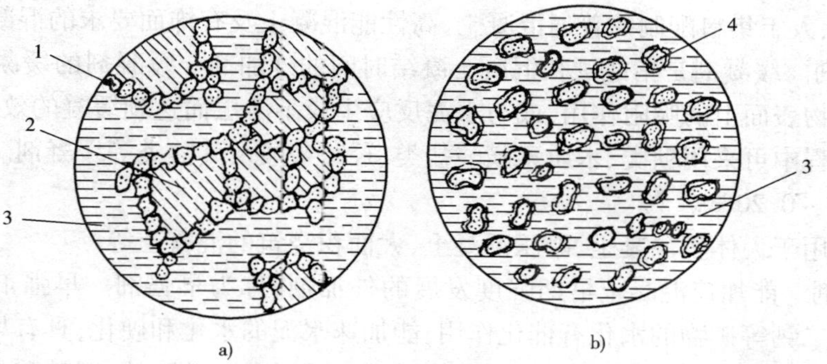

图 1-4-8 未掺减水剂的水泥——絮凝结构

1-水泥颗粒;2-絮凝结构中的游离水;3-游离水;4-带有电性斥力和溶剂化水膜的水泥颗粒

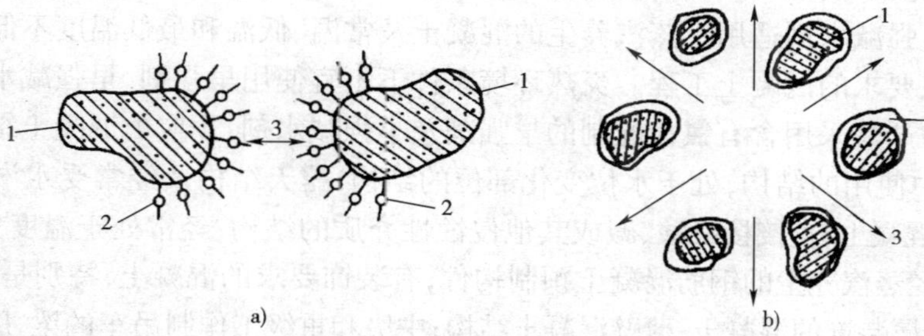

图 1-4-9 减水剂对水泥颗粒的分散作用

a)减水剂定向排列产生电性斥力

1-水泥颗粒;2-减水剂;3-电性斥力

b)减水剂的定向排列与水缔合作用,使絮凝结构中的游离水释放出

1-水泥颗粒;2-溶剂化水膜;3-游离水释放出

混凝土工程中可采用普通减水剂和高效减水剂,见表 1-4-14。

混凝土工程中采用的减水剂 表 1-4-14

普通减水剂	高效减水剂
木质素磺酸盐类: 木质素磺酸钙、木质素磺酸钠、木质素磺酸镁及丹宁等	1. 多环芳香族磺酸盐类:萘和萘的同系磺化物与甲醛缩合的盐类、氨基磺酸盐等; 2. 水溶性树脂磺酸盐类:磺化三聚氰胺树脂、磺化古码隆树脂等; 3. 脂肪族类:聚羧酸盐类、聚丙烯酸盐类、脂肪族羟甲基磺酸盐高缩聚物等; 4. 其他:改性木质素磺酸钙、改性丹宁等
可用于素混凝土、钢筋混凝土、预应力混凝土,高强高性能混凝土	

(2)引气剂。在搅拌混凝土过程中能引入大量均匀分布、稳定而封闭的微小气泡的外加剂。引气剂为憎水表面活性物质,它能降低水泥—水—空气的界面能,同时由于它的定向排列,形成单分子吸附膜,提高泡膜的强度,并使气泡排开水分而吸附于固相粒子表面,因而能使搅拌过程混进的空气形成微小而稳定的气泡,均匀分布于混凝土中。

由于气泡的存在,可改善新拌混凝土的工作性;由于气泡彼此隔离,使水分不易渗入,因而提高混凝土的抗冻性、抗渗性和抗蚀性。但是,混凝土强度会有所降低。

混凝土工程中可采用松香热聚物、松香皂类等引气剂。引气剂的掺量为水泥用量的 0.005% ~0.01%,混凝土中含气量约为 3% ~6%。

引气剂可用于抗冻混凝土、抗渗混凝土、抗硫酸盐混凝土、泌水严重的混凝土、贫混凝土、轻集料混凝土、人工集料配制的普通混凝土、高性能混凝土及有饰面要求的混凝土。

(3)缓凝剂。缓凝剂是指能延长混凝土凝结时间的外加剂。缓凝剂的缓凝作用是因其在水泥及其水化物表面上的吸附作用,或与水泥反应生成不溶层而达到缓凝的效果。

混凝土工程中可采用糖类、木质素磺酸盐类、羟基羧酸及其盐类等缓凝剂。其掺量为水泥质量的0.01% ~0.20%。

缓凝剂可用于大体积混凝土、碾压混凝土、大面积浇筑的混凝土等。

(4)早强剂。能加速混凝土早期强度发展的外加剂,称为早强剂。早强剂对水泥中的硅酸三钙和硅酸二钙等矿物的水化有催化作用,能加速水泥的水化和硬化,具有早强作用。

混凝土工程中可采用无机盐类早强剂:硫酸盐、硫酸复盐、硝酸盐、亚硝酸盐、氯盐等;水溶性有机化合物:三乙醇胺,甲酸盐、乙酸盐、丙酸盐等;其他:有机化合物、无机盐复合物。混凝土工程中可采用由早强剂与减水剂复合而成的早强减水剂。

早强剂及早强减水剂适用于蒸汽养生的混凝土及常温、低温和最低温度不低于 -5℃环境中施工的有早强要求的混凝土工程。炎热环境条件下不宜使用早强剂、早强减水剂。

下列结构中严禁采用含有氯盐配制的早强剂及早强减水剂:预应力混凝土结构;相对湿度大于80%环境中使用的结构,处于水位变化部位的结构,露天结构及经常受水淋、受水流冲刷的结构;大体积混凝土;直接接触酸、碱或其他侵蚀性介质的结构;经常处于温度为60℃以上环境中的结构;需经蒸汽养生的钢筋混凝土预制构件;有装饰要求的混凝土,特别是要求色彩一致的或是表面有金属装饰的混凝土;薄壁混凝土结构;中级和重级工作制吊车的梁、屋架、落锤及锻锤混凝土基础等结构;使用冷拉钢筋或冷拔低碳钢丝的结构;集料具有碱活性的混凝土结构。

(5)速凝剂。速凝剂是能使混凝土迅速凝结硬化的外加剂。速凝剂与水泥在加水拌和时立即反应,使水泥中的石膏失去缓凝作用,促成铝酸三钙迅速水化析出水化铝酸钙,导致水泥迅速凝结。

在喷射混凝土工程中可采用的粉状速凝剂:以铝酸盐、碳酸盐等为主要成分的无机盐混合物等;液体速凝剂:以铝酸盐、水玻璃等为主要成分,与其他无机盐复合而成的复合物。

速凝剂可用于采用喷射法施工的喷射混凝土,亦可用于需要速凝的其他混凝土。如路桥工程中隧道的修补、抢修等工程,可以保证水泥初凝时间在5min之内,终凝在10min内完成。

(6)防水剂。防水剂是能降低混凝土在静水压力下的透水性的外加剂。混凝土中掺入防水剂后,抗渗性大大增强。

防水剂分为无机防水剂(如氯化铁等)、有机防水剂(如有机硅、橡胶及水溶性树脂乳液等)以及复合型防水剂。

防水剂可用于工业与民用建筑的屋面、地下室、隧道、巷道、给排水池、水泵站等有防水抗渗要求的混凝土工程。含氯盐的防水剂可用于素混凝土、钢筋混凝土工程,严禁用于预应力混凝土工程。

除上述几类最常用的外加剂外,其他混凝土外加剂的名称及定义见表1-4-15。

混凝土中其他外加剂的名称及定义 表1-4-15

名称	定义
阻锈剂	能抑制或减轻混凝土中钢筋或其他预埋金属锈蚀的外加剂
加气剂	混凝土制备过程中因发生化学反应,放出气体,而使混凝土中形成大量气孔的外加剂

续上表

名称	定 义
膨胀剂	能使混凝土产生一定体积膨胀的外加剂
防冻剂	能使混凝土在负温下硬化，并在规定时间内达到足够防冻强度的外加剂
着色剂	能制备具有稳定色彩混凝土的外加剂
泵送剂	能改善混凝土拌和物泵送性能的外加剂

6. 聚丙烯纤维

纤维增强混凝土（简称纤维混凝土）是由水泥混凝土为基材与不连续而分散的纤维为增强材料所组成的一种复合材料。常作为增强材料的纤维有钢纤维、玻璃纤维、合成纤维和天然纤维等。下面介绍用于桥梁桥面混凝土的聚丙烯纤维。

1）何谓聚丙烯纤维

聚丙烯纤维是由丙烯聚合物或共聚物制成的烯烃类纤维。根据其生产过程可以分为两种。聚丙烯在熔融状态下挤压成薄片或进行抽取为长丝，再经过牵伸使纤维分子定向。前者经过破碎、切断成为原纤化纤维，其断面一般为不规则、近似矩形，纤维之间互相关联或成束状；后者则切断后成为圆形断面的复丝或单丝纤维。

聚丙烯纤维的优点是强度较高，比重比一般聚合物低，完全不吸水，为中性材料，与酸碱不起作用，而且经济性好。

2）聚丙烯纤维的性能

使用较普遍的纤维的性质和技术指标见表1-4-16。

纤维的性质和技术指标　　表1-4-16

性　质	技术指标	性　质	技术指标
纤维长度	5～51 mm	吸水性	无
密度	0.91	抗酸、抗碱能力	不受酸碱侵蚀
燃点	590℃	导电性	低
熔点	160～170 ℃	导热性	低
抗拉强度	200～300MPa	杨氏弹性模量	3 400～3 500 MPa
极限拉伸	15%		

3）聚丙烯纤维混凝土的特性

聚丙烯纤维混凝土是把一定量的聚丙烯纤维加入到普通混凝土的原材料中，在搅拌机的搅拌下，纤维均匀分布在混凝土中。掺量一般为混凝土体积的0.05%～0.1%。

普通混凝土在硬化早期，会因泌水和水分散失而产生塑性收缩，使混凝土产生细微龟裂，在硬化后期还会产生干缩裂缝。在温度应力及其他外力作用下，裂缝将进一步发展甚至碎裂，从而影响混凝土的耐久性和抗磨性能，而且因裂缝渗水，钢筋容易锈蚀。

聚丙烯纤维会使混凝土的性能有较大的改善。

（1）聚丙烯纤维在混凝土中主要是起次要的加强作用。

（2）聚丙烯纤维减少了混凝土的塑性收缩和抑制裂缝产生的作用。

由于纤维的存在，降低了水分在混凝土中的迁移性，减少了泌水现象，因而减少了体积变化。此外,由于纤维的变形模量较小,与混凝土在早期硬化阶段时的变形模量相当,因而可以有效地抑制变形。聚丙烯纤维主要用于地面支承平板中混凝土的非结构性增强。

(3)增强混凝土的抗冲击性和韧性。

(4)提高了混凝土的抗渗性。

(5)提高了混凝土的耐磨损性能。

(6)提高海水环境下的耐海水腐蚀性。

(7)纤维混凝土能在一定程度上提高弯曲强度。

在混凝土硬化阶段抑制塑性收缩,减少裂缝发生,对冲击韧性、抗渗性、耐磨损、耐海水腐蚀性、抗碎裂性能都有明显改善,而且较为经济和容易施工。但一般情况下不宜用作承受主要荷载。

4)聚丙烯纤维混凝土的应用

聚丙烯纤维在公路路面及桥梁桥面、机场跑道、停车场、工业与民用建筑、水泥和混凝土制品、港口码头、隧道喷锚加固、基坑支护、水工建筑物抗渗和抗冲刷等混凝土建筑工程中迅速得到推广使用,目前已在全球60多个国家和地区应用,效益显著。

二、普通水泥混凝土的组成设计

1. 概述

混凝土中各组成材料用量之比即为混凝土的配合比。

1)配合比表示方法

(1)以每 $1m^3$ 混凝土中各种材料的用量表示。例如,水泥: 细集料: 粗集料: 水 =330kg: 720kg: 1264kg: 180kg。

(2)以水泥的质量为1,并按“水泥: 细集料: 粗集料;水灰比”的顺序表示。例如,1:2.18:3.82;$W/C=0.54$。

2)配合比设计的基本要求

混凝土配合比设计应满足设计强度、施工工作性、耐久性和经济性四项基本要求。

3)配合比设计的三个参数

普通混凝土的配合比设计,就是确定水泥、水、细集料和粗集料四组分之间的比例关系,此比例关系通常用水灰比、砂率和单位用水量三个参数表示。水与水泥的关系,以水灰比表示;砂与石子的关系以砂率表示;水泥浆与集料的关系,以单位用水量表示。

4)混凝土配合比设计的步骤

(1)计算“初步配合比”。

(2)提出“基准配合比”。

(3)确定“试验室配合比”。

(4)换算“施工配合比”。

普通混凝土配合比设计应满足施工工作性、设计强度、耐久性和经济合理的四项基本要求,正确处理水灰比、砂率和单位用水量三个参数。

2. 普通混凝土配合比设计方法(以抗压强度为指标的计算方法)

1)计算初步配合比

(1)确定配制强度。混凝土配制强度应按式(1-4-5)计算。

$$f_{cu,o} \geqslant f_{cu,k} + 1.645\sigma \tag{1-4-5}$$

式中：$f_{cu,o}$——混凝土的配制强度（MPa）；

$f_{cu,k}$——混凝土立方体抗压强度标准值（即设计要求的混凝土强度等级）（MPa）；

σ——混凝土强度标准差（MPa）。

遇有下列情况时应提高混凝土配制强度：现场条件与试验室条件有显著差异时；C30 级及其以上强度等级的混凝土，采用非统计方法评定时。

混凝土强度标准差宜根据同类混凝土统计资料按式（1-4-6）计算确定。

$$\sigma = \sqrt{\frac{\sum_{i=1}^{n} f_{cu,i}^{2} - n\mu_{f_{cu}}^{2}}{n-1}} \tag{1-4-6}$$

式中：$f_{cu,i}$——第 i 组混凝土试件立方体抗压强度值（MPa）；

$\mu_{f_{cu}}$——n 组混凝土试件立方体抗压强度平均值（MPa）；

n——统计周期内相同等级的试件组数，$n \geqslant 25$ 组。

标准差应符合下列规定：

①强度试件组数不应少于 25 组。

②当混凝土强度等级为 C20 和 C25 级，其强度标准差计算值小于 2.5MPa 时，计算配制强度用的标准差应取不小于 2.5MPa；当混凝土强度等级等于或大于 C30 级，其强度标准差计算值小于 3.0MPa 时，计算配制强度用的标准差应取不小于 3.0MPa。

③当无统计资料计算混凝土强度标准差时，其值应按表 1-4-17 取用。

标准差 σ 值　　表 1-4-17

强度等级（MPa）	低于 C20	C20 ~ C35	高于 C35
标准差 σ（MPa）	4.0	5.0	6.0

从式（1-4-5）可见，配制强度要比设计强度高，其增量与保证率和施工单位质量管理水平确定的标准差有关。标准差愈大，混凝土的强度波动愈大，质量愈不稳定，均匀性愈差，施工管理水平愈低。混凝土的配制强度定得太低，结构物不安全，影响工程质量；定得太高，又浪费资金。

（2）计算水灰比。

①按强度要求计算水灰比。混凝土强度等级小于 C60 级时，水灰比宜按下式计算：

$$W/C = \frac{\alpha_a \cdot f_{ce}}{f_{cu,o} + \alpha_a \cdot \alpha_b \cdot f_{ce}} \tag{1-4-7}$$

式中：W/C——混凝土所要求的水灰比；

$f_{cu,o}$——混凝土的配制强度（MPa）；

α_a、α_b——回归系数；

f_{ce}——水泥 28d 抗压强度实测值（MPa）。

a. 当无水泥 28d 抗压强度实测值时，f_{ce} 值可按下式确定：

$$f_{ce} = \gamma_c \cdot f_{ce,g} \tag{1-4-8}$$

式中：γ_c——水泥强度等级值的富余系数，可按实际统计资料确定；

$f_{ce,g}$——水泥强度等级值（MPa）。

b. f_{ce} 值也可根据 3d 强度或快测强度推定 28d 强度关系式推定得出。

回归系数 α_a 和 α_b 宜按下列规定确定：ⓐ应根据工程所使用的水泥、集料，通过试验由建立的水灰比与混凝土强度关系式确定；ⓑ当不具备上述试验统计资料时，其回归系数可按表1-4-2采用。

②按耐久性校核水灰比。混凝土的最大水灰比应符合表1-4-4中的规定。

(3)选取每立方米混凝土的用水量(m_{wo})。每立方米混凝土用水量的确定应符合下列规定：

①干硬性和塑性混凝土用水量的确定。水灰比在0.40~0.80时，根据粗集料的品种、粒径及施工要求的混凝土拌和物稠度，其用水量可按表1-4-18，表1-4-19选取。水灰比小于0.40的混凝土以及采用特殊成型工艺的混凝土用水量应通过试验确定。

干硬性混凝土的用水量(kg/m^3) 表1-4-18

拌和物稠度		卵石最大粒径(mm)			碎石最大粒径(mm)		
项目	指标	10	20	40	16	20	40
维勃稠度(s)	16~20	175	160	145	180	170	155
	11~15	180	165	150	185	175	160
	5~10	185	170	155	190	180	165

塑性混凝土的用水量(kg/m^3) 表1-4-19

拌和物稠度		卵石最大粒径(mm)				碎石最大粒径(mm)			
项目	指标	10	20	31.5	40	16	20	31.5	40
坍落度(mm)	10~30	190	170	160	150	200	185	175	165
	35~50	200	180	170	160	210	195	185	175
	55~70	210	190	180	170	220	205	195	185
	75~90	215	195	185	175	230	215	205	195

注：本表用水量系采用中砂时的平均取值。采用细砂时，每立方米混凝土用水量可增加5~10kg；采用粗砂时，则可减少5~10kg。掺用各种外加剂或掺和料时，用水量应相应调整。

②流动性和大流动性混凝土的用水量宜按以下步骤计算：

a. 以表1-4-19中坍落度90mm时的用水量为基础，按坍落度每增大20 mm用水量增加5kg计算出未掺外加剂时的混凝土用水量。

b. 掺外加剂时的混凝土用水量可按下式计算：

$$m_{w,ad} = m_{wo}(1-\beta_{ad}) \tag{1-4-9}$$

式中：$m_{w,ad}$——掺外加剂时每立方米混凝土的用水量(kg)；

m_{wo}——未掺外加剂时每立方米混凝土的用水量(kg)；

β_{ad}——外加剂的减水率(%)。

c. 外加剂的减水率应经试验确定。

(4)计算每立方米混凝土的水泥用量(m_{co})。

①按强度要求计算单位用灰量。每立方米混凝土的水泥用量(m_{co})可按下式计算：

$$m_{co} = \frac{m_{wo}}{\frac{W}{C}} \tag{1-4-10}$$

②按耐久性校核单位用灰量。混凝土的最小水泥用量应符合表1-4-4中的规定。

(5)选取砂率(β_s)。当无历史资料时，混凝土砂率的确定应符合下列规定：

①坍落度为10~60mm的混凝土砂率可根据粗集料品种、粒径及水灰比按表1-4-20选取。

混凝土的砂率(%)　表 1-4-20

水灰比(W/C)	卵石最大粒径(mm)			碎石最大粒径(mm)		
	10	20	40	16	20	40
0.40	26 ~ 32	25 ~ 31	24 ~ 30	30 ~ 35	29 ~ 34	27 ~ 32
0.50	30 ~ 35	29 ~ 34	28 ~ 33	33 ~ 38	32 ~ 37	30 ~ 35
0.60	33 ~ 38	32 ~ 37	31 ~ 36	36 ~ 41	35 ~ 40	33 ~ 38
0.70	36 ~ 41	35 ~ 40	34 ~ 39	39 ~ 44	38 ~ 43	36 ~ 41

注:①本表数值系中砂的选用砂率,对细砂或粗砂,可相应地减少或增大砂率。

②只用一个单粒级粗集料配制混凝土时,砂率应适当增大。

③对薄壁构件,砂率取偏大值。

④本表中的砂率系指砂与集料总量的质量比。

②坍落度大于60mm的混凝土砂率可经试验确定,也可在表1-4-20的基础上,按坍落度每增大20mm,砂率增大1%的幅度予以调整。

③坍落度小于10mm的混凝土,其砂率应经试验确定。

(6)计算粗集料和细集料的单位用量(m_{go}、m_{so})。粗集料、细集料的单位用量可用质量法或体积法求得。

①质量法。该法是假定混凝土拌和物的表观密度为一固定值,混凝土拌和物各组成材料的单位用量之和即为其表观密度。当采用质量法时,应按下列公式计算:

$$m_{co} + m_{go} + m_{so} + m_{wo} = m_{cp} \tag{1-4-11}$$

$$\frac{m_{so}}{m_{so} + m_{go}} \times 100\% = \beta_s \tag{1-4-12}$$

式中:m_{co}——每立方米混凝土的水泥用量(kg);

m_{go}——每立方米混凝土的粗集料用量(kg);

m_{so}——每立方米混凝土的细集料用量(kg);

m_{wo}——每立方米混凝土的用水量(kg);

β_s——砂率(%);

m_{cp}——每立方米混凝土拌和物的假定质量(kg),其值可取2 350 ~ 2 450kg。

②体积法。该法假定混凝土拌和物的体积等于各组成材料绝对体积和拌和物中所含空气体积之和。当采用体积法时,应按下列公式计算:

$$\frac{m_{co}}{\rho_c} + \frac{m_{go}}{\rho_g} + \frac{m_{so}}{\rho_s} + \frac{m_{wo}}{\rho_w} + 0.01\alpha = 1 \tag{1-4-13}$$

$$\frac{m_{so}}{m_{so} + m_{go}} \times 100\% = \beta_s \tag{1-4-14}$$

式中:ρ_c——水泥密度(kg/m^3),可取2 900 ~ 3 100kg/m^3;

ρ_g——粗集料的表观密度(kg/m^3);

ρ_s——细集料的表观密度(kg/m^3);

ρ_w——水的密度(kg/m^3),可取1 000kg/m^3;

α——混凝土的含气量百分数,在不使用引气型外加剂时,α 可取为1;

其余符号意义同前。

粗集料和细集料的表观密度(ρ_g、ρ_s)应按《公路工程集料试验规程》(JTG E42—2005)规定的方法测定。

通过以上计算得初步配合比，即水泥∶细集料∶粗集料∶水 $= m_{co}:m_{so}:m_{go}:m_{wo}$。

一般认为，质量法简便，不需要组成材料的密度资料，如施工单位已积累了混凝土的假定表观密度资料，亦可得到准确的结果。体积法由于是根据组成材料实测密度来进行计算的，所以能获得较为精确的结果。

2）试配、调整工作性，提出基准配合比

(1)进行混凝土配合比试配时应采用工程中实际使用的原材料。混凝土的搅拌方法宜与生产时使用的方法相同。

(2)混凝土配合比试配时，每盘混凝土的最小搅拌量应符合表1-4-21的规定；当采用机械搅拌时，其搅拌量不应小于搅拌机额定搅拌量的1/4。

混凝土试配的最小搅拌量 表1-4-21

集料最大粒径(mm)	拌和物数量(L)	集料最大粒径(mm)	拌和物数量(L)
31.5及以下	15	40	25

(3)按计算的初步配合比进行试拌，以检查拌和物的工作性。当试拌得出的拌和物坍落度或维勃稠度不能满足要求，或黏聚性和保水性不好时，应在保证水灰比不变的条件下相应调整用水量或砂率，直到符合要求为止。然后提出供混凝土强度试验用的基准配合比，即 $m_{ca}:m_{sa}:m_{ga}:m_{wa}$。

3）检验强度，进行配合比调整，确定试验室配合比

(1)检验强度。混凝土强度试验时至少应采用三个不同的配合比。当采用三个不同的配合比时，其中一个应为基准配合比，另外两个配合比的水灰比宜较基准配合比分别增加和减少0.05，用水量应与基准配合比相同，砂率可分别增加和减少1%。当不同水灰比的混凝土拌和物坍落度与要求值的差超过允许偏差时，可通过增、减用水量进行调整。

制作混凝土强度试验试件时，应检验混凝土拌和物的坍落度或维勃稠度、黏聚性、保水性及拌和物的表观密度，并以此结果作为代表相应配合比的混凝土拌和物的性能。

进行混凝土强度试验时，每种配合比至少应制作一组（三块）试件，标准养护到28d时试压。

需要时可同时制作几组试件，供快速检验或较早龄期试压，以便提前定出混凝土配合比供施工使用。但应以标准养护28d强度的检验结果为依据调整配合比。

(2)进行配合比调整，确定试验室配合比。

①根据强度检验结果修正配合比。根据试验得出的混凝土强度与其相对应的灰水比(C/W)的关系，用作图法或计算法求出与配制强度($f_{cu,o}$)相对应的灰水比，并应按下列原则确定每立方米混凝土的材料用量。

a.用水量(m_{wb})。应在基准配合比用水量的基础上，根据制作强度试件时测得的坍落度或维勃稠度进行调整确定。

b.水泥用量(m_{cb})。应以用水量乘以选定出来的灰水比计算确定。

c.粗集料和细集料用量(m_{gb}和m_{sb})。应在基准配合比的粗集料和细集料用量的基础上，按选定的灰水比进行调整后确定。

②根据湿表观密度修正配合比。经试配确定配合比后，尚应按下列步骤进行校正：

a.应根据强度检验结果修正后确定的材料用量按下式计算混凝土的表观密度计算值$\rho_{c,c}$。

$$\rho_{c,c}=m_{cb}+m_{gb}+m_{sb}+m_{wb} \tag{1-4-15}$$

b. 应按下式计算混凝土配合比校正系数 δ。

$$\delta=\rho_{c,t}/\rho_{c,c} \tag{1-4-16}$$

式中：$\rho_{c,t}$——混凝土表观密度实测值（kg/m^3）；

$\rho_{c,c}$——混凝土表观密度计算值（kg/m^3）。

c. 当混凝土表观密度实测值与计算值之差的绝对值不超过计算值的2%时，按强度检验结果修正后确定的配合比 $m_{cb}:m_{sb}:m_{gb}:m_{wb}$ 即为确定的设计配合比；当二者之差超过2%时，应将配合比中每项材料的用量均乘以校正系数 δ，即为确定的设计配合比。

$$m'_{cb}=m_{cb}\delta$$
$$m'_{sb}=m_{sb}\delta$$
$$m'_{gb}=m_{gb}\delta$$
$$m'_{wb}=m_{wb}\delta \tag{1-4-17}$$

即 $m'_{cb}:m'_{sb}:m'_{gb}:m'_{wb}=1:m'_{sb}/m'_{cb}:m'_{gb}/m'_{cb}$，$m'_{wb}/m'_{cb}$ 为试验室配合比。

以上进行混凝土配合比计算时，其计算公式和有关参数表格中的数值均系以干燥状态集料为基准。当以饱和面干集料为基准进行计算时，则应做相应的修正。

注：干燥状态集料系指含水率小于0.5%的细集料或含水率小于0.2%的粗集料。

4）换算施工配合比

施工现场砂石为露天堆放，应根据砂石的含水率，将试验室配合比换算为施工配合比。

设施工现场实测砂、石含水率分别为 $a\%$，$b\%$，则施工配合比的各种材料单位用量如下：

$$m_c=m'_{cb}$$
$$m_s=m'_{sb}(1+a\%)$$
$$m_g=m'_{gb}(1+b\%)$$
$$m_w=m'_{wb}-(m'_{sb}\cdot a\%+m'_{gb}\cdot b\%) \tag{1-4-18}$$

施工配合比为 $m_c:m_s:m_g:m_w$ 或 $1:m_s/m_c:m_g/m_c$，$W/C=m_w/m_c$。

根据施工配合比，每盘混凝土材料称量值按下式计算：

$$M_i=V\cdot m_i \tag{1-4-19}$$

式中：M_i——i 材料的称量（kg）；

m_i——施工配合比中 i 材料的用量（kg/m^3）；

V——每盘搅拌量（m^3）。

水泥混凝土配合比设计例题一
（以抗压强度为指标的设计方法）

［题目］试设计钢筋混凝土桥T形梁用混凝土配合比。

［原始资料］

（1）已知混凝土设计强度等级为C30。无强度历史统计资料，要求混凝土拌和物坍落度为30～50mm。桥梁所在地区属寒冷地区。

（2）组成材料：水泥采用硅酸盐水泥，强度等级为42.5，富余系数 $\gamma_c=1.1$，密度 $\rho_c=3\ 100kg/m^3$。砂为中砂，表观密度 $\rho_s=2\ 650\ kg/m^3$，现场含水率 $w_s=5.0\%$。碎石公称最大

粒径 $d_{max}=31.5mm$，表观密度 $\rho_g=2700\ kg/m^3$，现场含水率 $w_g=1.0\%$。水符合混凝土拌和用水要求。

［设计要求］

(1)计算初步配合比。

(2)按初步配合比在试验室进行试配调整，确定试验室配合比。

(3)按砂石含水率换算为施工配合比。

［设计步骤］

1.计算初步配合比

1)确定配制强度

按题意已知：设计要求混凝土强度 $f_{cu,k}=30MPa$，无历史统计资料，查表1-4-17标准差 $\sigma=5.0MPa$。

按式(1-4-5)计算混凝土配制强度。

$$f_{cu,o}=f_{cu,k}+1.645\sigma=30+1.645\times5=38.2MPa$$

2)计算水灰比

(1)按强度要求计算水灰比。

①计算水泥实际强度。采用强度等级为42.5的硅酸盐水泥，$f_{ce,g}=42.5MPa$，水泥富余系数 $\gamma_c=1.1$，水泥实际强度为：

$$f_{ce}=\gamma_c\cdot f_{ce,g}=1.1\times42.5=46.8MPa$$

②计算混凝土水灰比。已知混凝土配制强度 $f_{cu,o}=38.2MPa$，水泥实际强度 $f_{ce}=46.8MPa$。无强度历史统计资料，查表1-4-2可知碎石 $\alpha_a=0.46$、$\alpha_b=0.07$。

按式(1-4-7)计算水灰比。

$$W/C=\frac{\alpha_a\cdot f_{ce}}{f_{cu,o}+\alpha_a\cdot\alpha_b\cdot f_{ce}}=\frac{0.46\times46.8}{38.2+0.46\times0.07\times46.8}=0.54$$

(2)按耐久性校核水灰比。根据混凝土所处环境条件属于寒冷地区配筋混凝土，查表1-4-4，允许最大水灰比为0.55。按强度计算水灰比为0.54，符合耐久性要求，故采用计算水灰比为0.54。

3)选取单位用水量(m_{wo})

由题意已知，碎石最大粒径为31.5mm，要求混凝土拌和物坍落度30～50mm。查表1-4-19，选取混凝土单位用水量：$m_{wo}=185kg/m^3$。

4)计算单位用灰量(m_{co})

(1)按强度要求计算单位用灰量。已知混凝土单位用水量 $m_{wo}=185kg/m^3$，水灰比 $W/C=0.54$，按式(1-4-10)计算混凝土单位用灰量。

$$m_{co}=\frac{m_{wo}}{\frac{W}{C}}=\frac{185}{0.54}=343kg/m^3$$

(2)按耐久性校核单位用灰量。根据混凝土所处环境条件属寒冷地区配筋混凝土，查表1-4-4，最小水泥用量不低于280 kg/m^3。按强度计算单位用灰量为343 kg/m^3，符合耐久性要求。采用单位用灰量为343 kg/m^3。

5）选取砂率（β_s）

已知粗集料采用碎石，最大粒径31.5mm，$W/C=0.54$。查表1-4-20，选取混凝土砂率$\beta_s=33\%$。

6）计算砂石用量

（1）采用质量法。已知单位用灰量$m_{co}=343\text{kg/m}^3$，单位用水量$m_{wo}=185\text{ kg/m}^3$，混凝土拌和物假定质量$m_{cp}=2\,400\text{kg/m}^3$，砂率$\beta_s=33\%$。由式（1-4-11）、式（1-4-12）得：

$$\begin{cases} m_{so}+m_{go}=m_{cp}-m_{co}-m_{wo} \\ \dfrac{m_{so}}{m_{so}+m_{go}}\times 100\%=\beta_s \end{cases}$$

$$\begin{cases} m_{so}+m_{go}=2400-343-185 \\ \dfrac{m_{so}}{m_{so}+m_{go}}=0.33 \end{cases}$$

解得：砂用量$m_{so}=616\text{kg/m}^3$，碎石用量$m_{go}=1256\text{ kg/m}^3$。

按质量法计算的初步配合比为$m_{co}:m_{so}:m_{go}:m_{wo}=343:616:1256:185$，即$m_{co}:m_{so}:m_{go}=1:1.80:3.66$；$W/C=0.54$。

（2）采用体积法。已知水泥密度$\rho_c=3100\text{ kg/m}^3$，砂的表观密度$\rho_s=2\,650\text{kg/m}^3$，碎石的表观密度$\rho_g=2\,700\text{kg/m}^3$，非引气混凝土$\alpha=1$，由式（1-4-13）、式（1-4-14）得：

$$\frac{m_{so}}{2650}+\frac{m_{go}}{2700}=1-\frac{343}{3100}-\frac{185}{1000}-0.01\times 1$$

$$\frac{m_{so}}{m_{so}+m_{go}}\times 100=33$$

解得：砂用量$m_{so}=613\text{kg/m}^3$，碎石用量$m_{go}=1251\text{ kg/m}^3$。

按体积法计算的初步配合比为$m_{co}:m_{so}:m_{go}:m_{wo}=343:613:1\,251:185$，即$m_{co}:m_{so}:m_{go}=1:1.79:3.65$；$W/C=0.54$。

2.试配，调整工作性，提出基准配合比

（1）计算试拌材料用量。按计算的初步配合比（以体积法计算结果为例）试拌15L混凝土拌和物，各种材料用量如下：

水泥，$343\times 0.015=5.15\text{kg}$；

水，$185\times 0.015=2.78\text{kg}$；

砂，$613\times 0.015=9.20\text{kg}$；

碎石，$1251\times 0.015=18.77\text{kg}$。

（2）调整工作性。拌制15L混凝土拌和物，测定其坍落度为10mm，未满足题给的和易性（坍落度为30～50mm）要求。为此，保持水灰比不变，增加5%水泥浆。再经拌和测坍落度为40mm，黏聚性和保水性亦良好，满足施工和易性要求。此时拌和物各组成材料的实际用量为：

水泥，$5.15\times(1+5\%)=5.41\text{kg}$；

水，$2.78\times(1+5\%)=2.92\text{kg}$；

砂，9.20kg；

碎石，18.77kg。

（3）提出基准配合比。调整工作性后混凝土拌和物的基准配合比为：$m_{ca}:m_{sa}:m_{ga}:m_{wa}=5.41:9.20:18.77:2.92=1:1.70:3.47$；$(W/C)_a=2.92/5.41=0.54$。

3. 检验强度，进行配合比调整，确定试验室配合比

(1)检验强度。混凝土强度试验时采用水灰比分别为$(W/C)_A=0.49$、$(W/C)_B=0.54$和$(W/C)_C=0.59$拌制三组混凝土拌和物。砂、碎石用量不变，用水量亦保持不变，则三组水泥用量分别为A组5.96kg，B组5.41kg，C组4.95kg。除基准配合比一组外，其他两组亦测定坍落度，并观察黏聚性和保水性均合格。

按三组配合比拌制混凝土成型，在标准条件下养护28d后，按规定方法测定其立方体抗压强度值，列于表1-4-22。

不同水灰比的混凝土强度值 表1-4-22

组别	水灰比(W/C)	灰水比(C/W)	28d 立方体抗压强度值$f_{cu,28}$(MPa)
A	0.49	2.04	45.3
B	0.54	1.85	39.5
C	0.59	1.69	34.2

根据表1-4-22的试验结果，绘制混凝土28d立方体抗压强度($f_{cu,28}$)与灰水比(C/W)的关系图，如图1-4-10所示。

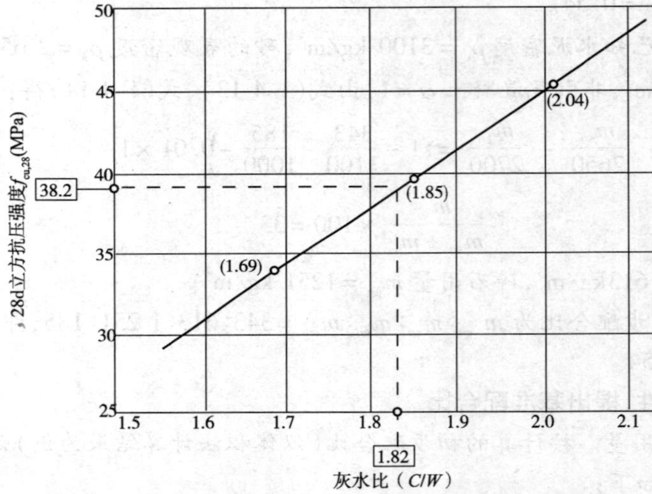

图1-4-10 混凝土28d抗压强度与灰水比关系曲线

由图1-4-10可知，相应混凝土配制强度$f_{cu,o}=38.2$MPa的灰水比$C/W=1.82$，即水灰比为0.55。

(2)进行配合比调整，确定试验室配合比。

①根据强度检验结果修正配合比。每立方米混凝土的材料用量为：

a. 用水量$m_{wb}=185(1+0.05)=194$ kg；

b. 水泥用量$m_{cb}=194/0.55=353$ kg；

c. 砂、石用量按体积法计算。

$$\frac{m_{sb}}{2\,650}+\frac{m_{gb}}{2\,700}=1-\frac{343}{3\,100}-\frac{194}{1\,000}-0.01\times 1$$

$$\frac{m_{sb}}{m_{sb}+m_{gb}}\times 100=33$$

解得：砂用量$m_{sb}=603$ kg/m³，碎石用量$m_{gb}=1230$kg/m³。

修正后的配合比为$m_{cb}:m_{sb}:m_{gb}:m_{wb}=353:603:1230:194$；或

$$m_{cb}:m_{sb}:m_{gb}=1:1.70:3.48;W/C=0.55。$$

②根据湿表观密度修正配合比。

a.计算混凝土的表观密度。

$$\rho_{c,c}=353+603+1\ 230+194=2\ 380\ \text{kg/m}^3$$

b.实测湿表观密度$\rho_{c,t}=2\ 450\ \text{kg/m}^3$，计算校正系数。$\delta=2\ 450/2\ 380=1.02$

c.因为混凝土表观密度实测值与计算值之差的绝对值超过计算值的2%，则应将配合比中每项材料用量均乘以校正系数δ。

水泥用量，$m'_{cb}=m_{cb}\delta=353\times1.02=360\ \text{kg/m}^3$；

砂用量，$m'_{sb}=m_{sb}\delta=603\times1.02=615\ \text{kg/m}^3$；

碎石用量，$m'_{gb}=m_{gb}\delta=1230\times1.02=1255\ \text{kg/m}^3$；

用水量，$m'_{wb}=m_{wb}\delta=194\times1.02=198\ \text{kg/m}^3$。

试验室配合比为：$m'_{cb}:m'_{sb}:m'_{gb}:m'_{wb}=360:615:1255:198$或$1:1.70:3.48;W/C=0.55$。

4.换算施工配合比（现场含水率$w_s=5.0\%$）

根据施工现场实测，砂、石含水率分别为5.0%和1.0%，则施工配合比的各种材料单位用量如下：

水泥用量，$m_c=360\ \text{kg/m}^3$；

砂用量，$m_s=615(1+5\%)=646\ \text{kg/m}^3$；

碎石用量，$m_g=1255(1+1\%)=1268\ \text{kg/m}^3$；

水用量，$m_w=198-(615\times5\%+1255\times1\%)=154\ \text{kg/m}^3$。

施工配合比为：$m_c:m_s:m_g:m_w=1:1.79:3.52:0.43$。

3.掺外加剂的普通混凝土配合比设计

1）确定试配强度和水灰比

与前述普通水泥混凝土配合比设计方法相同，按式（1-4-5）确定混凝土试配强度$f_{cu,o}$，然后按式（1-4-7）计算水灰比。

2）计算掺外加剂混凝土的单位用水量

根据集料的品种和规格，外掺剂的类型和掺量以及施工和易性的要求，按式（1-4-12）确定每立方米混凝土的用水量。

$$m_{w,ad}=m_w(1-\beta_{ad}) \tag{1-4-20}$$

式中：m_w——每立方米基准混凝土（未掺外加剂的混凝土）中的用水量（kg）；

β_{ad}——外加剂的减水率，无减水作用的外加剂$\beta=0$；

$m_{w,ad}$——每立方米外加剂混凝土的用水量。

3）计算外加剂混凝土的单位水泥用量

$$m_{c,ad}=C/W\ \times m_{w,ad} \tag{1-4-21}$$

4）计算单位粗、细集料用量

根据表1-4-20选定砂率（β_s），然后用质量法或体积法确定粗、细集料用量。

5）试拌调整

根据计算所得各种材料用量进行混凝土试拌，如不满足要求则应对材料用量进行调整，重新计算和试拌，达到设计要求为止。

水泥混凝土配合比设计例题二

（掺外加剂的普通混凝土配合比设计）

按普通水泥混凝土设计例题一资料，掺加高效减水剂 UNF—5，掺加量 0.5%，减水率$\beta_{ad}=10\%$，试求该混凝土配合比。

[解]

(1)确定试配强度和水灰比。

由例题一计算得：

试配强度：$f_{cu,o}=38.2\text{MPa}$

水灰比：$W/C=0.54$

(2)计算掺外加剂混凝土的单位用水量。

$$m_{w,ad}=185(1-0.10)=167\text{kg}$$

(3)计算掺外加剂水泥混凝土的单位水泥用量。

$$m_{c,ad}=167/0.54=309\text{kg}$$

(4)计算掺外加剂混凝土的单位粗细集料用量。

砂率 $\beta_s=33\%$，按质量法计算得：

砂用量 $m_{s,ad}=634\text{kg}$；

碎石用量 $m_{g,ad}=1290\text{kg}$。

(5)计算外加剂用量。

$$m_{ad}=309\times0.5\%=1.55\text{kg}$$

(6)掺外加剂混凝土的配合比。

$$m_{c,ad}:m_{s,ad}:m_{g,ad}:m_{w,ad}=309:634:1290:167$$

即 $m_{c,ad}:m_{s,ad}:m_{g,ad}=1:2.05:4.17$；$W/C=m_{w,ad}/m_{c,ad}=167/309=0.54$

(7)校核调整。

校核调整方法同前。

水泥混凝土配合比设计实操训练

[题目] 试设计某桥钢筋混凝土实心板梁用混凝土的配合比。

[设计要求]

1. 计算初步配合比；

2. 根据初步配合比，通过试验室进行试拌调整，提出满足工作性要求的基准配合比。

完成《道路建筑材料试验检测报告》中报告表 1-4-1 和配合比表 1-4-1。

1.4.6 混凝土试验与检测

实训项目一 水泥混凝土拌和物坍落度试验

一、水泥混凝土拌和物的拌和方法(JTG E30—2005 T 0521)

1. 试验目的与适用范围

拌制混凝土拌和物，用来测定其工作性及强度试件的制备。

本方法适用于在常温环境中室内水泥混凝土拌和物的拌和。

2. 仪器设备、材料

(1)搅拌机,自由式或强制式。

(2)标准振动台。

(3)磅秤,感量满足称量总量1%的磅秤。

(4)天平,感量满足称量总量0.5%的天平。

(5)铁板、铁铲、量筒、方盘、抹布等。

(6)材料应放在20℃ ±5℃室内,不要风吹日晒。

3. 试验操作方法

序号	项目	内容及要求
		一、试 样 准 备
1	拌和室温度	20℃ ±5℃
2	拌和物总量	比所需量多20%以上
3	称料	称量精度:集料为±1%,水、水泥、掺和料和外加剂为±0.5%。 粗集料、细集料均以干燥状态为准,计算用水量应扣除粗、细集料的含水量
4	外加剂的加入	对不溶于水或难溶于水且不含潮解型盐类,先和水泥拌和。 对不溶于水或难溶于水但含潮解型盐类,先和细集料拌和。 对水溶性或液体,先加水拌和
5	润湿	拌制混凝土所用各种月具,如铁板、铁铲、抹刀应预先用水润湿,使用完后必须清洗干净
6	搅拌机拌和	拌和量宜为搅拌机公称容量的1/4~3/4
		二、试 验 步 骤
		搅拌机搅拌
1	涮膛	使用搅拌机前,用少量砂浆涮膛,涮膛砂浆的水灰比及砂灰比与正式的混凝土配合比相同
2	加料拌和	往搅拌机内顺序加入粗、细集料,水泥,开机拌和均匀,在拌和过程中徐徐加水,加料时间不宜超过2min。水加入后继续拌和2min。 将拌和物倒在铁板上,再人工翻拌1~2min
		人 工 拌 和
1	润湿	用湿布润湿铁板和铁铲
2	拌和	砂倒在铁板上加入水泥拌匀,加入粗集料,再拌匀。将拌和物堆成长堆,中心扒成长槽,加水约一半拌匀,再将材料堆成长堆,扒成长槽,加剩余的水,继续拌和,来回翻拌至少6遍

4. 注意事项

(1)采用搅拌机搅拌时要注意加料顺序。

(2)采用人工拌和时要注意加料顺序,拌和过程中不得让水分流失。要控制好拌和时间。拌和后,要使拌和物均匀一致。

(3)从试样制备完毕到开始做各项性能试验不宜超过5min(不包括成型试件)。

二、水泥混凝土拌和物坍落度试验(坍落度仪法)(JTG E30—2005 T 0522)

1. 试验目的、适用范围

坍落度是表示混凝土拌和物稠度的一种指标。测定坍落度的目的是判定混凝土的稠度是否满足设计要求，作为配合比调整的依据。

本试验适用于坍落度大于10mm，集料公称最大粒径不大于31.5mm的水泥混凝土的坍落度测定。

2. 试验仪具与材料

(1)坍落度筒，见图1-4-11。

(2)捣棒，见图1-4-11。

(3)小铲、木尺、小钢尺、镘刀和钢平板等。

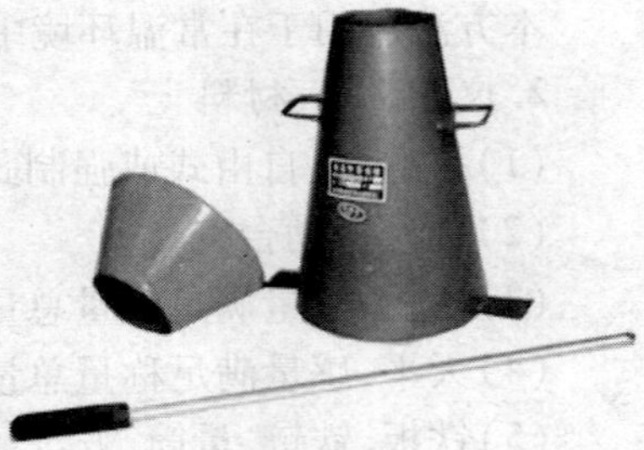

图1-4-11　坍落度筒和捣棒

3. 试验操作方法

序号	项目	内容及要求
1	润湿	将坍落度筒内外洗净，放在润湿的平板上，踩紧脚踏板
2	装料、插捣、抹平	分三层装料，每层大于筒高的1/3，用捣棒每层插捣25次，沿螺旋线由边缘至中心插捣。插捣底层时插至底部，插捣其他两层时，应插入下层20～30mm。抹平。垂直地提起坍落度筒，将其放在试样一旁
3	测定坍落度	用尺子量出筒口至试样顶面最高点的垂直距离，即为坍落度(mm)，精确至1mm，结果修约至最接近的5mm
4	(1)棍度	按插捣时难易程度评定。 "上"：插捣容易； "中"：插捣时稍有石子阻滞； "下"：很难插捣
	(2)含砂情况	按拌和物外观含砂多少评定。 "多"：用镘刀抹面时，一两次即可使表面平整无蜂窝； "中"：抹五、六次才可使表面平整无蜂窝； "少"：不易抹平，有空隙及石子外露
	(3)黏聚性	观测拌和物各组分相互黏聚情况。 用捣棒在锥体侧面轻打，如锥体渐渐下沉，黏聚性良好； 如锥体突然倒坍，部分崩裂或发生石子离析，黏聚性不好
	(4)保水性	指水分从拌和物中析出情况。 "多量"：提筒后，有较多水分从底部析出； "少量"：提筒后，有少量水分从底部析出； "无"：提筒后，没有水分从底部析出

4. 注意事项

(1)坍落度试验时，先要用湿布擦净坍落度筒，防止吸收试验中的水分。插捣时注意插捣方式和评定棍度。要控制好从装料至提筒的时间，整个过程应在150s内完成。

(2)测试拌和物性质时，应在拌和后5min内进行试验。

(3)若坍落度不能满足设计要求，或黏聚性和保水性不好，应调整配合比，重新拌和测定，直至符合要求为止，提出基准配合比。

①坍落度小于设计要求，应把拌和物收集起来，保持W/C不变，增加水泥浆用量，如一次调整不符合要求，作废，再调，重新称料拌和检验。通常普通水泥混凝土每增减2%～5%水泥浆，坍落度增减10mm。

②坍落度大于设计要求，拌和物作废，保持W/C不变，减少水泥浆用量。重新称料拌和检验。

③黏聚性和保水性不好,调整砂率:砂少,增加砂率,加砂,重新称料拌和检验;黏聚性大,砂多,减少砂率,加石子,重新称料拌和检验。

试验记录及结果整理填入《道路建筑材料试验检测报告》项目表1-4-1和试表1-4-1。

实训项目二　水泥混凝土抗压强度试验

一、水泥混凝土试件制作方法(JTG E30—2005 T 0551)

1. 试验目的、适用范围

工作性合格的混凝土混合料,为测定其强度,必须制备标准试件。

本试验规定了在常温环境中室内试验时水泥混凝土试件制作方法。本方法适用于各类水泥混凝土试件。

2. 仪器设备

(1)搅拌机。

(2)标准振动台。

(3)试模。试件尺寸(试模内部尺寸)规定如表1-4-23。

试件尺寸　　表1-4-23

试件名称	试件标准尺寸(mm)
立方体抗压强度试件	150×150×150
抗弯拉强度试件	150×150×550

(4)捣棒。直径16mm,长约600mm,具有半球形端头的钢质圆棒。

3. 试验操作方法

序号	项目	内容及要求
		一、试样准备
1	拌和试样	参照水泥混凝土拌和物的拌和方法
2	组装试模,涂油	成型前试模内壁涂一薄层矿物油,为了防止漏浆,接缝处涂黄油
3	工作性测定	取拌和物,在5 min内进行坍落度或维勃稠度试验,合格后在15min内开始制件
		二、试验步骤
1	成型	坍落度<25mm时,振捣棒成型。拌和物装模并高出试模,抹刀沿模壁插捣;振捣棒距底板10~20mm,振捣20s至表面出浆,缓慢拔出振捣棒,刮去多余的混凝土,临近初凝时抹平。 坍落度25~70mm时,振动台成型。试模置于振动台上,将拌和物装模并稍有富余,振动至表面出浆为止,振动时间约为维勃秒数的2~3倍,一般不超过90s。振动后抹平,待试件收浆后,再次抹平。 坍落度>70mm时,人工成型。拌和物分两层装模。插捣底层时插至模底;插捣上层时应插入下层20~30mm。插捣时按螺旋方向从边缘到中心均匀地进行。捣棒应垂直压下,不得冲击。捣完一层后,用橡皮锤击打试模10~15下,以填平插捣留下的孔洞。每层插捣次数$100cm^2$不少于12次
2	养护	①脱模前在20℃±5℃,相对湿度>50%的室温下,放1~2昼夜,拆模,编号; ②脱模后在20℃±2℃,相对湿度>95%标准养护室(或在20℃±2℃的不流动的$Ca(OH)_2$饱和溶液中)养护至规定龄期; ③标准养护龄期为28d

4. 注意事项

(1)组装试模时,试模相互接触的两个面要相互垂直,必须紧密装配拧紧螺钉,以防在振动台上成型时试模出现震开的现象。

(2)浇制试件时,应在拌和后15min内装入试模。从开始拌和到测试性质直至浇制试件,整个过程应在20min内完成。

(3)试件抹面与试模边缘的高低差不得超过0.5mm。

二、水泥混凝土立方体抗压强度试验(JTG E30——2005 T 0553)

1. 试验目的、适用范围

本试验规定了测定水泥混凝土极限抗压强度的方法和步骤。本试验可用于确定水泥混凝土的强度等级,作为评定水泥混凝土品质的主要指标。适用于各类水泥混凝土立方体试件的极限抗压强度试验。

2. 仪器设备

(1)压力机或万能试验机。

(2)混凝土抗压强度试件为一组3个同条件制作、养护和同龄期的混凝土试块。

3. 试验操作方法

序号	项目	内容及要求
		一、试验步骤
1	检查试件	取试件,检查其尺寸及形状,相对两面应平行。表面倾斜偏差不得超过0.5mm。量边长,精确至1mm。试件受力截面按其与压力机上下接触面的平均值计算。保持试件原有湿度,试验时擦干试件
2	放试件	以成型时侧面为上下受压面,试件中心应与压力机几何对中。试件放在下加压板中心
3	测定	按规定的加荷速度加荷,直至试件破坏,记下破坏荷载(N)。 强度等级 < C30 的混凝土加荷速度取0.3~0.5MPa/s; 强度等级C30~C60时,加荷速度取0.5~0.8MPa/s; 强度等级 > C60时,加荷速度取0.8~1.0MPa/s
		二、试验结果
1	计算	$f_{cu}=\frac{F}{A}$ 式中:f_{cu}——混凝土立方体抗压强度(MPa),计算结果精确至0.1MPa; F——试件破坏极限荷载(N); A——受压面积(mm^2)
2	试验结果	以三个试件测值的平均值为测定值。三个测值中的最大值或最小值中如有一个与中间值之差超过中间值的15%,则取中间值为测定值;如最大值和最小值与中间值之差均超过中间值的15%,则该组试验结果无效

4. 注意事项

(1)以实测试件尺寸计算承压面积,必须以试件的侧面作为受压面。

(2)试件应连续而均匀地加荷,要严格控制加荷速度。

试验记录及结果整理填入《道路建筑材料试验检测报告》项目表1-4-2和试表1-4-2。

实训项目三　水泥混凝土抗弯拉强度试验

（JTG E30—2005 T 0558）

1. 试验目的、适用范围

本试验规定了测定水泥混凝土抗弯拉强度的方法，以提供设计参数，检查水泥混凝土施工品质，确定抗弯拉弹性模量试验加荷标准。本方法适用于各类水泥混凝土棱柱体试件。

2. 试验设备

（1）压力机或万能试验机。

（2）抗弯拉试验装置。

（3）混凝土抗弯拉强度试件应取同龄期者为一组，每组 3 根同条件制作和养护的试件。

3. 试验操作方法

序号	项目	内容及要求
一、试验步骤		
1	量试件宽度和高度	取试件，用湿毛巾覆盖，在试件中部量出其宽度和高度，精确至 1mm
2	放试件	将试件放在支座上，成型时的侧面朝上，几何对中。试件放在下加压板中心
3	测定	按规定的加荷速度加荷，直至试件破坏，记下破坏荷载（N）。 强度等级 <C30 的混凝土加荷速度为 0.02 ~ 0.05MPa/s； C30≤强度等级 <C60 时，加荷速度为 0.05 ~ 0.08MPa/s； 强度等级≥C60 时，加荷速度为 0.08 ~ 0.10MPa/s
4	记录	记录下最大荷载和试件下边缘断裂的位置
二、试验结果		
1	计算	当断面发生在两个加荷点之间时 $f_f = \frac{FL}{bh^2}$ 式中：f_f——抗弯拉强度（MPa），精确到 0.01MPa； F——极限荷载（N）； L——支座间距离（mm^2）； b——试件宽度（mm）； h——试件高度（mm）
2	试验结果	1. 以三个试件测值的平均值为测定值。三个试件中最大值或最小值中如有一个与中间值之差超过中间值的 15%，则以中间值为抗弯拉强度；如最大值和最小值与中间值之差均超过中间值的 15%，则该组试验结果无效。 2. 三个试件中如有一个断裂面位于加荷点外侧，则按另外两个试件的试验结果计算。如果这两个测值的差值不大于这两个测值中较小值的 15%，则以两个测值的平均值为测试结果，否则结果无效。 3. 如果有两个试件均出现断裂面位于加荷点外侧，则该组试验结果无效

4. 注意事项

（1）必须以试件成型时的侧面作为受弯拉面。

（2）试件应连续而均匀。

试验记录及结果整理填入《道路建筑材料试验检测报告》项目表 1-4-3 和试表 1-4-3。

复习思考题

1. 何谓普通水泥混凝土？它为什么能够在高等级路面和桥梁工程中得到广泛应用？

2. 普通水泥混凝土应具备哪些技术性质？

3. 试述混凝土拌和物工作性的含义、影响因素和改善措施。叙述坍落度试验和维勃稠度试验的测定方法和适用范围。

4. 何谓水泥混凝土的立方体抗压强度？

5. 何谓水泥混凝土的立方体抗压强度标准值？它与强度等级有什么关系？

6. 试述影响水泥混凝土强度的主要因素及提高强度的主要措施。

7. 道路和桥梁用水泥混凝土的耐久性有哪些要求？我国现行规范用什么指标控制水泥混凝土的耐久性？

8. 水泥混凝土用粗、细集料有哪些主要技术要求？

9. 如何确定混凝土中粗集料的最大粒径？

10. 水泥混凝土配合比设计应满足哪些基本要求？水泥混凝土配合比设计应正确处理哪三个参数？混凝土配合比设计分为哪几个步骤？

11. 试述普通混凝土配合比设计的方法和步骤。

12. 水泥混凝土试配强度与什么因素有关？如何确定它？

13. 何谓减水剂？简述减水剂的主要技术经济效果。

学习情境2

砌体工程材料性能检测

情境导入

砌体工程所使用的材料包括块材与砂浆。砂浆通过胶结作用将块材结合形成砌体，以满足正常使用要求及承受结构的各种荷载。可以说，块材与砂浆的质量对砌体质量具有重要的决定意义。

砌体工程施工前，按施工设计文件要求选择符合技术要求的岩石和砌筑砂浆。岩石质量的优劣直接影响砌体工程的性能和使用寿命。我们首先来认识岩石是什么材料，岩石材料的主要技术性质有哪些，砌体工程对岩石材料有哪些技术要求，道路施工时，如何对岩石材料质量进行检测，对照设计文件要求，对试验检验结果进行分析，以判断岩石材料的可用性。

学习目标

【知识目标】

掌握岩石和建筑砂浆的基本概念及基本技术指标；熟悉岩石和砂浆的技术要求；了解岩石在道路工程中的应用。

【能力目标】

1. 学会岩石的密度和岩石的毛体积密度试验检测方法；熟练操作仪器；会对各项试验结果进行整理分析。

2. 学会建筑砂浆试验检测方法；熟练操作仪器；会对各项试验结果进行整理分析。

任务 2.1 岩石质量检测

【教学目标】 学生能够掌握岩石的基本概念和分类，了解岩石的成因及组成。学会岩石质量技术指标的检测方法，能够熟练操作仪器，进行岩石的各项试验和结果整理分析。

【关 键 词】 岩石 岩浆岩 沉积岩 变质岩 密度 毛体积密度

2.1.1 岩石成因及矿物组成

一、何为岩石

岩石是地壳发展到一定阶段，因不同地质作用而形成的、由一种或多种矿物组成的、在成分和结构上具有一定规律的集合体，它是构成地壳及地幔的主要物质。岩石是构成地壳的最基本单位。

二、岩石的分类

岩石按地质成因可分为岩浆岩、沉积岩、变质岩三大类。

三大类岩石在地壳中分布是不均匀的。地壳深处和上地幔的上部主要由火成岩和变质岩组成。从地表向下 16km 范围内火成岩和变质岩的体积占 95%。地壳表面以沉积岩为主，它们约占大陆面积的 75%，洋底几乎全部为沉积物所覆盖。

1. 岩浆岩

岩浆岩是由高温熔融的岩浆在地表或地下冷凝所形成的岩石，也称火成岩，是在地壳发生变动或覆盖在它上面的岩层出现裂缝时，岩浆会在高压下沿着地壳的裂缝上升，侵入地壳上部或喷出地壳，冷却凝固后而形成的岩石。按其生成环境分为侵入岩和喷出岩两类。

1）侵入岩

侵入地壳内部，在高温下缓慢冷却结晶而成的岩浆岩称为侵入岩。

其中，岩浆在地表深处岩浆源附近凝结而成的岩浆岩称深成岩。其特点是结晶完全，晶粒明显可辨，构造致密，表观密度大，抗压强度高，孔隙率和吸水率小，抗冻性、耐久性好。花岗岩是常见的一种深成岩。其组成矿物呈酸性，由于次要矿物成分含量的不同呈灰白色、黄色或浅红等色。表观密度大，为 2 600 ~ 2 800kg/m^3，抗压强度高，可达 120 ~ 250MPa，孔隙率和吸水率小（0.1% ~ 0.7%），抗冻及耐磨性好，耐久性高。由于花岗岩中所含石英在 573℃时会发生晶型转变，所以耐火性差，遇高温时将因不均匀膨胀而崩裂。

深成岩中除花岗岩外还有正长岩、闪长岩、辉长岩可用于建筑石材。

2）喷出岩

岩浆喷出地表在常压下迅速冷却的条件下形成的岩石称为喷出岩。由于冷却较快，大部分结晶不完全呈细小结晶状或玻璃结构。岩浆中所含气体在压力骤减时会在岩石中形成多孔构造。建筑中用到的喷出岩有玄武岩、安山岩等。

岩浆被喷到空中急速冷却形成火山碎屑岩。如火山灰、火山砂、浮石等。前两者可作为混合材料，浮石可作轻混凝土集料。

而火山灰、火山砂经覆盖层压力作用胶结而成火山凝灰岩，各孔轻质，易于加工。可作保温建筑的墙体材料，如磨细后可作为水泥的混合材料。

2. 沉积岩

沉积岩也称水成岩，是在地表条件下由风化作用、生物作用和火山作用的产物经水、空气和冰川等外力的搬运、沉积和成岩固结而形成的岩石。

沉积岩是沉积和再造岩作用而形成的，由暴露于地表的母岩受到大自然的长期风化，经流水、风化或冰川的搬运，在地表或距地表不太深处沉积，并经外力压实而固结形成的岩石。

由于物质是一层一层沉积下来的，所以其构造是层状的。这种层状构造称为沉积岩的层理，每一层都具有一个面，称为层面。层面与层面之间的距离为层的厚度。

与深成火成岩相比，沉积岩的特性是密度小，孔隙率和吸水率大，强度较低，耐久性较差。但它分布广，覆盖的面积约占地表总面积的75%，加工容易，所以工程上应用很广。常见的沉积岩有石灰岩、页岩、砂岩、砾岩、石膏、白垩、硅藻土等，散粒状的有黏土、砂、卵石等。

沉积岩按照生成条件可分为机械沉积岩、化学沉积岩及生物沉积岩三类。

1）机械沉积岩

机械沉积岩是岩石风化破碎以后又经风、雨、河流及冰川等搬运、沉积、重新压实或胶结而成的岩石，主要有砂岩、砾岩、角砾岩和页岩等。

砂岩是由砂粒经胶结而成。由于胶结构和致密程度的不同，性能差别很大；胶结物质有硅质、石灰质、铁质和黏土质。致密的硅质砂岩性能接近于花岗岩，表观密度达2 600kg/m^3；抗压强度可达250MPa。石灰质砂岩性能类似于石灰岩，抗压强度为60～80MPa，加工比较容易；铁质砂岩性能较石灰质砂岩差，可用于一般建筑；黏土质砂岩强度不高，耐水性也差，建筑中一般不用。

砾岩和角砾岩的构成和性能与砂岩相似。

页岩由黏土沉积而成，呈页片状，强度低、耐水性差，不能直接用作建筑材料。页岩可代替黏土烧砖或烧制页岩陶粒。

2）化学沉积岩

化学沉积岩是岩石中的矿物溶于水后，经富集、沉积而成的岩石。如石膏、白云岩、菱镁矿等。

石膏的化学成分为$CaSO_4 \cdot 2H_2O$，是烧制建筑石膏和生产水泥的原料。白云岩的主要成分是白云石$CaCO_3 \cdot MgCO_3$，其性能接近于石灰岩。菱镁矿的化学成分为$MgCO_3$，是生产耐火材料的原料。

3）生物沉积岩

生物沉积岩是海生动植物的遗骸，经分解、分选、沉积而成的岩石。如石灰岩、硅藻土等。

石灰岩的主要成分为方解石（$CaCO_3$），常含有白云石、菱镁矿、石英、蛋白石、含铁矿物和黏土等。颜色通常为灰白色，因含杂质而呈现浅灰、深灰、浅黄、淡红等色。表观密度为2 000～2 600kg/m^3，抗压强度为20～120MPa。大部分石灰岩构造致密，耐水性和抗冻性较好。石灰岩分布广，易于开采加工。

硅藻土是由硅藻的细胞壁沉积而成。富含无定形SiO_2、浅黄色或浅灰色，质软而轻，多孔，易磨成粉末，有极强的吸水性。是热、声和电的不良导体，因此可用作轻质、绝缘、隔音的建筑材料。

3. 变质岩

变质岩由于其所处地质环境的改变经变质作用而形成的岩石。

变质岩是地壳中原有的岩石在地质运动过程中受到高温、高压的作用，在固态下发生矿物成分、结构构造和化学成分变化形成的新岩石。建筑中常用的变质岩有大理岩、蛇纹岩、石英岩、片麻岩、板岩等。

大理岩也称大理石，是由石灰岩、白云岩经变质而成的具有细晶结构的致密岩石。大理岩在我国分布广泛，而以云南大理最富盛名。大理岩表观密度为2 600 ~ 2700kg/m^3，抗压强度较高，达100 ~ 300MPa。大理岩质地密实但硬度不高，易于加工，可用于石雕或磨光成镜面。纯大理岩为白色，如汉白玉，若含有不同杂质呈灰色、黄色、玫瑰色、粉红色、红色、绿色、黑色等多种色彩和花纹，是高级建筑材料和装饰材料。

因大理岩的主要矿物成分是方解石或白云石，是不耐酸的，所以不宜用在室外或有酸腐蚀的场合。

石英岩是由酸质砂岩变质而成，质地均匀致密，硬度大，抗压强度高达250 ~ 400MPa，加工困难，但耐久性强。石英岩板可用作重要建筑的饰面材料或地面、踏步、耐酸衬板等。其碎块可用于道路面层和用作混凝土集料。

片麻岩是由花岗岩等火成岩变质而成。其矿物成分与花岗石相近，具有片状构造。因而，各个方向的物理力学性质不同，在垂直于片理方向抗压强度为120 ~ 200MPa，沿片理方向易于开采加工。吸水性高，抗冻性差。通常加工成毛石或碎石，用于不重要的工程。

三、岩石的组成

构成岩石的主要矿物称为造岩矿物。

岩石是由一种或多种造岩矿物组成，矿物在地壳中受各种不同地质作用，所形成的具有一定化学成分和结构特征的天然化合物或单质。

在天然岩石中，由单一矿物组成的岩石叫单矿岩。如石灰岩主要是由方解石（结晶 $CaCO_3$）组成的单矿岩。

由两种或多种矿物组成的岩石叫多矿岩。如花岗岩是由长石（铝硅酸盐 $KalSi_2O_8$）、石英（结晶 SiO_2 其中无色透明者称为“水晶”）、云母（钾、镁、锂、铝等的铝硅酸盐）等矿物组成的多矿岩。

工程中常用岩石的主要造岩矿物有以下几种：

石英。它是二氧化硅（SiO_2）晶体的总称。非常坚硬，强度高，化学稳定性及耐久性高。但受热（573℃）时 因晶型转变会产生裂缝，甚至松散。

长石。它是长石族矿物的总称，包括正长石、斜长石等，为钾、钠、钙等的铝酸盐晶体。坚硬、强度高、耐久性好。

云母。它是云母族矿物的总称，为片状的含水复杂的硅铝酸盐晶体。易裂成薄片，玻璃光泽，耐久性差。云母的主要种类为白云母和黑云母，后者易风化，为岩石中的有害矿物。

角闪石、辉石、橄榄石。它们为铁、镁、钙等硅酸盐晶体。强度高、韧性好、耐久性好。

方解石。它为碳酸钙晶体（$CaCO_3$）。强度较高，耐久性次于上述矿物，遇酸后分解，微溶于水，易溶于含二氧化碳的水中。

白云石。它为碳酸钙与碳酸镁的复盐晶体（$CaCO_3$ $MgCO_3$）。强度、耐酸腐蚀性及耐久性略高于方解石，遇酸时分解。

黄铁矿。它为二硫化铁（FeS_2）晶体。耐久性差，遇水和氧生成游离硫酸，污染并破坏岩石，且体积膨胀，并产生铁锈。为岩石中的有害矿物。

除此之外，造岩矿物还有石膏、菱镁矿、磁铁矿和赤铁矿等。

2.1.2 岩石的技术性质

一、物理性质

1. 密度(又称真实密度)

密度是岩石在规定条件(105℃ ±5℃烘干至恒重,试验温度20℃)下,单位真实体积(不含孔隙的矿质实体的体积)的质量。

2. 毛体积密度

岩石的毛体积密度是材料在规定条件下,单位毛体积(包括矿质实体、闭口孔隙和开口孔隙)的质量。

岩石的密度与其矿物组成、孔隙率等因素有关。通常情况表观密度大的石材,孔隙率小,抗压强度高,耐久性好,导热性好。

3. 吸水性

岩浆深成岩以及许多变质岩的吸水率都很小,如花岗岩的吸水率通常小于0.5%,而沉积岩由于形成条件、密实程度与胶结情况有所不同,因而孔隙率与孔隙特征的变动很大,导致了石材吸水率的波动也很大。

4. 耐水性

石材的耐水性以软化系数表示,岩石中含有较多的黏土或易溶物质时,软化系数较小,则其耐水性较差。根据软化系数大小,可将石材的耐水性分为高、中、低三个等级。

5. 抗冻性

石材的抗冻性是根据石材在水饱和状态下能经受的冻融循环次数(强度不降低25%,质量损失不超过5%,无贯穿裂缝)来表示的。根据能经受的冻融循环次数,可将石材分为:5、10、15、25、50、100、200等标号。

二、力学性质

1. 抗压强度

石材的抗压强度分为九个强度等级:MU100、MU80、MU60、MU50、MU40、MU30、MU20、MU15和MU10。公路工程上是以三个边长为50mm ±2mm的立方体或直径与高均为50mm ±2mm的圆柱体试件的抗压强度平均值确定划分的;桥梁工程上是以三个边长为70mm ±2mm的立方体试件的抗压强度平均值确定划分的。也可以采用其他边长的试块进行测试,但结果需进行换算。

2. 硬度

石材的硬度取决于组成矿物的硬度和构造。硬度影响石材的易加工性和耐磨性。石材的硬度常用莫氏硬度表示。

3. 耐磨性

耐磨性是指石料在使用条件下抵抗摩擦、边缘剪切以及冲击等复杂作用的性质。石材的耐磨性与其内部组成矿物的硬度、结构、构造特征以及石材的抗压强度和冲击韧性等性质有关。

凡是用于可能遭受磨损作用的场所,例如道路路面等,应采用具有高耐磨性的石材。

2.1.3 岩石的技术要求

一、公路工程石料的技术分级

(1)按公路工程对各种不同组成结构的岩石的不同技术要求,可将自然界的岩石划分为四大类。

Ⅰ. 岩浆岩类。花岗岩、正长岩、辉长岩、辉绿岩、闪长岩、橄榄岩、玄武岩、安山岩、流纹岩等。

Ⅱ. 石灰岩类。石灰岩、白云岩、泥灰岩、凝石岩等。

Ⅲ. 砂岩和片岩类。石英岩、砂岩、片麻岩、花岗片麻岩等。

Ⅳ. 砾石类。

(2)按我国路用石料标准，各类岩石可按其主要的物理—力学性质（饱水状态的抗压强度和磨耗率）划分为四个等级。

1 级——最坚强的岩石。

2 级——坚强的岩石。

3 级——中等强度的岩石。

4 级——较软的岩石。

二、公路工程石料技术标准

路用岩石根据上述分类和分级方法，对各岩类的各级岩石的技术指标要求如表 2-1-1。在公路工程中，可根据工程结构特点、有关技术要求、用途以及当地石料资源，选用合适的石料。

公路工程石料技术标准 表 2-1-1

岩石类别	主要岩石名称	石料等级	技术标准		
			极限抗压强度（饱水状态）(MPa)	磨耗率(%)	
				洛杉矶试验法	狄法尔试验法
Ⅰ. 岩浆岩类	花岗岩、正长岩、辉长岩、辉绿岩、闪长岩、橄榄岩、玄武岩、安山岩、流纹岩等	1	>120	<25	<4
		2	100 ~ 120	25 ~ 30	4 ~ 5
		3	80 ~ 100	30 ~ 45	5 ~ 7
		4	—	45 ~ 60	7 ~ 10
Ⅱ. 石灰岩类	石灰岩、白云岩、泥灰岩、凝石岩等	1	>100	<30	<5
		2	80 ~ 100	30 ~ 35	5 ~ 6
		3	60 ~ 80	35 ~ 50	6 ~ 12
		4	30 ~ 60	50 ~ 60	12 ~ 20
Ⅲ. 砂岩和片岩类	石英岩、砂岩、片麻岩、花岗片麻岩等	1	>100	<30	<5
		2	80 ~ 100	30 ~ 35	5 ~ 7
		3	50 ~ 80	35 ~ 45	7 ~ 10
		4	30 ~ 50	45 ~ 60	10 ~ 15

续上表

岩石类别	主要岩石名称	石料等级	技术标准		
			极限抗压强度（饱水状态）(MPa)	磨耗率(%)	
				洛杉矶试验法	狄法尔试验法
IV.砾石类	—	1	—	<20	<5
		2	—	20～30	5～7
		3	—	30～50	7～12
		4	—	50～60	12～20
试验方法			JTJ 054 T 0212—94	JTJ 054 T 0220—94	JTJ 054 T 0221—2005

2.1.4 岩石的工程应用

岩石是最古老的建筑材料之一。由于岩石具有很高的抗压强度，良好的耐磨性和耐久性，经加工后表面美观富于装饰性，资源分布广，蕴藏量丰富，便于就地取材，所以至今仍然得到广泛的应用。

岩石可用作混凝土、砂浆等人造石材的集料，或用作生产其他建筑材料的原料。如生产石灰、建筑石膏、水泥等。

道路路面建筑用石料制品，包括直接铺砌各种路面用的锥形块石、方块石、条石、片石等。

(1)方块石或条石主要用于铺砌道路路面面层，如锥形块石、片石用于路面基层。

(2)铺砌拳石主要用于道路路面铺砌以及桥涵及其他加固工程的铺砌。

(3)高级铺砌用条石可用于铺砌高级道路的路面面层，特别是重型交通、履带车等交通的道路。

(4)高级铺砌用方块石用于铺砌高级路面。此外，交叉口、桥头和广场等地点也常用方块石铺砌。

目前常用的有：用锥形块石砌筑边沟，用条石砌筑排水沟，用方块石砌筑挡墙，用条石砌筑路缘石。

2.1.5 岩石试验与检测

实训项目一 岩石密度试验

一、目的与适用范围

(1)通过岩石的密度测定，可以了解岩石密度的含义，并为计算岩石的孔隙率提供必要的数据；用来选择建筑材料，研究岩石风化，评价地基基础工程岩体稳定性及确定围岩压力等必需的计算指标；熟悉测定密度的仪器设备，掌握测定密度的方法。

(2)本试验使用洁净水做试液时适用于不含水溶性矿物成分的岩石密度的测定，使用中性液体如煤油作试液时适用于含水溶性矿物成分的岩石密度的测定。

二、主要试验仪具

(1)密度瓶，短颈量瓶，容积100mL

(2)天平，感量0.001g。

(3)轧石机、球磨机、瓷研钵和孔径为0.315mm的筛子。

(4)砂浴、恒温水槽(灵敏度±1℃)及真空抽气设备。

(5)烘箱,能控温在105~110℃。

(6)干燥器,内装氯化钙或硅胶等干燥剂。

三、试验操作方法

序号	项目	内容及要求
		一、试验准备
1	初碎	用轧石机把岩石试样初步轧碎或手工用钢锤捣碎
2	磨细	试样初碎后用球磨机磨碎
3	研细	磨后的试样用研钵研
4	过筛	试样粉碎后过0.315mm的筛
5	烘干	岩粉于105~110℃的烘箱中烘干
6	冷却	于干燥器中冷却
7	准备仪器	将密度瓶洗净,烘干
		二、试验步骤
1	称样	称量两份15g岩粉,分别装入密度瓶中
2	注水	向密度瓶中注水至瓶的一半处,摇动瓶
3	排气	当使用洁净水作试液时,可用沸煮法或真空排气法排除气体;当使用煤油作试液时,应采用真空排气法排除气体
4	称瓶+水+试样质量	注满水,恒温,称瓶+水+试样质量
5	称瓶+水质量	倒出悬液,装入同体积的经排气的水,恒温后称瓶+水质量
		三、结果整理
1	计算岩石的密度	$\rho_t = m_1/(m_1 + m_2 - m_3) \times \rho_{wt}$ 式中:ρ_t——岩石的密度(g/cm^3); m_1——岩粉的质量(g); m_2——瓶与试液的合质量(g); m_3——瓶、试液与岩粉的总质量(g); ρ_{wt}——与试验同温度试液的密度(g/cm^3)
2	计算试液的密度	洁净水的密度查有关表可得。 煤油的密度按下式计算: $\rho_{wt} = (m_5 - m_4)/(m_6 - m_4)\rho_w$ 式中:m_4——密度瓶的质量(g); m_5——瓶加煤油的质量(g); m_6——瓶与水的质量(g); ρ_w——经排气的洁净水的密度(g/cm^3)
精密度和允许差		试验结果精确至$0.01g/cm^3$。当两次平行试验结果之差不大于$0.02g/cm^3$时,取两次试验结果的算术平均值作为测定值,否则,重新试验

四、注意事项

(1)试样的恒温条件应与测试条件相一致,以减少测试环境温度的变化对测试值的影响。

(2)试验室温度控制在20℃ ±2℃范围,以免影响试验结果。

(3)用水作试液时,应使用蒸馏水或不含杂质的纯净水。

(4)当采用煮沸法排气时,防止液体溅出。

(5)两次称重之前应擦干瓶外表面。

(6)用牛骨匙通过漏斗装入岩粉时,勿使岩粉损失,每次加入少量岩粉,避免漏斗颈堵塞。

(7)装入岩粉后,应当充分排除密度瓶中的气泡。

五、试验记录

试验记录及结果整理填入《道路建筑材料试验检测报告》项目表 2-1-1 和试表 2-1-1。

实训项目二　岩石毛体积密度试验(水中称量法)

一、目的与适用范围

(1)通过测定岩石毛体积密度(块体密度),可以间接反映岩石致密程度、孔隙发育程度,也可以作为评价工程岩体稳定性及确定围岩压力等必需的计算指标;熟悉测定岩石在干燥状态下毛体积密度的仪器设备,掌握测定方法。

(2)根据岩石含水状态,毛体积密度可以分为干密度、饱和密度和天然密度。

(3)本试验分为三种方法:量积法、水中称量法和蜡封法。

(4)量积法适用于能制成规则试件的各类岩石;水中称量法适用于除遇水崩解、溶解和干缩湿胀外的其他各类岩石;蜡封法适用于不能用量积法或水中称量法试验的岩石。

二、主要仪器设备

(1)切石机、钻石机、磨石机。

(2)天平,感量 0.01g,称量大于 500g。

(3)烘箱,能控温在 105 ~110℃。

(4)石蜡及熔蜡设备。

(5)水中称量装置,如图 2-1-1 所示。

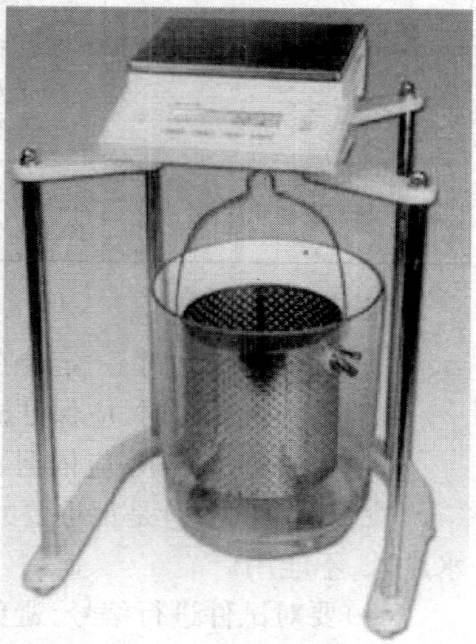

图 2-1-1　水中称量装置

三、试验操作方法(水中称量法检测岩石的干密度)

序号	项　目	内容及要求
		一、试 样 准 备
1	试件制备	任何形状,但每个试件的质量不小于 150g
2	试件数量	每组试件不少于三个
		二、试 验 步 骤
1	测干密度和空气中的质量	试件烘 12 ~24h,于干燥器中冷却,称其干质量

续上表

序号	项　目	内容及要求
2	饱水	试件饱水可选用煮沸法或真空抽气法。 煮沸法：首先试件在水槽中浸水1/2处，2h后加水没过试件，煮沸6h，冷却后取出。 真空抽气法：试件放在真空干燥器中，加水至试件顶面20mm，抽气达100kPa，直至无气泡（一般不少于4h），然后在大气压力下静置4h后取出
3	测量水中质量	用网篮法测试件的水中质量
4	测其饱和面干质量	用拧干的湿抹布擦干表面，称其空气中的质量
5	量测精度	以上三种方法中，称量均精确至0.01g，量测精确至0.01mm
三、结果整理		
1	计算岩石毛体积密度	$\rho_d = m_d/(m_s - m_w) \times \rho_w$ 式中：ρ_d——岩石的干密度（g/cm³）； m_d——岩石的烘干质量（g）； m_s——试件强制饱和后空气中的质量（g）； m_w——试件强制饱和后水中的质量（g）； ρ_w——洁净水的密度（g/cm³）
2	计算孔隙率	$n = (1 - \rho_d/\rho_t) \times 100$ 式中：n——岩石总孔隙率（%）； ρ_t——岩石的密度（g/cm³） （试验结果精确至0.1%）
精密度和允许差		试验结果精确至0.01g/cm³，三个试件平行试验。组织均匀的岩石，结果取平均值；组织不均匀的，列出每个试验结果

四、注意事项

(1)测天然密度时，一定要在岩样开封后立即加工试件并称其质量，以保持天然湿度。

(2)采用量积法时，应保证试样制备具有足够的精度。

(3)水中称量法中，应依据岩石性质选用煮沸法或真空抽气法。

检查蜡封的质量是很重要的，若蜡封前后质量相差超过0.05g，说明蜡封不好，试样内有水进入，不能用。

(4)要对试件进行编号，避免试验中出现数据混淆。

(5)称量试件水中质量时，应使试件处于水的中间部位。

(6)擦拭浸水试件表面的水分时，不得使用干纱布。

五、试验记录

试验记录及结果整理填入《道路建筑材料试验检测报告》项目表2-1-2和试表2-1-2。

复习思考题

1. 试述岩石密度试验的目的、主要的试验仪具。
2. 恒温温度如何确定？试验过程中需要恒温几次？每次恒温多长时间？
3. 什么液体可作为试液？适用范围如何？分别可以采用什么方法排气？
4. 岩石的密度计算公式是什么？如何进行岩石密度的试验结果处理？
5. 用什么方法测定石料的密度？为使测定结果准确，测定时必须注意哪些事项？

6. 简述岩石密度的试验步骤，试验时应注意哪些事项？

7. 试述岩石毛体积密度试验的目的、主要的试验仪具。共有哪几种测量方法？

任务 2.2　建筑砂浆质量检测

【教学目标】 知道砂浆的基本概念，砂浆的组成和技术标准，熟悉砂浆的技术要求，掌握砌筑砂浆的配合比计算方法，学会砂浆沉入度、分层度和强度的试验检测方法，能够熟练操作仪器，进行上述各项试验和结果整理分析。

【关 键 词】 砂浆　沉入度　分层度　强度

2.2.1　建筑砂浆的定义及组成

一、何谓建筑砂浆

由无机胶结料、细集料、掺加料和水配制而成的建筑工程材料。常用的无机胶结料为水泥、石灰等，细集料则多采用天然砂。

二、建筑砂浆的分类及组成

建筑砂浆的组成中没有粗集料，在圬工砌体中起黏结、衬垫和传递压力的作用，按用途的不同将建筑砂浆分为砌筑砂浆和抹面砂浆。

1. 砌筑砂浆

砌筑砂浆是将砖、石或砌块等黏结成为整体的砂浆，它又分为水泥砂浆和水泥混合砂浆。水泥砂浆是由水泥、细集料和水配制而成的砂浆；水泥混合砂浆是由水泥、细集料、掺和料和水配制成的砂浆。

2. 抹面砂浆

涂抹于建筑物或建筑构件表面的砂浆称为抹面砂浆。由于抹面砂浆常用于桥涵圬工砌体和地下物的表面，一般对抹面砂浆的强度要求不高，但要求保水性好，与基底的黏附性好。

按使用要求不同，抹面砂浆又分为普通抹面砂浆和防水抹面砂浆等。普通抹面砂浆可对砌体起保护作用，通常分两层或三层施工，要求砂浆具有较高的流动性和保水性。其组成可参考有关施工手册。

2.2.2　建筑砂浆的技术性质

一、新拌砂浆的和易性

1. 流动性

流动性指新拌砂浆在自重或外力作用下，易于产生流动的性质，用稠度表示。流动性的大小取决于用水量、胶结材料的种类和用量，细集料的种类、颗粒形状及粗糙程度和级配等。

稠度是将新拌砂浆装入砂浆筒中，置于稠度仪上，圆锥体锥尖由试样表面下沉，经 10s 的沉入深度（以 cm 计）即为稠度。

2. 保水性

保水性指新拌砂浆在运输和施工过程中保持水分不流失和各组分不分离的能力，用分层度表示。影响保水性的主要因素是用水量、胶结材料的种类和用量，砂的品种、细度和用量等。保水性差的砂浆易引起泌水、流浆，影响砂浆和砌筑材料的黏结和砂浆的硬化，降低砌体的强度。掺石灰膏和黏土浆的混合砂浆具有较好的保水性。砂浆的黏结强度较抗压强度更为重要，凡保水性优良的砂浆，黏结强度一般较好。

砂浆的保水性用分层度测定。用配制好的砂浆在稠度测定仪上测得其沉入度，经30min后，去掉上面20cm厚的砂浆，剩余部分砂浆重新拌和后，再测定其沉入度，前后两次沉入度之差（以cm计）就是砂浆分层度。分层度大，表示砂浆的保水性不好，泌水离析现象严重。砂浆分层度仪主要用于测定砂浆在运转及停放时的保水能力即稠度的稳定性。

二、硬化后砂浆的强度

砂浆抗压强度等级是以70.7mm×70.7mm×70.7mm的正立方体试件，在标准条件（温度20℃±3℃，相对湿度水泥混合砂浆60%~80%，水泥砂浆90%以上）下，养护28d龄期的平均极限抗压强度而确定的。按《砌筑砂浆配合比设计规程》（JGJ 98—2000）规定，砌筑砂浆分为M2.5、M5、M7.5、M10、M15、M20等6个强度等级。

1. 黏结力

通常砂浆强度越高则黏结力越大。此外，砖石表面状态、清洁程度、湿润情况及施工养护条件也对黏结力有一定的影响。

2. 耐久性

圬工砂浆经常受环境水的作用，应具有抗渗、抗冻、抗侵蚀等性能。提高砂浆的耐久性，主要是提高其密实度。

2.2.3 建筑砂浆的技术要求

《砌筑砂浆配合比设计规程》（JGJ 98—2000）规定：

（1）砌筑砂浆的强度等级宜采用M2.5、M5、M7.5、M10、M15、M20。

（2）水泥砂浆拌和物的密度不宜小于1 900kg/m^3；水泥混合砂浆拌和物的密度不宜小于1 800kg/m^3。

（3）砌筑砂浆的稠度应按表2-2-1的规定选用。

砌筑砂浆的稠度（JGJ 98—2000） 表2-2-1

砌体种类	砂浆稠度（mm）
烧结普通砖砌体	70~90
轻集料混凝土小型空心砌块砌体	60~90
烧结多孔砖，空心砖砌体	60~80
烧结普通砖平拱式过梁，空斗墙，筒拱，普通混凝土小型空心砌块砌体，加气混凝土砌块砌体	50~70
石砌体	30~50

（4）砌筑水泥砂浆的分层度不得大于30mm。水泥混合砂浆分层度不应大于20mm。

（5）水泥砂浆中水泥用量不应小于200kg/m^3，水泥混合砂浆中水泥和掺加料总量宜为300~350kg/m^3。

（6）具有冻融循环次数要求的砌筑砂浆，经冻融试验后，质量损失率不得大于5%，抗压强度损失率不得大于25%。

（7）砌筑砂浆应通过试配确定配合比。当砌筑砂浆的组成材料有变更时，其配合比应重新确定。

(8)砂浆试配时应采用机械搅拌。搅拌时间应自投料结束算起,并应符合下列规定:对水泥砂浆和水泥混合砂浆,不得小于120s;对掺用粉煤灰和外加剂的砂浆,不得小于180s。

(9)砂浆应随拌随用,水泥砂浆搅拌后3h内用完,当施工期间最高气温超过30℃时,应在2h内用完。

2.2.4 建筑砂浆的工程应用

在道路和桥隧工程中,砂浆主要用于砌筑排水沟、挡墙、路缘石、桥涵或隧道等圬工砌体及砌体表面的抹面。

防水砂浆主要用于隧道和地下工程,可用普通水泥砂浆制作,也可在水泥砂浆中掺入防水剂。常用的防水剂有氯化物金属盐类防水剂、水玻璃防水剂和金属皂类防水剂等。近年来还掺加高聚物涂料,使之尽快形成密实的刚性砂浆防水层。

2.2.5 建筑砂浆的组成设计

一、砂浆组成材料的技术要求

砌筑砂浆的组成材料基本上与混凝土的组成材料要求相同,但亦有其差异之处。

1. 水泥

砌筑砂浆用水泥的强度等级应根据设计要求进行选择。水泥砂浆采用的水泥,其强度等级不宜大于32.5级;水泥混合砂浆采用的水泥,其强度等级不宜大于42.5级。

2. 掺加料

为改善砂浆和易性而加入的无机材料,例如:石灰膏、黏土膏、粉煤灰、电石膏等。粉煤灰的品质指标和磨细生石灰的品质指标应符合《用于水泥和混凝土中的粉煤灰》(GB 1596—1991)及《建筑生石灰粉》(JC/T 480—92)的要求。

3. 砂

砌筑砂浆用砂宜选用中砂,其中毛石砌体宜选用粗砂。砂的含泥量不应超过5%。强度等级为M2.5的水泥混合砂浆,砂的含泥量不应超过10%。

4. 水

拌制砂浆用水与混凝土用水相同,应符合《混凝土拌和用水标准》(JGJ 63—89)的规定。

5. 外加剂

在拌制砂浆过程中掺入,用以改变砂浆性能的物质。

二、砌筑砂浆的配合比计算

1. 水泥混合砂浆配合比计算

1)计算砂浆试配强度$f_{m,o}$

$$f_{m,c}=f_2+0.645\sigma \tag{2-2-1}$$

式中:$f_{m,o}$——砂浆的试配强度,精确至0.1MPa;

f_2——砂浆抗压强度平均值,精确至0.1MPa;

σ——砂浆现场强度标准差,精确至0.1MPa。

砌筑砂浆现场强度标准差的确定方法:

(1)当有统计资料时,按式(2-2-2)计算。

$$\sigma = \sqrt{\frac{\sum_{i=1}^{n} f_{m,i}^{2} - n\mu_{fm}^{2}}{n-1}} \tag{2-2-2}$$

式中：$f_{m,i}$——统计周期内同一品种砂浆第 i 组试件的强度（MPa）；

μ_{fm}——统计周期内同一品种砂浆 n 组试件强度的平均值（MPa）；

n——统计周期内同一品种砂浆试件的总组数，$n \geq 25$。

（2）当不具有近期统计资料时，砂浆现场强度标准差 σ 可按表 2-2-2 取用。

砂浆强度标准差 σ 选用值（MPa） 表 2-2-2

施工水平	M2.5	M5	M7.5	M10	M15	M20
优良	0.50	1.00	1.50	2.00	3.00	4.00
一般	0.62	1.25	1.88	2.50	3.75	5.00
较差	0.75	1.50	2.25	3.00	4.50	6.00

2）水泥用量的计算

（1）每立方米砂浆中的水泥用量。

$$Q_c = 1\,000(f_{m,o} - \beta)/\alpha f_{ce} \tag{2-2-3}$$

式中：Q_c——每立方米砂浆的水泥用量，精确至 1kg；

$f_{m,o}$——砂浆的试配强度，精确至 0.1 MPa；

f_{ce}——水泥的实测强度，精确至 0.1 MPa；

α，β——砂浆的特征系数，其中 $\alpha = 3.03$，$\beta = -15.09$。①

注：①各地区也可用本地区试验资料确定 α、β 值，统计用的试验组数不得少于 30 组。

（2）在无法取得水泥的实测强度值时，可按式（2-2-4）计算 f_{ce}。

$$f_{ce} = \gamma_c f_{ce,k} \tag{2-2-4}$$

式中：$f_{ce,k}$——水泥强度等级对应的强度值；

γ_c——水泥强度等级值的富余系数，该值应按实际统计资料确定，无统计资料时 γ_c 可取 1.0。

3）掺加料用量计算

水泥混合砂浆的掺加料用量应按式（2-2-5）计算。

$$Q_D = Q_A - Q_C \tag{2-2-5}$$

式中：Q_D——每立方米砂浆的掺加料用量，精确至 1kg，石灰膏、黏土膏使用时的稠度为 120mm ± 5mm；

Q_C——每立方米砂浆的水泥用量，精确至 1kg；

Q_A——每立方米砂浆中水泥和掺加料的总量，精确至 1kg，宜在 300～350kg 之间。

4）计算砂的用量

每立方米砂浆中的砂子用量，应按干燥状态（含水率小于 0.5%）的堆积密度值作为计算值（kg）。

5）计算用水量

每立方米砂浆中的用水量①，根据砂浆稠度等要求可选用 240～310kg。

注：①混合砂浆中的用水量，不包括石灰膏或黏土膏中的水；当采用细砂或粗砂时，用水量分别取上限或下限；稠度小于 70mm 时，用水量可小于下限；施工现场气候炎热或干燥季节，可酌情增加用水量。

2. 水泥砂浆配合比选用

水泥砂浆材料用量可按表 2-2-3 选用。

每立方米水泥砂浆材料用量(JGJ 98—2000)　　表 2-2-3

强度等级	水泥用量(kg)	砂子用量(kg)	用水量(kg)
M2.5 ~ M5	200 ~ 230	1m^3 砂子的堆积密度值	270 ~ 330
M7.5 ~ M10	220 ~ 280		
M15	280 ~ 340		
M20	340 ~ 400		

注:①本表摘自《砌筑砂浆配合比设计规程》(JGJ 98—2000);

②此表水泥强度等级为 32.5 级,大于 32.5 级水泥用量宜取下限;

③根据施工水平合理选择水泥用量;

④当采用细砂或粗砂时,用水量分别取上限或下限;

⑤稠度小于 70mm 时,用水量可小于下限;

⑥施工现场气候炎热或干燥季节,可酌情增加用水量。

3. 配合比试配、调整与确定

(1)试配时应采用工程中实际使用的材料,按要求拌和。按计算或查表所得配合比进行试拌时,应测定其拌和物的稠度和分层度,当不能满足要求时,应调整材料用量,直到符合要求为止,然后确定为试配时的基准配合比。

(2)试配时至少应采用三个不同的配合比,其中一个为基准配合比,其他配合比的水泥用量应按基准配合比分别增加及减少 10%。在保证稠度、分层度合格的条件下,可将用水量或掺加料用量作相应调整。

(3)对三个不同的配合比进行调整后,应按《建筑砂浆基本性能试验方法》(JGJ 70)的规定成型试件,测定砂浆强度,并选定符合试配强度要求的且水泥用量最低的配合比作为砂浆配合比。

建筑砂浆配合比设计实操训练

完成《道路建筑材料试验检测报告》中配合比表 2-2-1。

2.2.6　建筑砂浆试验与检测

实训项目一　砂浆稠度和分层度试验

一、试验目的与适用范围

本试验适用于确定配合比或施工过程中控制砂浆的稠度,以达到控制用水量的目的。

二、仪器设备

(1)砂浆稠度仪,由试锥、盛浆容器、底座、支架及度盘组成。

(2)钢制捣棒,直径 10mm,长 350mm,端部磨圆。

(3)秒表等。

(4)砂浆分层度仪。

三、试验操作方法

<table>
<tr><th colspan="2">序号</th><th>项　目</th><th>内容及要求</th></tr>
<tr><td colspan="4">一、试 样 准 备</td></tr>
<tr><td colspan="2">1</td><td>砂样</td><td>采用干砂,能通过 4.75mm 筛孔</td></tr>
<tr><td colspan="2">2</td><td>砂浆制备</td><td>按配合比称各种材料,在拌盘上干拌均匀,再将石灰膏或黏土膏倒入凹槽中,加部分水充分拌和,并逐步加水,拌和 5min</td></tr>
<tr><td colspan="4">二、试 验 步 骤</td></tr>
<tr><td rowspan="4">稠度测定</td><td>1</td><td>擦试模</td><td>盛浆容器和试锥表面用湿布擦净,用润滑油擦滑杆,使滑杆能自由滑动</td></tr>
<tr><td>2</td><td>装料</td><td>砂浆装入容器,砂浆表面低于容器口约 10mm,捣棒自中心向边缘插捣 25 次,轻轻将容器摇动或敲击 5 ~ 6 下,使表面平整,置容器于稠度仪的底座上</td></tr>
<tr><td>3</td><td>指针对零</td><td>向下移动滑杆,当试锥尖端与砂浆表面刚接触时,拧紧制动螺钉,使齿条测杆下端刚接触滑杆上端,将指针对准零点</td></tr>
<tr><td>4</td><td>测定,读数</td><td>拧开制动螺钉,计时,待 10s 立即固定螺钉,将齿条测杆下端接触滑杆上端,从度盘上读出下沉深度(精确至 1mm)即为稠度值</td></tr>
<tr><td rowspan="4">分层度测定</td><td>1</td><td>装料</td><td>将测完沉入度的砂浆,按规定方法装入分层度仪</td></tr>
<tr><td>2</td><td>静置</td><td>30min</td></tr>
<tr><td>3</td><td>测定</td><td>去掉上面 2/3 的砂浆,剩下 1/3 砂浆重新拌和后再测其沉入度</td></tr>
<tr><td>4</td><td>计算</td><td>前后两次沉入度差值即为分层度</td></tr>
<tr><td colspan="4">三、结 果 整 理</td></tr>
<tr><td colspan="3">精密度和允许差</td><td>(1)取两次试验结果的算术平均值,计算值精确至 1mm;
(2)两次试验值之差如大于 20mm,则应另取砂浆搅拌后重新测定</td></tr>
</table>

四、注意事项

圆锥形容器内的砂浆,只允许测定一次稠度,重复测定时,应重新取样测定之。

五、试验记录

试验记录及结果整理填入《道路建筑材料试验检测报告》项目表 2-2-1 和试表 2-2-1。

实训项目二　砂浆抗压强度试验

一、试验目的与适用范围

本试验测定砂浆立方体的抗压强度,作为评定砂浆质量的一项依据。

二、仪器设备

(1)试模,70.7mm × 70.7mm × 70.7mm 的立方体。

(2)捣棒,直径 10mm,长 350mm 的钢棒。

(3)压力试验机。

(4)垫板。试验机上、下压板及试件之间可垫以钢垫板,尺寸应大于试件的承压面。

三、试验操作方法

序号		项　目	内容及要求
一、试样制备及养护			
1		试模涂油	试模放在普通黏土砖上(砖上铺上吸水性较好的纸),试模内壁涂机油
2		装模	向试模内一次注满砂浆,捣棒均匀由外向里按螺旋方向插捣25次,用油灰刀沿模壁插数次,使砂浆高出试模顶面6~8mm
3		抹平	当砂浆表面出现麻斑时(约15~30min),将高出的砂浆沿试模顶面削去抹平
4		拆模前养护	在20℃±5℃下放置24h±2h,当气温较低时,可适当延长时间,但不应超过两昼夜。编号、拆模
5		拆模后养护	在标准养护条件(水泥混合砂浆:温度20℃±3℃,相对湿度60%~80%;水泥砂浆:温度20℃±3℃,相对湿度90%以上)下养护至28d,试压
二、试验步骤			
强度测定	1	擦试件	将试件擦拭干净,测量尺寸,检查外观
强度测定	2	测定,读数	将试件放在试验机的下压板上,侧面受压,按规定的加荷速度均匀地加荷,至试件破坏,记录荷载
三、结果整理			
计算			$f_{m,cu}=\frac{N_u}{A}$ 式中:$f_{m,cu}$——砂浆立方体抗压强度(MPa); N_u——破坏荷载(N); A——试件承压面积(mm^2)
砂浆立方体抗压强度			以六个试件的平均值作为该组试件的抗压强度,精确至0.1MPa

四、注意事项

(1)放于砖上的湿纸,应为湿的新闻纸(或其他未黏过胶凝材料的纸),纸的大小要以能盖过砖的四边为准,砖的使用面要求平整,凡砖四个垂直面黏过水泥或其他胶结材料后,不允许再使用。

(2)养护期间,试件彼此间隔不少于10mm。

五、试验记录

试验记录及结果整理填入《道路建筑材料试验检测报告》项目表2-2-2和试表2-2-2。

复习思考题

1. 砂浆的和易性包括哪些方面的内容?

2. 如何确定砂浆的抗压强度等级?

学习情境3

半刚性基层材料性能检测

情境导入

1984年我国初步提出了适合于高速公路路面建设的成套技术。它包括:重型压实标准,基层用水泥稳定粒料和石灰粉煤灰稳定粒料,底基层用水泥、石灰、水泥和石灰或石灰粉煤灰稳定就地土,基层施工管理和检验内容及其标准值,有关的试验仪器和试验方法,试验结果的统计评定方法,以及半刚性路面设计方法和相应的计算参数。同时,利用这些研究成果,设计了我国第一条经国务院批准的跨省市高速公路——京津塘高速公路。此高速公路的路面设计成为随后高速公路路面设计的范例。

半刚性路面基层在铺筑前,按施工图设计文件要求选择符合技术要求的无机结合料和集料。组成材料质量的优劣直接影响路面基层的技术性能和使用寿命。我们首先来认识石灰是什么材料,石灰材料的主要技术性质有哪些。

学习目标

【知识目标】

掌握半刚性基层材料的基本概念,认识半刚性基层材料的基本技术指标,熟悉石灰的技术要求,了解石灰在道路工程中的应用。

【能力目标】

学会半刚性基层材料试验检测方法,能够熟练操作仪器,进行上述材料各项试验和结果整理分析。

任务 3.1　石灰质量检测

【教学目标】 认识石灰的基本技术指标，熟悉石灰的技术要求，学会石灰有效氧化钙和氧化镁含量试验检测方法，能够熟练操作仪器，进行上述各项试验和结果整理分析。

【关 键 词】 石灰　消化　硬化　有效氧化钙

3.1.1　石灰的生产及组成

一、何谓石灰

石灰是一种气硬性无机胶凝材料，生石灰是由以碳酸钙为主要成分的岩石（如石灰石）为原料，经过高温煅烧（加热至 900 ~ 1 100℃），分解和排出 CO_2 后得到的块状材料，主要成分为 CaO。化学反应如下：

$$CaCO_3 \xrightarrow{>900℃} CaO + CO_2 \uparrow$$

优质的石灰，色质洁白或略带灰色，质量较轻，其堆积密度为 800 ~ 1 000kg/m^3。

石灰在烧制过程中，往往由于石灰石原料的尺寸过大或窑中温度不匀等原因，会生成“欠火石灰”。欠火石灰的颜色发青，内部含有未烧透的内核，未消化残渣含量高，有效氧化钙和氧化镁含量低，使用时缺乏黏结力。另一种情况是由于煅烧温度过高或时间过长，而生成“过火石灰”。过火石灰呈灰黑色，表面出现裂缝或玻璃状的外壳，体积收缩明显，密度大，消化缓慢。过火石灰用于建筑结构物中仍能继续消化，以致引起体积膨胀，导致产生裂缝等破坏现象，故危害极大。

二、石灰的分类和组成

根据加工方法的不同可将石灰分为：

(1)块状生石灰。由原料煅烧而成的原产品，主要成分为 CaO。

(2)生石灰粉。由块状生石灰磨细而得到的细粉，主要成分为 CaO。

(3)消石灰粉（亦称熟石灰）。将生石灰用适量的水消化而得到的粉末，主要成分为 $Ca(OH)_2$。

(4)石灰浆（亦称石灰膏）。将生石灰加多量的水（约为石灰体积的 3 ~ 4 倍）消化而得到的可塑性浆体，主要成分为 $Ca(OH)_2$ 和水。如果水分加的更多，则呈白色悬浮液，称为石灰乳。

煅烧石灰的岩石常常会含有少量碳酸镁，碳酸镁在 650℃时会分解生成氧化镁和排出 CO_2，因此石灰中含有次要成分氧化镁。石灰按氧化镁含量不同分为钙质石灰和镁质石灰。当氧化镁含量≤5% 时，称为钙质石灰；当氧化镁含量 >5% 时，称为镁质石灰。

三、石灰的特性

1. 石灰的消化

块状生石灰在使用时必须加水使其消解成为粉末状的“消石灰”，这一过程称为“消化”或“熟化”，故“消石灰”亦称“熟石灰”。其化学反应如下：

$$CaO + H_2O \rightarrow Ca(OH)_2 + 64.9kJ/mol$$

消化的目的是使生石灰便于施工操作，具有一定的黏结性，并剔除杂质。

消化过程的特点：一是放热反应，二是体积膨胀，体积增大1～2.5倍。石灰消解的理论加水量仅为石灰质量的32%，但由于消化是一个放热反应，实际加水量需达70%以上。

在石灰消化时，应严格控制加水速度和加水量。对活性大的石灰，消解时加水要快，水量要多，并不断搅拌，避免已消化的石灰颗粒包围于未消化颗粒的周围，使内部石灰不易消化。对活性差的石灰，加水要慢，水量要少，使水温不至于过低，以尽量减少未消化颗粒的含量。为了消除过火石灰的危害，可在石灰消化后"陈伏"半月左右再使用。在陈伏期间，石灰浆表面应有一层水膜，使之与空气隔绝，以防止碳化。

2. 石灰的硬化

石灰的硬化过程包括干燥硬化和碳酸化两部分。

(1)石灰浆的干燥硬化。石灰浆在使用中，因水分的蒸发或被砌体吸收，引起溶液过饱和而 $Ca(OH)_2$ 结晶析出，产生结晶强度。但晶体数量极少，强度增长不显著。

$$[Ca(OH)_2 + nH_2O] \xrightarrow{\text{晶化}} Ca(OH)_2 + nH_2O\uparrow$$

(2)硬化石灰浆的碳化。石灰浆体中的氢氧化钙与空气中的二氧化碳作用生成碳酸钙晶体。石灰浆体经碳化后获得的最终强度，称为碳化强度。碳化反应只有在有水的条件下才能进行。

$$Ca(OH)_2 + nH_2O + CO_2 \xrightarrow{\text{碳化}} CaCO_3 + (n+1)H_2O$$

石灰浆体的硬化包括上面两个同时进行的过程，即内部以干燥硬化为主，表层则以碳化硬化为主。随着反应的进行，在石灰表面形成一层坚硬的碳酸钙薄层，使二氧化碳不易进入内部，内部的水分也不易蒸发，石灰的硬化随时间的增长逐渐减慢。

3.1.2 石灰的技术性质

用于道路或桥梁工程的石灰，应符合下列技术性质。

1. 有效氧化钙和氧化镁含量

石灰中产生黏结性的有效成分是活性氧化钙和氧化镁，它们的含量是评价石灰质量的主要指标。石灰中有效氧化钙和氧化镁的含量愈多，石灰的活性愈高，质量愈好，黏结性也愈好。

有效氧化钙含量是石灰中活性的游离氧化钙占石灰试样质量百分率，用中和滴定法测定；氧化镁含量是石灰中氧化镁占石灰试样质量百分率，用联合滴定法测定。

2. 未消化残渣含量

未消化残渣含量是指石灰按标准方法消化后，未能消化而存留在5mm圆孔筛上的残渣质量占试样总质量的百分率。这些残渣为过火石灰或欠火石灰的颗粒，其含量愈多，石灰质量愈差。

3. 含水率

消石灰粉含水率是指化学结合水以外的含水率。生石灰在消化时加水量是理论需水量的2～3倍，除部分水被消化放热蒸发掉外，多加的水残留于氢氧化钙中，蒸发后留下孔隙会加剧消石灰粉的碳化作用，从而影响石灰的质量。

4. 细度

细度是指消石灰粉颗粒的粗细程度。以消石灰粉在0.71mm和0.125mm的筛余百分率控制。石灰愈细，其活性愈大。石灰消解是否完全直接影响石灰的黏结性，筛余物包括：未消化的过火石灰和欠火石灰颗粒，含有大量钙盐的石灰颗粒或未燃尽的煤渣等。

3.1.3 石灰的技术要求

在公路工程中，石灰技术指标应符合现行行业标准《公路路面基层施工技术规范》(JTJ 034—2000)的规定，如表3-1-1所示。

石灰的技术指标　　表3-1-1

项目		钙质生石灰			镁质生石灰			钙质消石灰			镁质消石灰		
		等级											
		I	II	III	I	II	III	I	II	III	I	II	III
有效钙加氧化镁含量(%)		≥85	≥80	≥70	≥80	≥75	≥65	≥65	≥60	≥55	≥60	≥55	≥50
未消化残渣含量(5mm圆孔筛的筛余,%)		≤7	≤11	≤17	≤10	≤14	≤20						
含水率(%)								≤4	≤4	≤4	≤4	≤4	≤4
细度	0.71mm方孔筛的筛余(%)							0	≤1	≤1	0	≤1	≤1
	0.125mm方孔筛的累计筛余(%)							≤13	≤20		≤13	≤20	
钙镁石灰的分类界限，氧化镁含量(%)		≤5			>5			≤4			>4		

注：硅、铝、镁氧化物含量之和大于5%的生石灰，有效钙加氧化镁含量指标，I等≥75%，II等≥70%，III等≥60%；未消化残渣含量指标与镁质生石灰指标相同。

3.1.4 石灰的工程应用

(1)在道路工程中，石灰稳定土、石灰和水泥综合稳定土、石灰工业废渣稳定土等广泛用于路面的基层。

(2)在桥梁工程中，用石灰膏或消石灰粉可配制成石灰砂浆、石灰水泥混合砂浆或石灰粉煤灰砂浆，广泛用于圬工砌体或抹面等装饰工程。

(3)加固软土地基。在软土地基中打入生石灰桩，可利用生石灰吸水产生膨胀对桩周土壤起挤密作用，利用生石灰和黏土矿物间产生的胶凝反应使周围的土固结，从而达到提高地基承载力的目的。

3.1.5 石灰试验与检测

实训项目　石灰有效氧化钙和氧化镁含量测定

一、石灰有效氧化钙含量测定(JTJ 057—94 T08011)

1.试验目的与适用范围

本试验适用于测定各种石灰的有效氧化钙含量，用于有效氧化钙和氧化镁合量的计算，以评价石灰的质量。

2. 仪具与材料

筛子:0.15mm,1 个;烘箱 1 台;干燥器 1 个;称量瓶 10 个;瓷研钵 1 个;分析天平:万分之一,1 台;天平:感量 0.1g,1 台;玻璃珠:ϕ3mm,1 袋;三角瓶:250mL,1 个;量筒:50mL,1 个;表面皿:10 块;吸水管:5 支;大肚移液管:50mL,1 支;酸滴定管:50mL,2 支;滴定台及滴定管夹一套;蒸馏水;蔗糖(分析纯);酚酞指示剂;0.5N 盐酸标准溶液。

3. 试验操作方法

序号	项目	内容及要求
		一、准 备 试 样
1	生石灰试样	四分法取 20g 研细,使其通过 0.10mm 筛。取 10 克,置于称量瓶中,在 100℃烘干 1h,贮于干燥器中
2	消石灰试样	四分法取 10g,置于称量瓶中,在 105 ~ 110℃烘干 1h,贮于干燥器中
		二、试 验 步 骤
1	取试样	取试样 0.5g(准确至 0.0005g) 放入三角瓶中,再加入 5g 蔗糖,投入干玻璃珠 15 个。加蒸馏水 50mL,加塞振荡 15min
2	加指示剂	打开瓶塞,用水冲洗瓶塞及瓶壁,加 2 ~ 3 滴酚酞指示剂,溶液呈粉红色
3	滴定	用 0.5N 盐酸标准溶液滴定,至溶液的粉红色显著消失并在 30s 内不再复现即为终点
		三、结 果 整 理
计算		有效氧化钙的百分含量计算: $CaO = V \times N \times 0.028/G \times 100\%$ 式中:V——滴定时消耗盐酸标准溶液的体积(mL); 0.028——氧化钙毫克当量; G——试样质量(g); N——盐酸标准溶液当量浓度
精密度或允许误差		对同一石灰样品至少应做两个试样和进行两次测定,并取两次结果的平均值代表最终结果

4. 注意事项

(1)试验前用水洗净滴定管装满蒸馏水备用。检查滴定管是否漏水,活塞是否灵活。如漏水或不灵活,应取出活塞,在活塞孔的两边涂上一薄层凡士林,将活塞插入活塞孔,转动至外面透明为止。

(2)使用滴定管时,放出蒸馏水,用溶液(10mL/每次)荡洗 3 次,用溶液润湿内壁由两端放出。滴定管装满溶液后,如下端有气泡或未充满,应及时除去。方法是右手拿住滴定管与水平方向成 30°,左手打开活塞使溶液冲出(下接一烧杯),使溶液充满全部出口管。

(3)滴定前先将滴定管尖端的液滴除去,初读数。滴定时将滴定管伸入三角瓶内,左手操纵活塞,右手拿住瓶颈不断转动,逐滴加入。滴定后将滴定管用水冲洗数次,再用蒸馏水荡洗,装满蒸馏水备用。

(4)读数时眼睛和液面处于同一水平面。读溶液弯月面的最低点,初、终读数应同一标准。读数时机在装满或放出溶液后等 1 ~ 2min。

5. 试验记录

试验记录及结果整理填入《道路建筑材料试验检测报告》项目表 3-1-1 和试表 3-1-1。

二、石灰有效氧化镁含量测定(JTJ 057—94 T 08012)

1. 试验目的与适用范围

本试验适用于测定各种石灰的总氧化镁含量。用于有效氧化钙和氧化镁合量的计算,评价石灰的质量,并按氧化镁含量的不同划分钙质石灰和镁质石灰。

2. 仪具与材料

电炉:1 500W,1 个;石棉网;三角瓶:300mL、250mL 各 2 个;容量瓶:250mL、1000mL 各 1 个;量筒:200mL、100mL、5mL 各 1 个;试剂瓶:250mL、1000mL 各 5 个;烧杯:250mL 10 个;棕色广口瓶;大肚移液管:25mL、50mL 各 1 支;表面皿 10 块;洗耳球:大、小各 1 个;玻璃棒、吸水管数支;试剂勺 5 个。

3. 试验操作方法

序号	项目	内容及要求
		一、试验准备
1	准备试剂	(1)1:10 盐酸;(2)氢氧化铵—氯化铵缓冲溶液;(3)酸性铬蓝 K—萘酚绿 B 混合指示剂;(4)EDTA 二钠标准溶液;(5)氧化钙标准溶液;(6)20% 的氢氧化钠溶液;(7)钙指示剂;(8)10% 酒石酸钾钠溶液;(9)三乙醇氨溶液
2	EDTA 二钠标准溶液与氧化钙和氧化镁关系的标定	取 50mL 氧化钙标准溶液于 300mL 三角瓶中,用水稀释至 100mL,加钙指示剂 0.1g,以 20% 氢氧化钠溶液调溶液至酒红色,再过量加 3～4mL,以 EDTA 二钠标准液滴定,至溶液由酒红色变成纯蓝色为止
		(1)EDTA 二钠标准溶液对氧化钙滴定度: $$T_{Cao}=C\times V_1/V_2$$ 式中:T_{Cao}——EDTA 二钠标准溶液对氧化钙的滴定度,即 1mLEDTA 标准溶液相当于氧化钙的毫克数; C——1mL 氧化钙标准溶液含有氧化钙的毫克数,等于 1; V_1——吸取氧化钙标准溶液体积(mL); V_2——消耗 EDTA 二钠标准溶液体积(mL)。 (2)EDTA 二钠标准溶液对氧化镁的滴定度,即 1mL EDTA 二钠标准溶液相当于氧化镁的毫克数: $$T_{MgO}=T_{Cao}\times 40.31/56.08=0.72\ T_{Cao}$$
		二、试验步骤　测定氧化镁的含量
1	取试样、加热	取试样 0.5g(准确至 0.0005g) 放入三角瓶中,再加入 5g 蔗糖,投入干玻璃珠 15 个。加蒸馏水 50mL,加塞振荡 15min;称量瓶称试样 0.5g(准确至 0.0005g)放入烧杯中,用水湿润,加 30mL 1:10的盐酸,用表面皿盖住烧杯,加热微沸 8～10min。用水洗净表面皿,冷却后把烧杯内的沉淀及溶液移入 250mL 容量瓶中,加水至刻度摇匀
2	吸取溶液	待溶液沉淀后,用移液管吸取 25mL 溶液,放入 250mL 三角瓶中,加 50mL 水稀释后加酒石酸钾钠溶液 1mL、三乙醇氨溶液 5mL,再加入铵—铵缓冲溶液 10mL,酸性铬蓝 K—萘酚绿 B 指示剂约 0.1g,此时溶液呈酒红色
3	滴定	用 EDTA 二钠标准溶液滴定,至溶液由酒红色变为纯蓝色时即为终点,记下耗用 EDTA 二钠标准溶液体积 V_1

续上表

序号	项目	内容及要求
4	吸取溶液	再从同一容量瓶中用移液管吸取 25mL 溶液，置于 300mL 三角瓶中，加水 150mL 稀释后，加三乙醇氨溶液 5mL 及 20% 氢氧化钠溶液 5mL，放入约 0.1g 钙指示剂，此时溶液呈酒红色
5	滴定	用 EDTA 二钠标准溶液滴定，至溶液由酒红色变为纯蓝色即为终点，记下耗用 EDTA 二钠标准溶液体积 V_2
		三、结 果 整 理
	计算	氧化镁的百分含量按下式计算： $$MgO = T_{MgO}(V_1 - V_2) \times 10/G \times 1000 \times 100\%$$ 式中：T_{MgO}——EDTA 二钠标准溶液对氧化镁的滴定度； V_1——滴定钙、镁合量消耗 EDTA 二钠标准溶液的体积(mL)； V_2——滴定钙消耗 EDTA 二钠标准溶液的体积(mL)； 10——总溶液对分取溶液的体积倍数； G——试样质量(g)
	精密度或允许误差	对同一石灰样品至少应做两个试样和进行两次测定。取两次测定结果的平均值代表最终结果

4. 注意事项

(1)移液管使用前必须用少量被吸溶剂荡洗内壁 2 ~3 次，保证浓度不变。

(2)用移液管量取液体时，应左手拿洗耳球，右手拇指及中指拿住标线以上地方，当溶液上升至刻度以上时，迅速用食指按住。取出移液管并移入三角瓶，左手拿三角瓶倾斜 45°，右手垂直地拿住移液管，将其出口接触瓶壁，微微抬起食指，使液面与标线相切。在溶液流尽后等 15s 取出移液管。

(3)不要将残留在移液管管夹的液体吹出，因为校准容积时没把这部分液体标算在内。

5. 试验记录

试验记录及结果整理填入《道路建筑材料试验检测报告》项目表 3-1-2 和试表 3-1-2。

复习思考题

1. 试述石灰氧化镁含量试验的目的、主要试验仪具。
2. 石灰氧化镁含量测定时，应注意哪些事项？

任务 3.2　稳定土材料质量检测

【教学目标】　知道无机结合料稳定材料的基本概念、材料的技术性质和要求，学会稳定土材料的质量检测方法，能够熟练操作仪器，进行各项试验和结果整理分析。

【关 键 词】　半刚性基层　稳定土　击实试验　无侧限抗压强度

3.2.1　稳定土材料的定义及组成

一、何谓无机结合料稳定土

在各种粉碎或原状松散的土、碎(砾)石、工业废渣中，掺入适当数量的无机结合料(如水泥、石灰或工业废渣等)和水，经拌和得到的混合料在压实和养生后，当其抗压强度符合规定的要求时，称为无机结合料稳定土。

无机结合料稳定材料的刚度介于柔性路面材料和刚性路面材料之间，常称之为半刚性材料。以此修筑的基层或底基层亦称为半刚性基层或半刚性底基层。在我国已建成的高速公路和一级公路中，大多数路面采用了这种基层。

二、稳定土的组成

1. 稳定土的基本材料——土

土的矿物成分对稳定土性质具有重要影响，各类砂土、砂砾土、粉土和黏土均可用无机结合料稳定。一般规定土的液限不大于40%，塑性指数不大于20%。

级配良好的土用无机结合料稳定时，可节约无机结合料用量，可取得满意效果；即碎（砾）石和砂砾 > 砂性土 > 粉性土和黏性土。

2. 稳定剂品种及其用量

（1）用石灰作稳定剂时，须测定石灰中有效 CaO 和 MgO 的含量。石灰稳定土的弨度一般存在石灰的最佳剂量，超过或低于此值石灰稳定土强度降低。对于黏性土及粉性土，石灰剂量一般为8% ~14%，对砂性土则为9% ~16%。

（2）用水泥作稳定剂时，硅酸盐类水泥较好，铝酸盐水泥较差，优先选用终凝时间较长（6h 以上）的低强度水泥。水泥稳定土的强度随水泥剂量的增加而增长，但过多的水泥用量不经济，易开裂，水泥剂量为4% ~6% 较为合理。

3.2.2　稳定土材料的技术性质

一、强度形成原理

1. 离子交换作用

离子交换作用指稳定剂中高价阳离子在一定条件下替换土中某些低价金属离子的作用（通过离子交换作用使土粒凝聚而增强黏聚力，并使水稳性提高）。

2. 碳酸化作用

碳酸化作用指消解石灰或水泥水化产物氢氧化钙吸附空气中的 CO_2 气体，生成碳酸钙的过程。

3. 结晶作用

土中氢氧化钙浓度达到一定时，氢氧化钙即会由饱和溶液转变成为过饱和溶液，形成晶体（由此土的密实度得以改善，强度提高，水稳性也因晶体氢氧化钙溶解质比氢氧化钙小而改善）。

4. 火山灰作用

由 SiO_2 和 Al_2O_3 在氢氧化钙激发下产生的化学反应，生成类似水泥的水化产物——水化硅酸钙和水化铝酸钙。火山灰作用的水化产物和结晶氢氧化钙在团粒外围形成一层稳定的保护膜，具有很强的黏结力。同时保护膜的隔离作用阻止水分进入，使水的稳定性提高。

5. 硬凝反应

硬凝反应使水泥水化反应生成胶结性很强的各种物质。

6. 吸附作用

某些稳定剂加入土中后能吸附于土颗粒表面，使土颗粒表面具有憎水性。

二、无侧限抗压强度

无侧限抗压强度是试样在无侧向压力条件下，抵抗轴向压力的极限强度。

无侧限抗压强度的特征：稳定土的无侧限抗压强度试验相当于周压力 $\sigma=0$ 的不排水三轴剪切试验破坏时试样所能承受的最大轴向应力，称为无侧限抗压强度。

3.2.3　稳定土材料的技术要求

对于高速公路和一级公路，水泥稳定土所用的粗粒土和中粒土应满足如下要求：

（1）水泥稳定土用做底基层时，单个颗粒的最大粒径不应超过37.5mm。水泥稳定土的颗粒组成应在表3-2-1所列1号级配范围内，土的不均匀系数应大于5。细粒土的液限不应超过40%，塑性指数不应超过17。对于中粒土和粗粒土，如土中小于0.6mm的颗粒含量在30%以下，塑性指数可稍大。实际工作中，宜选用不均匀系数大于10、塑性指数小于12的土。塑性指数大于17的土，宜采用石灰稳定，或用水泥和石灰综合稳定。对于中粒土和粗粒土，宜采用表3-2-1中2号级配，但小于0.075mm的颗粒含量和塑性指数可不受限制。

（2）水泥稳定土用做基层时，单个颗粒的最大粒径不应超过31.5mm。水泥稳定土的颗粒组成应在表3-2-1所列3号级配范围内。

水泥稳定土的颗粒组成范围　　表3-2-1

项目＼通过质量百分率（%）＼编号		1	2	3
筛孔尺寸（mm）	37.5	100	100	
	31.5		90~100	100
	26.5			90~100
	19		67~90	72~89
	9.5		45~68	47~67
	4.75	50~100	29~50	29~49
	2.36		18~38	17~35
	0.6	17~100	8~22	8~22
	0.075	0~30	0~7①	0~7①
液限（%）				<28
塑性指数				<9

注：①集料中0.5mm以下细粒土有塑性指数时，小于0.075mm的颗粒含量不应超过5%；细粒土无塑性指数时，小于0.075mm的颗粒含量不应超过7%。

一、水泥稳定碎石材料的要求

1.水泥

普通硅酸盐水泥、矿渣硅酸盐水泥、火山灰质硅酸盐水泥都可用于拌制水泥稳定碎石混合料，宜采用32.5R的强度等级，快硬、早强和受潮变质的水泥不得使用，水泥指标应符合表

3-2-2的规定，其初凝时间不得小于3h，终凝时间宜在6h以上。

水泥稳定碎石用水泥质量要求

表3-2-2

项目	细度	凝结时间		安定性	抗压强度	
		初凝	终凝		3d	28d
单位	%	h	h		MPa	MPa
质量要求	≤10	≥4	≥6	必须合格	≥11	≥32.5

夏季高温作业时，水泥温度不能高于50℃，否则，应采用降温措施控制混合料的出场温度。

2. 碎石

宜采用反击式破碎机轧制的碎石，进场后按标准化工地的要求分档堆放，并满足表3-2-3的质量要求。

基层、底基层碎石质量要求

表3-2-3

项目	压碎值	针片状颗粒含量		小于0.075mm颗粒含量		密度	砂当量	吸水率	坚固性
		大于9.5mm	4.75~9.5mm	2.36mm以上	0~2.36mm				
单位	%	%		%		t/m^3	%	%	%
质量要求	≤25	≤15	≤25	≤2.0	石灰岩≤15 其他≤10	>2.5	≥50	≯3	≯12

3. 水

凡饮用水皆可使用，遇到可疑水源，应委托有关部门化验鉴定。

二、混合料的技术要求

(1)水泥稳定碎石应满足表3-2-4的技术要求(基层试件要求采用振动成型)。

水泥稳定碎石技术要求

表3-2-4

项　　目	设计强度(MPa)	水泥剂量%(外掺)	
		最大	最小
底基层	≥2.5	4.0	3.0
基层	3.5~4.5	5.0	4.0

(2)取工地实际使用的符合前述要求的碎石，分别进行水洗筛分，按颗粒组成进行计算，确定各种碎石的组成比例和合成级配。建议基层与底基层的级配要求范围见表3-2-5、表3-2-6。

水泥稳定碎石基层级配范围要求

表3-2-5

筛孔尺寸(mm)		31.5	19	9.5	4.75	2.36	0.6	0.075
通过率(%)	上限	100	86	58	32	28	15	3
	下限	100	68	38	22	16	8	0

水泥稳定碎石底基层级配范围要求

表3-2-6

筛孔尺寸(mm)		31.5	19	9.5	4.75	2.36	0.6	0.075
通过率(%)	上限	100	90	70	50	35	20	5
	下限	93	75	50	29	15	6	0

(3)取工地使用的符合前述要求的水泥和确定的合成级配碎石，按不同水泥剂量(按设计

要求,分别选取4~5个剂量),用重型击实法分别确定各剂量混合料的最佳含水率和最大干密度。

(4)以不同水泥剂量,分别根据重型击实法确定的最佳含水率和98%的最大干密度,拌制水泥稳定碎石混合料,并制备规定数量试件,在标准条件下养生6d,浸水24h后取出,测定不同水泥剂量下混合料的无侧限抗压强度。

(5)水泥稳定碎石7d浸水无侧限抗压强度代表值$R_{代}$不小于设计值。

(6)取符合强度要求的最佳配合比作为水泥稳定碎石的生产配合比,经监理审批进行试验路段铺筑。

(7)配合比设计注意事项:

①为减少基层裂缝,应做到三个限制:在满足设计强度的基础上限制水泥用量;在合成级配满足要求的同时限制细料、粉料用量(合成级配中小于0.075mm颗粒含量不宜大于3%);根据施工时气候条件限制含水率。

②在规定的水泥剂量范围内,强度如达不到设计要求,应采取调整级配和更换料源等措施,不得单纯采用提高水泥剂量的方式。设计水泥剂量如超出规定范围,必须报建设单位审批,并报备上级主管部门质量督查组。

③生产配合比调试时,应根据施工时的气候条件,通过试验确定混合料拌制用水量。

3.2.4　稳定土材料的组成设计

一、水泥稳定土

1. 一般规定

(1)各级公路用水泥稳定土的7d浸水抗压强度应符合表3-2-7的规定。

水泥稳定土抗压强度标准　　表3-2-7

层位 \ 公路等级	二级或二级以下公路	高速公路和一级公路
基层(MPa)	2.5~3.0②	3~5①
底基层(MPa)	1.5~2.0②	1.5~2.5①

注:①设计累计标准轴次小于12×10^6的公路可采用低限值;设计累计标准轴次超过12×10^6的公路可用中值;主要行驶重载车辆的公路应用高限值。某一具体公路应采用一个值,而不用某一范围。

②二级以下公路可取低限值;行驶重载车辆的公路,应取较高的值;二级公路可取中值;行驶重载车辆的二级公路应取高限值。某一具体公路应采用一个值,而不用某一范围。

(2)水泥稳定土的组成设计应根据表3-2-7的强度标准,通过试验选取最适宜于稳定的土,确定必需的水泥剂量和混合料的最佳含水率,在需要改善混合料的物理力学性质时,还应确定掺加料的比例。

(3)综合稳定土的组成设计应通过试验选取最适宜于稳定的土,确定必需的水泥和石灰剂量以及混合料的最佳含水率。

(4)采用综合稳定时,如水泥用量占结合料总量的30%以上,应按有关技术要求进行组成设计。水泥和石灰的比例宜取60:40、50:50或40:60。

(5)水泥稳定土的各项试验应按《公路工程无机结合料稳定材料试验规程》(JTJ 057)进行。

2. 原材料的试验

(1)在水泥稳定土层施工前,应取所定料场中有代表性的土样按《公路土工试验规程》(JTJ 051)进行下列试验:

①颗粒分析;

②液限和塑性指数;

③相对密度;

④击实试验;

⑤碎石或砾石的压碎值;

⑥有机质含量(必要时做);

⑦硫酸盐含量(必要时做)。

(2)对级配不良的碎石、碎石土、砂砾、砂砾土、砂等,宜改善其级配。

(3)应检验水泥的强度等级和终凝时间。

3. 混合料的设计步骤

(1)分别按下列五种水泥剂量配制同一种土样、不同水泥剂量的混合料。

①做基层用:

中粒土和粗粒土,3%,4%,5%,6%,7%。

塑性指数小于12的细粒土,5%,7%,8%,9%,11%。

其他细粒土,8%,10%,12%,14%,16%。

②做底基层用:

中粒土和粗粒土,3%,4%,5%,6%,7%。

塑性指数小于12的细粒土,4%,5%,6%,7%,9%。

其他细粒土,6%,8%,9%,10%,12%。

注:①在能估计合适剂量的情况下,可以将五个不同剂量缩减到三或四个。

②如要求用做基层的混合料有较高强度时,水泥剂量可用4%,5%,6%,7%,8%。

(2)确定各种混合料的最佳含水率和最大干(压实)密度,至少应做三个不同水泥剂量混合料的击实试验,即最小剂量、中间剂量和最大剂量。其他两个剂量混合料的最佳含水率和最大干密度用内插法确定。

(3)按规定压实度分别计算不同水泥剂量的试件应有的干密度。

(4)按最佳含水率和计算得的干密度制备试件。进行强度试验时,作为平行试验的最少试件数量应不小于表3-2-8的规定。如试验结果的偏差系数大于表中的规定值,则应重做试验,并找出原因,加以解决。如不能降低偏差系数,则应增加试件数量。

最少试件数量 表3-2-8

土类 \ 偏差系数	<10%	10%~15%	15%~20%
细粒土	6	9	
中粒土	6	9	13
粗粒土		9	13

(5)试件在规定温度下保湿养生6d,浸水24h后,按《公路工程无机合料稳定材料试验规程》(JTJ 057)进行无侧限抗压强度试验。

(6)计算试验结果的平均值和偏差系数。

(7)根据表3-2-7的强度标准，选定合适的水泥剂量。此配合比下试件室内试验结果的平均抗压强度 $\overline{R}$ 应符合式(3-2-1)的要求。

$$\overline{R} \geqslant R_d/(1 - Z_\alpha C_v) \tag{3-2-1}$$

式中：R_d——设计抗压强度(表3-2-7)；

C_v——试验结果的偏差系数(以小数计)；

Z_α——标准正态分布表中随保证率(或置信度 α)而变的系数，高速公路和一级公路应取保证率95%，即 $Z_\alpha = 1.645$；其他等级公路应取保证率90%，即 $Z_\alpha = 1.282$。

水泥改善土的塑性指数应不大于6，承载比应不小于240。

(8)工地实际采用的水泥剂量应比室内试验确定的剂量增加0.5%~1.0%。采用集中厂拌法施工时，可只增加0.5%；采用路拌法时，宜增加1%。

(9)水泥的最小剂量应符合表3-2-9的规定。

(10)综合稳定土的组成设计与上述步骤相同。

水泥的最小剂量 表3-2-9

土类 \ 拌和方法	路拌法	集中厂拌法
细粒土或中粒土	4%	3%
粗粒土	5%	4%

二、石灰稳定土

1. 一般规定

(1)各级公路用石灰稳定土的7d浸水抗压强度应符合表3-2-10的规定。

石灰稳定土抗压强度标准 表3-2-10

层位 \ 公路等级	二级或二级以下公路	高速公路和一级公路
基层(MPa)	≥0.8①	—
底基层(MPa)	0.5~0.7②	≥0.8①

注：①在低塑性土(塑性指数小于7)的地区，石灰稳定砂砾土和碎石土的7d浸水抗压强度应大于0.5MPa(100g平衡锥测液限)。

②低限用于塑性指数小于7的黏性土，且低限值仅适用于二级以下公路；高限用于塑性指数大于7的黏性土。

(2)石灰稳定土的组成设计应根据表3-2-10的强度标准，通过试验选取最适宜于稳定的土，确定必需的或最佳的石灰剂量和混合料的最佳含水率，在需要改善混合料的物理力学性质时，还应确定掺加料的比例。

(3)采用综合稳定时，如水泥用量占结合料总量的30%以上，应按有关的技术要求进行组成设计。

(4)石灰稳定土的各项试验应按《公路工程无机结合料稳定材料试验规程》(JTJ 057)进行。

2. 原材料的试验

(1)在石灰稳定土层施工前，应取所定料场中有代表性的土样按《公路土工试验规程》(JTJ 051)进行下列试验：

①颗粒分析；

②液限和塑性指数；

③击实试验；

④碎石或砾石的压碎值；

⑤有机质含量(必要时做)；

⑥硫酸盐含量(必要时做)。

(2)对级配不良的碎石、碎石土、砂砾、砂砾土、砂等,宜改善其级配。

(3)应检验石灰的有效钙和氧化镁含量。

3. 混合料的设计步骤

(1)分别按下列石灰剂量配制同一种土样、不同石灰剂量的混合料。

①做基层用:

砂砾土和碎石土,3%,4%,5%,6%,7%。

塑性指数小于12的黏性土,10%,12%,13%,14%,16%。

塑性指数大于12的黏性土,5%,7%,9%,11%,13%。

②做底基层用:

塑性指数小于12的黏性土,8%,10%,11%,12%,14%。

塑性指数大于12的黏性土,5%,7%,8%,9%,11%。

(2)确定各种混合料的最佳含水率和最大干(压实)密度,至少应做三个不同石灰剂量混合料的击实试验,即最小剂量、中间剂量和最大剂量。其他两个剂量混合料的最佳含水率和最大干密度用内插法确定。

(3)按规定压实度分别计算不同石灰剂量的试件应有的干密度。

(4)按最佳含水率和计算得的干密度制备试件。进行强度试验时,作为平行试验的最少试件数量应不小于表3-2-11的规定。如试验结果的偏差系数大于表中规定的值,则应重做试验,并找出原因,加以解决。如不能降低偏差系数,则应增加试件数量。

(5)试件在规定温度下保湿养生6d,浸水24h后,按《公路工程无机合料稳定材料试验规程》(JTJ 057)进行无侧限抗压强度试验。

(6)计算试验结果的平均值和偏差系数。

最少试件数量 表3-2-11

偏差系数 / 土类	<10%	10%~15%	15%~20%
细粒土	6	9	
中粒土	6	9	13
粗粒土	—	9	13

(7)根据表3-2-10的强度标准,选定合适的石灰剂量。此配合比下试件室内试验结果的平均抗压强度$\overline{R}$应符合式(3-2-2)的要求。

$$\overline{R} \geqslant R_d/(1 - Z_\alpha C_v) \quad (3\text{-}2\text{-}2)$$

式中:R_d——设计抗压强度(表3-2-10);

C_v——试验结果的偏差系数(以小数计);

Z_α——标准正态分布表中随保证率(或置信度α)而变的系数,高速公路和一级公路应取保证率95%,即$Z_\alpha = 1.645$;其他等级公路应取保证率90%,即$Z_\alpha = 1.282$。

(8)工地实际采用的石灰剂量应比室内试验确定的剂量增加0.5%~1.0%。

采用集中厂拌法施工时,可只增加0.5%;采用路拌法时,宜增加1%。

(9)综合稳定土的组成设计与上述步骤相同。

三、石灰工业废渣稳定土

1. 一般规定

(1)各级公路用石灰工业废渣稳定土的7d浸水抗压强度应符合表3-2-12的规定。

二灰混合料的抗压强度标准 表3-2-12

层位 \ 公路等级	二级或二级以下公路	高速公路和一级公路
基层(MPa)	0.6~0.8	0.8~1.1①
底基层(MPa)	≥0.5	≥0.6

注:①设计累计标准轴次小于12×10^6的高速公路可采用低限值;设计累计标准轴次超过12×10^6的高速公路可用中值;主要行驶重载车辆的高速公路应用高限值。某一具体高速公路应采用一个值,而不用某一范围。

(2)石灰工业废渣稳定土的组成设计应根据表3-2-12的强度标准,通过试验选取最适宜于稳定的土,确定石灰、粉煤灰或石灰与煤渣的比例,确定石灰粉煤灰或石灰煤渣与土的质量比例,确定混合料的最佳含水率。

(3)对于CaO含量2%~6%的硅铝粉煤灰,采用石灰粉煤灰做基层或底基层时,石灰与粉煤灰的比例可以是1:2~1:9。

(4)采用二灰土做基层或底基层时,石灰与粉煤灰的比例可用1:2~1:4(对于粉性土,以1:2为宜),石灰粉煤灰与细粒土的比例可以是30:70~90:10。

注:采用此比例时,石灰与粉煤灰之比宜为1:2~1:3。

(5)采用二灰级配集料做基层时,石灰与粉煤灰的比例可用1:2~1:4,石灰粉煤灰与细粒土的比例可以是20:80~15:85。

(6)采用石灰煤渣做基层或底基层时,石灰与煤渣的比例可用20:80~15:85。

(7)采用石灰煤渣土做基层或底基层时,石灰与煤渣的比例可选用1:2~1:4,石灰煤渣与细粒土的比例可以是1:1~1:4。混合料中石灰不少于10%,或通过试验选取强度较高的配合比。

(8)采用石灰煤渣做基层或底基层时,石灰:煤渣:集料可选用(7~9):(26~33):(67~58)。

(9)为提高石灰工业废渣稳定土的早期强度,可以外加1%~2%的水泥。

(10)各种混合料的各项试验应按《公路工程无机结合料稳定材料试验规程》(JTJ 057)进行。

2. 原材料的试验

在石灰工业废渣稳定土层施工前,应取有代表性的土样进行下列试验:

①颗粒分析;

②液限和塑性指数;

③碎石或砾石的压碎值;

④有机质含量(必要时做);

⑤石灰的有效氧化钙和氧化镁含量;

⑥收集或试验粉煤灰的化学成分、细度和烧失量。

3. 混合料的设计步骤

(1)制备不同比例的石灰粉煤灰混合料(如10:90,15:85,20:80,25:75,30:70,35:65,40:60,45:55和50:50),确定其各自的最佳含水率和最大干密度,确定同一龄期和同一压实度试件的抗压强度,选用强度最大时的石灰粉煤灰比例。

(2)根据(1)所得的二灰比例,制备同一种土样的4~5种不同配合比的二灰土或二灰级配集料。其配合比宜位于上述一般规定中第(4)条和第(5)条所列范围内。

(3)确定各种二灰土或二灰级配集料的最佳含水率和最大干密度(用重型击实试验法)。

(4)按规定达到的压实度,分别计算不同配合比时二灰土、二灰级配集料试件应有的干密度。

(5)按最佳含水率和计算得的干密度制备试件。进行强度试验时,作为平行试验的试件数量应符合表3-2-13中的规定。如试验结果的偏差系数大于表中的规定值,则应重做试验,并找出原因,加以解决。如不能降低偏差系数,则应增加试件数量。

(6)试件在规定温度下保湿养生6d,浸水24h后,按《公路工程无机结合料稳定材料试验规程》(JTJ 057)进行无侧限抗压强度试验。

(7)计算试验结果的平均值和偏差系数。

最少试件数量

表3-2-13

土类 \ 偏差系数	<10%	10%~15%	15%~20%
细粒土	6	9	
中粒土	6	9	13
粗粒土		9	13

(8)根据表3-2-12的强度标准,选定混合料的配合比。此配合比下试件室内试验结果的平均抗压强度应符合式(3-2-3)的要求。

$$\bar{R} \geq R_d/(1 - Z_\alpha C_v) \quad (3\text{-}2\text{-}3)$$

式中:R_d——设计抗压强度(表3-2-12);

C_v——试验结果的偏差系数(以小数计);

Z_α——标准正态分布表中随保证率(或置信度α)而变的系数,高速公路和一级公路应取保证率95%,即$Z_\alpha = 1.645$;其他等级公路应取保证率90%,即$Z_\alpha = 1.282$。

(9)石灰煤渣混合料的设计可参照上述石灰粉煤灰混合料的设计步骤。

稳定土材料配合比设计实操训练完成《道路建筑材料试验检测报告》中配合比表3-2-1。

3.2.5 稳定土材料的试验与检测

实训项目一　无机结合料稳定类材料的击实试验

一、目的和适用范围

在公路工程的施工质量控制过程中,要求在一定压实功的作用下达到最大密实度。本试验适用于在规定的试筒内,对水泥稳定土(在水泥水化前)、石灰稳定土及石灰(或水泥)粉煤灰稳定土进行击实试验,以绘制稳定土的含水率—干密度关系曲线,从而确定其最佳含水率和最大干密度。

(1)试验集料的最大粒径宜控制在25mm以内,最大不得超过40mm(圆孔筛)。

(2)试验方法类别。本试验方法分三类,各类击实方法的主要参数列于表3-2-14。

试验方法类别 表3-2-14

类别	锤的质量(kg)	锤击面直径(cm)	落高(cm)	试筒尺寸			锤击层数	每层锤击次数	平均单位击实功(J)	容许最大粒径(mm)
				内径(cm)	高(cm)	容积(cm^3)				
甲	4.5	5.0	45	10	12.7	997	5	27	2.687	25
乙	4.5	5.0	45	15.2	12.7	2177	5	59	2.687	25
丙	4.5	5.0	45	15.2	12.7	2177	3	98	2.677	40

二、仪器设备

(1)击实筒。小型,内径100mm、高127mm的金属圆筒,套环高50mm,底座;中型,内径152mm、高170mm的金属圆筒,套环高50mrn,直径151mm和高50mm的筒内垫块,底座。

(2)击锤和导管。击锤的底面直径50mm,总质量4.5kg,击锤在导管内的总行程为450mm。

(3)天平,感量0.01g。

(4)台秤,称量15kg,感量5g。

(5)圆孔筛,孔径40mm、25mm或20mm以及5mm的筛各1个。

(6)量筒,50mL、100mL和500mL的量筒各1个。

(7)直刮刀,长200~250mm,宽30mm,厚3mm,一侧开口的直刮刀用以刮平和修饰大粒料试件的表面。

(8)刮土刀,长150~200mm,宽约20mm,用以刮平和修饰小试件的表面。

(9)工字形刮平尺,30mm×50mm×310mm,上下两面和侧面均刨平。

(10)拌和工具,约400mm×600mm×70mm的长方形金属盘,拌和用平头小铲等。

(11)脱模器。

(12)测定含水率用的铝盒、烘箱等其他用具。

三、试验方法与步骤

序号	项 目	内容及要求
		一、试验准备
1	风干试料	将具有代表性的风干试料(必要时,也可以在50 ℃烘箱内烘干)用木锤或木碾捣碎。土团均应捣碎到能通过5mm的筛孔,但应注意不使粒料的单个颗粒破碎或不使其破碎程度超过施工中拌和机械的破碎率
2	细粒土备料	如试料是细粒土,将已捣碎的具有代表性的土过5mm筛备用(用甲法或乙法做试验)。 如试料中含有粒径大于5mm的颗粒,则先将试料过25mm的筛,如存留在筛孔25mm筛的颗粒的含量不超过20%,则过筛料留作备用(用甲法或乙法做试验)
3	中、大粒径土的备料	如试料中粒径大于25mm的颗粒含量过多,则将试料过40mm的筛备用(用丙法试验)。每次筛分后,均应记录超尺寸颗粒的百分率
4	测定试料风干含水率	在预定做击实试验的前一天,取有代表性的试料测定其风干含水率。对于细粒土,试样应不少于100g;对于中粒土(粒径小于25mm的各种集料),试样应不少于1 000g;对于粗粒土的各种集料,试样应不少于2 000g

续上表

序号	项　目	内容及要求
		二、试 验 步 骤
1	称取试样	将已筛分的试样用四分法逐次分小。①甲法取约 10 ~ 15kg 试料。②乙法、丙法取约 33kg 试料。再用四分法将已取出的试料分成 5 ~ 6 份，每份试料的干质量①甲法为 2.0kg（对于细粒土）或 2.5kg（对于各种中粒土）。②乙法、丙法为 5.5kg（风干质量）
2	预定含水率	预定 5 ~ 6 个不同含水率，依次相差 1% ~ 2%，且其中至少有两个大于和两个小于最佳含水率。对于细粒土，可参照其塑限估计素土的最佳含水率。一般其最佳含水率较塑限约小 3% ~ 10%，对于砂性土接近 3%，对于黏性土约为 6% ~ 10%。天然砂砾土，级配集料等的最佳含水率与集料中细土的含量和塑性指数有关，一般变化在 5% ~ 12% 之间。对于细土少的、塑性指数为 0 的未筛分碎石，其最佳含水率接近 5%。对于细土偏多的、塑性指数较大的砂砾土，其最佳含水率在 10% 左右。水泥稳定土的最佳含水率与素土的接近，石灰稳定土的最佳含水率可能较素土大 1% ~ 3%
3	应加水量计算	$$Q_w=\left(\frac{Q_n}{1+w_n}+\frac{Q_c}{1+w_c}\right)\times w-\frac{Q_n}{1+w_n}\times w_n-\frac{Q_c}{1+w_c}\times w_c$$ 式中：Q_w——混合料中应加的水量（g）； Q_n——混合料中素土（或集料）的质量（g），原始含水率为 w_n，即风干含水率； Q_c——混合料中水泥或石灰的质量（g），原始含水率为 w_c； w——要求达到的混合料的含水率（%）
4	按预定含水率制备试样	将五份试料平铺于金属盘内，将事先计算得的该份试料中应加的水量均匀地喷洒在试料上，用小铲将试料充分拌和到均匀状态（如为石灰稳定土和水泥、石灰综合稳定土，可将石灰和试料一起拌匀），然后装入密闭容器或塑料口袋内浸润备用。 浸润时间：黏性土 12 ~ 24h，粉性土 6 ~ 8h，砂性土、砂砾土、红土砂砾、级配砂砾等可以缩短到 4h 左右，含土很少的未筛分碎石、砂砾和砂可缩短到 2h
5	稳定剂水泥加到浸润后的试料中	将所需要的稳定剂水泥加到浸润后的试料中，并用小铲、泥刀或其他工具充分拌和到均匀状态。加有水泥的试样拌和后，应在 1h 内完成下述击实试验，拌和后超过 1h 的试样，应予作废（石灰稳定土和石灰粉煤灰除外）
6	试样击实操作	取制备好的试样①甲法（仍用四分法）400 ~ 500g（其量应使击实后的试件等于或略高于筒高的 1/5）倒入筒内；②乙法（仍用四分法）每层需取制备好的试样约 900g（对于水泥或石灰稳定细粒土）或 1 100g（对于稳定中粒土）；③丙法（仍用四分法）每层需取制备好的试样约 1.8kg。整平其表面并稍加压紧，然后按所需击数进行第一层试样的击实。第一层击实完后，检查该层高度是否合适，以便调整以后几层的试样用量。用刮土刀将已击实层的表面"拉毛"，然后重复上述做法，进行其余四层试样的击实。最后一层试样击实后，试样超出试筒顶的高度不得大于 6mm，超出高度过大的试件应该作废
7	称试样质量	用刮土刀沿套环内壁削挖（使试样与套环脱离）后，扭动并取下套环。齐筒顶细心刮平试样，并拆除底板。如试样底面略突出筒外或有孔洞，则应细心刮平或修补。最后用工字形刮平尺齐筒顶和筒底将试样刮平。擦净试筒的外壁，称其质量并准确至 5g
8	试样脱模并测定含水率	用脱模器推出筒内试样。在试样内部从上到下取两个有代表性的样品（可将脱出试件用锤打碎后，用四分法采取），测定其含水率，计算至 0.1%。两个试样的含水率的差值不得大于 1%。所取样品的数量，最大粒径为 2mm、5mm、25mm 或 40mm，对应的样品质量约 50g、100g、500g 或 700g 烘箱的温度应事先调整到 110℃左右，以使放入的试样能立即在 105 ~ 110℃的温度下烘干

续上表

序号	项目	内容及要求
9	完成每组试样的击实	按上述步骤进行其余含水率下稳定土的击实和测定工作。 凡已用过的试样,一律不再重复使用
三、结果整理		
1	计算湿密度	计算每次击实后稳定土的湿密度。 $$\rho_w = \frac{Q_1 - Q_2}{V}$$ 式中:ρ_w——稳定土的湿密度(g/cm^3); Q_1——试筒与湿试样的合质量(g); Q_2——试筒的质量(g); V——试筒的容积(cm^3)
2	计算干密度	计算每次击实后稳定土的干密度。 $$\rho_d = \frac{\rho_w}{1 + w}$$
3	绘制干密度与含水率的关系曲线	以干密度为纵坐标,以含水率为横坐标,在普通直角坐标纸上绘制干密度与含水率的关系曲线,驼峰形曲线顶点的纵横坐标分别为稳定土的最大干密度和最佳含水率。最大干密度用两位小数表示。如最佳含水率的值在12%以上,则用整数表示(即精确到1%);如最佳含水率的值在6%~12%,则用一位小数"0"或5"表示(即精确到0.5%);如最佳含水率的值小于6%,则取一位小数,并用偶数表示(即精确到0.2%)。 如试验点不足以连成完整的驼峰形曲线,则应该进行补充试验
4	超尺寸颗粒的校正	当试样中大于规定最大粒径的超尺寸颗粒的含量为5%~30%时,按下式对试验所得最大干密度和最佳含水率进行校正(超尺寸颗粒的含量小于5%时,可以不进行校正)。 最大干密度校正: $$\rho'_{dm} = \rho_{dm}(1 - 0.01p) + 0.9 \times 0.01G_a$$ 最佳含水率校正: $$w'_0 = w_0(1 - 0.01p) + 0.01pw_a$$ 式中:p——试样中超尺寸颗粒的百分率(%); G_a——试样中超尺寸颗粒的毛体积相对密度
精密度和允许差		应做两次平行试验,两次试验最大干密度的差不应超过$0.05g/cm^3$(稳定细粒土)和$0.08g/cm^3$(稳定中粒土和粗粒土),最佳含水率的差不应超过0.5%(最佳含水率小于10%)和1.0%(最佳含水率大于10%)

四、试验记录

试验记录及结果整理填入《道路建筑材料试验检测报告》中项目表3-2-1和试表3-2-1。

实训项目二　无机结合料稳定类材料的无侧限抗压强度试验

一、目的与适用范围

本试验适用于测定无机结合料稳定土(包括稳定细粒土、中粒土和粗粒土)试件的无侧限抗压强度,从而可以对无机结合料稳定土的施工质量进行检测;还可以利用本试验进行无机结合料稳定土的组成设计。稳定土的抗压强度是稳定土混合料的主要技术指标,无论设计某种剂量的稳定土混合料(石灰稳定土或水泥稳定土),均必须满足规范的要求。

二、无机结合料稳定土的无侧限抗压强度试验方法

无侧限抗压强度是指试件在侧向不受任何限制的条件下所能承受的最大轴向应力。

本试验方法包括:按照预定干密度用静力压实法制备试件以及用锤击法制备试件。试件都是高: 直径 =1:1的圆柱体。应该尽可能用静力压实法制备等干密度的试件。

其他稳定土材料或综合稳定土的抗压强度试验应参照本法。

1. 仪器设备

(1)圆孔筛,孔径 40mm、25mm(或 20mm)及 5mm 的筛各 1 个。

(2)试模,适用于下列不同土的试模尺寸为:

细粒土(最大粒径不超过 10mm)试模的直径 × 高 =50mm ×50mm;

中粒土(最大粒径不超过 25mm)试模的直径 × 高 =100mm ×100mm;

粗粒土(最大粒径不超过 40mm)试模的直径 × 高 =150mm ×150mm。

(3)脱模器。

(4)反力框架,规格为 400kN 以上。

(5)液压千斤顶(200 ~1 000kN)。

(6)夯锤的导管。

(7)密封湿气箱或温气池放在能保持恒温的小房间内。

(8)水槽,深度应大于试件高度 50mm。

(9)路面材料强度试验仪或其他合适的压力机,但后者的规格应不大于 200kN。

(10)天平,感量 0.01g。

(11)台秤,称量 10kg,感量 5g。

(12)量筒、拌和工具、漏斗、大小铝盒、烘箱等。

2. 试料准备

将具有代表性的风干试料(必要时,也可在 50℃烘箱内烘干),用木锤和木碾捣碎,但应避免破坏料粒的原粒径。将土过筛并进行分类。如试料为粗粒土,则除去大于 40mm 的颗粒备用,如试料为细粒土,则除去大于 10mm 的颗粒备用。

在预定做试验的前一天,取有代表性的试料测定其风干含水率。对于细粒土,试样应不少于 1 000g;对于粒径小于 40mm 的粗粒土,试样的质量应不少于 2 000g。

3. 确定最佳含水率和最大干密度

按《公路工程无机结合料稳定材料试验规程》(JTJ 057—94)中 T 0804—94 击实试验确定无机结合料混合料的最佳含水率和最大干密度。

4. 制备试件

(1)对于同一无机结合料剂量的混合料,需要制备相同状态的试件数量(即平行试验数)与土类及操作的仔细程度有关,对于无机结合料稳定细粒土,至少应该分别制 6 个试件;对于无机结合料稳定中粒土和粗粒土,至少应该分别制 9 个和 13 个试件。

(2)称取一定数量的风干土并计算干土的质量,其数量随试件大小而变。对于 50mm × 50mm 的试件,1 个试件约需干土 180 ~210g;对于 100mm ×100mm 的试件,1 个试件约需干土 1 700 ~1 900g;对于 150mm ×150mm 的试件,1 个试件约需干土 5 700 ~6 000g。

对于细粒土,可以一次称取 6 个试件的土;对于中粒土可以一次称取 3 个试件的土;对于粗粒土,一次只称取一个试件的土。

(3)将称好的土放在长方盘(约 400mm ×60mm × 700mm)内。向土中加水,对于细粒土(特别是黏性土)使其含水率较最佳含水率小 3%;对于中粒土和粗粒土可按最佳含水率加水,将土和水拌和均匀后放在密闭容器内浸润备用。如为石灰稳定土和水泥、石灰综合稳定土,可将石灰和土一起拌匀后进行浸润。

浸润时间:黏性土 12 ~24h,粉性土 6 ~8h,砂性土、砂砾土、红土砂砾、级配砂砾等可以缩短到 4h 左右;含土很少的未筛分碎石、砂砾及砂可以缩短到 2h。

应加的水量可按下式计算:

$$Q_w = \left(\frac{Q_n}{1 + w_n} + \frac{Q_c}{1 + w_c}\right) \times w - \frac{Q_n}{1 + w_n} \times w_n - \frac{Q_c}{1 + w_c} \tag{3-2-4}$$

式中:Q_w——混合料中应加的水量;

Q_n——混合料中素土(或集料)的质量(g),其含水率 w_n 为风干含水率(%);

Q_c——混合料中水泥或石灰的质量(g),其原始含水率为 w_c(%),水泥的 w_c 通常很小,也可以忽略不计;

w——要求达到的混合料的含水率(%)。

(4)在浸润过的试料中,加入预定数量的水泥或石灰并拌和均匀。在拌和过程中,应将预留的 3% 的水(对于细粒土)加入土中,使混合料的含水率达到最佳含水率,拌和均匀的加有水泥的混合料应在 1h 内按下列方法制成试件,超过 1h 的混合料应该作废。其他结合料稳定土,混合料更不受此限制,但也应尽快制成试件。

注:水泥或石灰剂量按干土(即干集料)质量的百分率计。

(5)按预定的干密度制件。用反力框架和液压千斤顶制件。制备一个预定干密度的试件,需要稳定土混合料数量随试模的尺寸而变。制备一个试件所需稳定土的质量 m_1 按下式计算:

$$m_1 = \rho_d V(1 + w) \tag{3-2-5}$$

式中:V——试模的体积;

w——稳定土混合料的含水率(%);

ρ_d——稳定土试件的干密度(g/cm^3)。

将试模的下压柱放入试模的下部,并外露 2cm 左右。将称量的规定数量的稳定土混合料分 2 ~3 次灌入试模中(利用漏斗)。每次灌入后用夯棒轻轻插实。如制的是 50mm ×50mm 的小试件,则可以将混合料一次倒入试模中,然后将上压柱放入试模内,应使其也外露 2cm 左右(即上下压柱露出试模外的部分应该相等)。

将整个试模(连同上下压柱)放到反力框架内的千斤顶上(千斤顶下应放一扁球座),加压直到上下压柱都压入试模为止。维持压力 1min。解除压力后,取下试模;拿去上压柱,并放到脱模器上将试件顶出(利用千斤顶和下压柱)。称量试件的质量 m_2,小试件准确到 1g;中试件准确到 2g;大试件准确到 5g;然后用游标卡尺量试件的高度 h,准确到 0.1mm。

用击锤制件,步骤同前。只是用击锤(可以利用做击实试验的击锤,但压柱顶面需要垫一块牛皮或胶皮,以保护锤面和压柱顶面不受损伤)将上下压柱打入试模内。

注:事先在试模的内壁及上下压柱的底面涂一薄层机油。

用水泥稳定有黏结性的材料时,制件后可以立即脱模,用水泥稳定无黏结性材料时,最好过几小时再脱模。

小试件指 50mm ×50mm 的试件,中试件指 100mm ×100mm 的试件,大试件指 150mm ×

150mm 的试件。

5. 养生

试件从试模内脱出并称量后，应立即放到密封湿气箱和恒温室内进行保温保湿养生。但中试件和大试件应先用塑料薄膜包覆。有条件时，可采用蜡封保温养生，养生时间视需要而定，作为工地控制，通常都只取 7d。整个养生期间的温度，在北方地区应保持 20℃ ±2℃，在南方地区应保持 25℃ ±2℃。

养生期的最后一天，应该将试件浸泡在水中，水的深度应使水面在试件顶上约 2.5cm。在浸泡水中之前，应再次称试件的质量 m_3。在养生期间，试件质量的损失应该符合下列规定：小试件不超过 1g；中试件不超过 4g；大试件不超过 10g。质量损失超过此规定的试件应该作废。

6. 试验步骤

将已浸水一昼夜的试件从水中取出，用软的旧布吸去试件表面的可见自由水，并称试件的质量 m_4。

用游标卡尺量试件的高度 H_1，准确到 0.1mm。

将试件放到路面材料强度试验仪的升降台上（台上先放一扁球座），进行抗压试验。试验过程中，应使试件的形变等速度增加，并保持速率约为 1mm/min；记录试件破坏时的最大压力 P（N）。

从试件内部取有代表性的样品（经过打破）测定其含水率 w_1。

7. 计算

（1）按下式计算试件的无侧限抗压强度。

对于小试件， $R_c = P/A = 0.00051P\,(\text{MPa})$ （3-2-6a）

对于中试件， $R_c = P/A = 0.000127P\,(\text{MPa})$ （3-2-6b）

对于大试件， $R_c = P/A = 0.000057P\,(\text{MPa})$ （3-2-6c）

式中：P——试件破坏时的最大压力；

A——试件的截面积，$A = \frac{\pi}{4}D^2$；

D——试件的直径（mm）。

（2）精密度或允许误差。若干次平行试验的偏差系数 C_v（%）应符合下列规定：

小试件，不大于 10%；

中试件，不大于 15%；

大试件，不大于 20%。

8. 报告

报告应包括以下内容：

（1）材料的颗粒组成；

（2）水泥的种类、强度等级或石灰的等级；

（3）确定最佳含水率时结合料的用量以及最佳含水率（%）和最大干密度（g/cm^3）；

（4）水泥或石灰剂量（%）或石灰（或水泥）、粉煤灰和集料的比例；

（5）试件干密度（精确到 0.01g/cm^3）或压实度；

（6）吸水率以及测抗压强度时的含水率（%）；

（7）抗压强度小于 2.0MPa 时，采用两位小数并用偶数表示；大于 2.0 时，采用一位小数；

（8）若干个试验结果的最小值和最大值、平均值 $\bar{R}_c$、标准差 S、偏差系数 C_v 和 95% 概率的

值 $R_{c0.95}$($R_{c0.95}=R_c-1.645S$)。

三、试验记录

试验记录及结果整理填入《道路建筑材料试验检测报告》项目表 3-2-2 和试表 3-2-2。

复习思考题

1. 稳定类基层在原材料方面各有哪些控制指标？
2. 如何确定无机结合料稳定类材料的配合比？
3. 如何确定各种混合料的最佳含水率和最大干(压实)密度？
4. 无侧限抗压强度试件制备的方法和要求是什么？
5. 无侧限抗压强度试验报告中应包括哪些内容？

学习情境 4

沥青路面面层材料性能检测

情境导入

新中国成立以来,我国的公路和路面建设大致可以划分为三个阶段。

第一阶段,约在 20 世纪 60 年代上半期以前。在这个阶段,公路交通量小,车辆荷载质量和轴载小,路线和路面等级低,以中级路面解决晴雨通车问题;施工机械极少,主要靠人力施工;各种当地粒料,人工砸制的碎石、砾石、软质石料、碎石土、碎砖砂土等都被用来铺筑路面。

第二阶段,从 20 世纪 60 年代下半期到 80 年代初。在公路里程增长的同时,以改善路面行驶质量,增加车速,减少养护为特征。这一时期,公路交通量有明显增长,主要推广应用渣油表面处治路面。

第三阶段,从 20 世纪 80 年代初到现在。以提高路线和路面等级,改建和新建一级和二级公路,同时开始建设高速公路为特征,以适应交通量和车辆载质量迅速增长的需要。

1980 年交通部公路科学研究所路面研究组承担国家课题“高速公路修建技术的研究”,迎接即将到来的高等级公路,特别是高速公路路面建设。

“七五”国家攻关项目“高等级公路半刚性基层沥青路面结构设计和抗滑表层”的研究成果中的绝大部分很快被纳入交通部有关规范和试验规程,并形成了我国高等级公路路面建设以半刚性路面为主体的模式。至今约 80% 的高速公路采用了半刚性路面。其主导思想是技术与经济相结合,其特点是重型压实标准,厚半刚性材料层和较薄沥青面层。

进入 21 世纪以来,在高等级公路快速发展的同时,我国的路面设计和施工技术及管理水平也得到了进一步完善,路面设计将渐趋合理。随着沥青材料改性技术的推广应用和 SMA 路面的兴起,沥青面层的功能,即抗滑能力、平整度和减小噪声将得到充分发挥和达到更高的水平。

沥青路面在铺筑前,按施工图设计文件要求选择符合技术要求的道路石油沥青和各种规格的矿质材料。矿质材料质量如何,级配是否合理,将直接影响沥青路面的路用性能和使用寿命。我们首先来认识沥青是什么材料,沥青材料的主要技术性质有哪些,沥青路面工程对沥青材料有哪些技术要求,沥青路面施工时,如何对沥青材料质量进行检测,对照设计文件要求,分析试验检验结果,以判断沥青材料的可用性。

学习目标

【知识目标】

知道沥青材料、矿料组成的基本概念，认识沥青及沥青混合料的基本技术性质，熟悉沥青材料和沥青混合料的技术标准，了解沥青材料在道路工程中的应用。

【能力目标】

学会沥青材料三大指标、恩格拉黏度和沥青与粗集料的黏附性试验检测方法；能够对常规的沥青混合料进行配合比设计。能够熟练操作仪器，进行上述各项试验和结果的整理分析。

任务4.1　沥青质量检测

【教学目标】 学生能够了解路用沥青材料的分类，掌握沥青材料的基本概念和技术要求。会操作仪器设备进行黏稠石油沥青、乳化沥青、改性沥青的常规技术性质试验。

【关 键 词】 石油沥青　沥青乳液　改性沥青　胶体结构

4.1.1　沥青的生产及组成

一、沥青的分类

沥青是高分子碳氢化合物及其非金属（氧、氮、硫等）衍生物组成的极其复杂的混合物。沥青是一种有机胶凝材料，在常温下呈黑色或黑褐色的固体、半固体或液体状态。沥青按其产源不同可分为地沥青和焦油沥青，其分类见表4-1-1。

表4-1-1

沥青	地沥青	天然沥青	石油在天然条件下，经长时间地球物理作用所形成的产物
		石油沥青	石油经炼制加工后所得到的产品
	焦油沥青	煤沥青	由煤干馏所得到的煤焦油再加工所得之物
		页岩沥青	由页岩炼油所得的工业副产品

二、石油沥青

1. 何谓石油沥青

石油沥青是原油加工过程的一种产品，在常温下是黑色或黑褐色的黏稠液体、半固体或固体，主要含有可溶于三氯乙烯的烃类及非烃类衍生物，其性质和组成随原油来源和生产方法的不同而变化。

石油沥青来源于原油蒸馏、溶剂脱沥青、氧化和调和等加工过程。

2. 石油沥青的组成

石油沥青是一种有机胶凝材料，由于其化学成分复杂，为便于分析和实用，常将其物理、化学性质相近的成分归类为若干组，称为组分。不同的组分对沥青性质的影响不同。

通常将沥青分为油分、树脂质和地沥青质三个组分。此外，沥青中常含有一定量的固体石蜡。其组分性状见表4-1-2。

3. 石油沥青的胶体结构

石油沥青中的油分和树脂质可以互相溶解，树脂质能浸润地沥青质，并在地沥青质的超细颗粒表面形成薄膜。所以石油沥青的结构是以地沥青质为核心，周围吸附部分树脂质和油分的互溶物而构成胶团，无数胶团分散在油分中而形成胶体结构。根据沥青中各组分的相对比例不同，胶体结构可分为溶胶型、凝胶型和溶—凝胶型三种类型，如图4-1-1所示。

（1）溶胶结构。地沥青质含量较少，胶团间完全没有引力或引力很小，在外力作用下随时间发展的变形特性与黏性液体一样。直馏沥青的结构多为溶胶结构。在路用性质上具有较好的自愈性和低温变形能力，但温感性较大。

石油沥青三组分分析法的各组分性状

表 4-1-2

性状	外观特性	分子量	碳氢比（原子比）	道路石油沥青中的含量	物化特性
油分	淡黄色透明液体	300 ~ 2 000	0.5 ~ 0.7	30% ~ 50%	溶于大部分有机溶剂，具有光学活性，常发现有荧光
树脂质	红褐色黏稠半固体	800 ~ 50 000	0.7 ~ 0.8	25% ~ 40%	温度敏感性高，熔点低于 100℃
地沥青质	深褐色固体微粒	1 000 ~ 100 000	0.8 ~ 1.0	10% ~ 30%	加热不熔化而碳化

注：固体石蜡会降低沥青的黏结性、塑性、温度稳定性和耐热性。由于存在于沥青油分中的蜡是有害成分，故常采用氯盐或高温吹氧、溶剂脱蜡等方法处理。

图 4-1-1　沥青胶体结构示意图

a）溶胶结构；b）溶—凝胶结构；c）凝胶结构

（2）凝胶结构。地沥青质含量很多，胶团间有引力形成立体网状，地沥青质分散在网格之间，在外力作用下弹性效应明显。氧化沥青多属于凝胶结构。在路用性能上，高温时具有较低的感温性，但低温变形能力较差。

（3）溶—凝胶结构。介于溶胶与凝胶之间，并有较多的树脂质，胶团间有一定的吸引力，在常温下受力变形的最初阶段呈现出明显的弹性效应，当变形增加到一定数值后，则变为有阻尼的黏性流动。大部分优质道路沥青均配制成溶—凝胶型结构，它具有黏弹性和触变性，故亦称弹性溶胶。在路用性能上，具有较低的温度感应性，低温时又有较好的形变能力。

4. 我国基质沥青生产消费及供需现状

目前我国石油沥青主要生产企业六十余家，主要有中石油企业、中石化企业、中海油企业和地方炼厂。

2006 年沥青产量为 1 170 万吨，2007 年产量为 936 万吨。另外，由于我国沥青的产量不能满足国内的需求，每年都需大量进口。2006 年进口量为 343 万吨，2007 年进口量为 356 万吨，进口主要来源于韩国、新加坡、台湾、泰国和日本，其中韩国约占进口总量的 40%，新加坡约占 15%，台湾约占 15%，泰国约占 10%。

按照我国“十一・五”期间的公路发展规划，预计 2006 年至 2010 年我国每年将需要沥青 1 200万吨左右，其中公路建设沥青需求为 900 万吨左右；建筑沥青需求为 150 万吨 ~ 160 万吨之间；市政建设沥青需求 150 万吨 ~ 160 万吨；机场建设及其他沥青消费约 5 万吨。总体上看，“十一・五”期间国内沥青总需求略有上升，但变化不大，而高等道路沥青、重交通沥青和改性沥青的需求比例将有明显上升。

三、乳化沥青

1. 何谓乳化沥青

当沥青经高速离心、剪切、冲击等机械作用，使其成为粒径 0.1 ~ 5μm 的微粒，并分散到含有表面活性剂（乳化剂，稳定剂）的水介质中，由于乳化剂能定向吸附在沥青微粒表面，因而降低了水与沥青的界面张力，使沥青微粒能在水中形成稳定的分散体系，这就是水包油的乳状液。

这种分散体系呈茶褐色,沥青为分散相,水为连续相,常温下具有良好的流动性。从某种意义上说,乳化沥青是用水来“稀释”沥青,因而又称沥青乳液。

2. 沥青乳液的制备

沥青乳液的制备可以采用各种设备,其主要流程基本相同(图 4-1-2)。

(1)乳化剂水溶液的调制。在水中加入需要数量的乳化剂和稳定剂,根据乳化剂和稳定剂溶解所需的水温,使其在水中充分溶解。一般在 60~80℃。

(2)沥青加热。一般温度在 120~150℃。

(3)沥青与水比例控制机构。

(4)乳化设备。胶体磨或其他同类设备。

(5)乳液成品储存。乳化沥青宜存放在立式罐中,并保持适当搅拌。储存期以不离析、不冻结、不破乳为度。

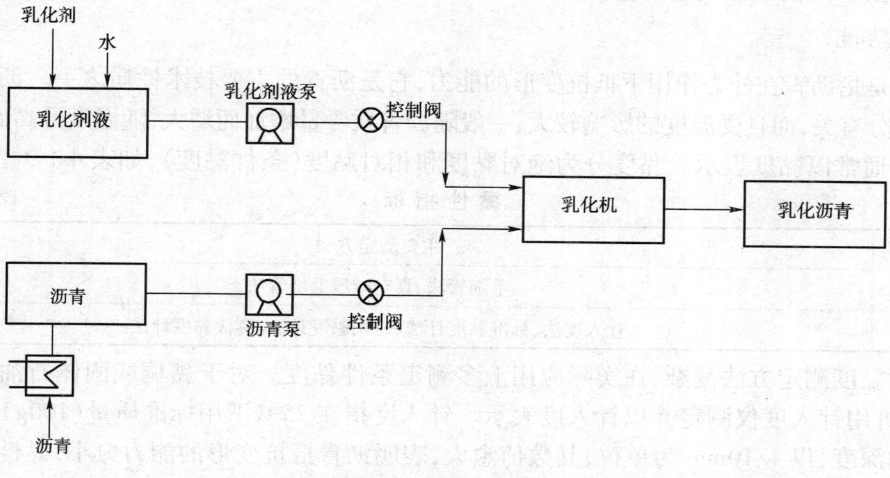

图 4-1-2 制备乳化沥青的工艺流程图

3. 乳化沥青的特点

(1)冷态施工,节约能源。黏稠沥青通常要加热至 160~180℃施工,而乳化沥青可以在常温下施工,现场无需加热,扣除制备乳化沥青所消耗的能源后,仍然可以节约大量能源。

(2)和易性好,节约沥青。因为乳化沥青黏度低,与集料组成混合料的和易性好,施工方便。此外,由于乳化沥青在集料表面形成的沥青膜较薄,不仅提高沥青与集料的黏附性,而且可以节约沥青用量约 10%。

(3)保护环境,保障健康。施工不需加热,故不污染环境;同时,避免了操作人员受沥青挥发物的毒害。

(4)施工季节较长。乳化沥青几乎不受阴湿季节影响,能及时进行路面的维护和养护。乳化沥青不仅与干燥集料有较好的黏附性,而且可以与潮湿集料黏附,因此延长了施工季节。

(5)成型期较长。乳化沥青与黏稠沥青相比修筑路面成型期较长,最初需要控制车速。

(6)稳定性稍差。乳化沥青储存期不宜超过 4 个月,否则易引起凝聚和分层。储存温度不宜低于 0℃。

四、改性沥青

1. 何谓改性沥青

所谓改性沥青是指在普通沥青(又称基质沥青)中加入一定量的改性剂(如树脂、高分子聚合物、磨细的橡胶粉或其他填料等)，使沥青在感温性、稳定性、耐久性、黏附性、抗老化性等方面都得到全面改善，提高沥青路面的使用性能。

2. 改性沥青的结构特点

目前，国内常用的SBS改性剂是一种热塑性弹性体，是以丁二烯和苯乙烯为单体，采用阴离子聚合制得的线型或星型嵌段共聚物。SBS改性沥青是由SBS聚合物作为分散相，用物理的方法以一定的粒径均匀地分散在沥青连续相中而构成的具有橡胶和沥青双重性质的体系。生产SBS改性沥青必须在最高临界温度以上。目前比较先进的生产改性沥青的方法是胶体磨法或高速剪切设备研磨或强制剪切将改性剂打碎，充油融胀分散磨细与沥青混合搅拌。

4.1.2 沥青的技术性质

石油沥青的技术性质主要包括黏性、塑性、温度稳定性和大气稳定性等。

一、黏性

黏性是指沥青在外力作用下抵抗变形的能力，它是沥青的主要技术性质之一。沥青的黏性不但与组分有关，而且受温度的影响较大，一般随沥青质含量增加而增大，随温度升高而降低。

黏性通常以黏度表示。黏度分为绝对黏度和相对黏度(条件黏度)，如表4-1-3。

黏性指标 表4-1-3

黏性指标	主要测定方法
绝对黏度	毛细管法、真空减压毛细管法
相对黏度	针入度法、标准黏度计法、恩氏黏度计法、赛氏黏度计法

绝对黏度测定方法复杂，在实际应用上多测定条件黏度。对于黏稠或固体石油沥青的条件黏度，可用针入度仪测定并以针入度表示。针入度指在25℃下用标准质量(100g)的针在5s内贯入的深度，以1/10mm为单位，其数值愈大，表明沥青抵抗变形的能力愈小，黏性愈小。此外，针入度指数(PI)用以描述沥青的温度敏感性，常用的试验条件为5℃、10℃、15℃、25℃和30℃等，但标准针质量和贯入时间为100g和5s。

针入度试验适用于测定道路石油沥青、改性沥青以及液体石油沥青蒸馏或乳化沥青蒸发后残留物的针入度。

恩格拉黏度计是测定石油产品及其他液体相对黏度的计量仪器。液体在一定的温度和容积条件下，从恩氏黏度计流出时间(s)与蒸馏水在20℃时流出的时间(s)之比，为该液体的相对黏度，即恩氏黏度，单位为条件度。

二、塑性

塑性指石油沥青在外力作用下产生变形而不破坏，除去外力后仍保持变形后的形状的性质，是沥青的主要技术性质之一。

沥青的塑性与黏性和组分含量、温度变化有关，沥青质的含量增加，黏性增大，塑性降低；树脂质含量较多，沥青胶团膜层增厚，则塑性提高；沥青塑性随其温度的升高而增大。在常温下，塑性较好的沥青在产生裂缝时，也可能由于特有的黏塑性而自行愈合。故塑性还反映了沥青开裂后的自愈能力。用以衡量塑性的指标是延度。

延度可用延伸仪测定，将沥青制成“8”字形试件，通常采用的试验温度为25℃、15℃、10℃或5℃，拉伸速度为(5 ±0.25)cm/min，低温采用(1 ±0.05)cm/min。当拉伸应力大于沥青凝集力(内部黏结力)时，试样断裂瞬间所达到的长度以厘米为单位表示。我国现行《道路石油沥青技术要求》(JTG F40—2004)规定,对A、B级道路石油沥青,试验温度为10℃,拉伸速度为(5±0.25)cm/min;对C级道路石油沥青,试验温度为15℃,拉伸速度为(5±0.25)cm/min。沥青的延伸度越大,塑性越好。

三、温度稳定性

温度稳定性是指石油沥青的黏性和塑性随温度升降而变化的性能。它是评价沥青质量的重要性质之一。用以衡量温度稳定性的指标是软化点。

软化点是沥青由高弹态向黏流态转化的温度,用环球法测定。即该法是将沥青试样注入规定尺寸的金属环[内径(15.9±0.1mm),高(6.4±0.1)mm]内,上置规定尺寸和质量的钢球[直径9.53mm,质量(3.5±0.05)g],放于水(或甘油)中,以(5±0.5)℃/min的速度加热,至钢球下沉达规定距离(25.4mm)时的温度称软化点,以℃表示。软化点高表示沥青不易受热变形。软化点愈高,沥青的热稳定性愈好。道路石油沥青的软化点一般在40~60℃之间。

根据已有研究认为:沥青在软化点时的黏度约为1 200Pa·s或相当于针入度为800(0.1mm)。据此可以认为软化点是一个等黏温度。

针入度、延度、软化点是评价黏稠石油沥青路用性能最常用的经验指标,所以通称“三大指标”。

四、大气稳定性

大气稳定性是指石油沥青在热、阳光、氧气和潮湿等因素的长期综合作用下抵抗老化的性能。

石油沥青的大气稳定性常以蒸发损失和蒸发后针入度比来评定。测定方法是试样在163℃温度下,蒸发规定时间后的质量损失百分率和蒸发前后的针入度比两项指标来表示。蒸发损失率越小,针入度比越大,则表示沥青的大气稳定性越好。

沥青抗老化检测方法主要有:①沥青薄膜加热试验(TFOT);②旋转薄膜烘箱试验。

4.1.3 沥青的技术要求

目前,在世界范围内具有代表性的道路沥青的评价体系有三种,即针入度分级体系、黏度分级体系和PG分级体系。

道路沥青的针入度分级体系是根据沥青针入度的大小确定沥青所适应的气候条件和载荷条件。针入度分级体系的主体是人们所熟悉的拉(延度)、扎(针入度)、落(软化点),辅以沥青的安全性指标闪点、沥青的纯度指标溶解度、沥青的抗老化性能指标薄膜烘箱试验和对生产沥青所用原油的约束指标蜡含量等,构成了沥青的针入度分级体系。

一、黏稠石油沥青的技术标准

我国道路石油沥青按针入度划分为30号、50号、70号、90号、110号、130号和160号七个标号,根据当前沥青使用和生产的水平,按技术性能分为A、B、C三个等级。各个等级沥青的适用范围见表4-1-4。道路石油沥青的技术要求见表4-1-5,道路液体石油沥青的技术要求见表4-1-6。经建设单位同意,沥青的PI值、60℃动力黏度、10℃延度可作为选择性指标。

道路石油沥青的适用范围 表4-1-4

沥青等级	适用范围
A级沥青	各个等级的公路,适用于任何场合和层次
B级沥青	1. 高速公路、一级公路沥青下面层及以下的层次,二级及二级以下公路的各个层次; 2. 用做改性沥青、乳化沥青、改性乳化沥青、稀释沥青的基质沥青
C级沥青	三级及三级以下公路的各个层次

表 4-1-5

道路石油沥青的技术要求

指标	单位	等级	沥青标号																试验方法①
			160号④	130号④	110号			90号					70号③					50号	30号④	
针入度(25℃,5s,100g)	0.1mm		140～200	120～140	110～120			80～100					60～80					40～60	20～40	T 0604
适用的气候分区⑥			④	④	2—1	2—2	3—2	1—1	1—2	1—3	2—2	2—3	1—3	1—4	2—2	2—3	2—4	1—4	④	⑤
针入度指数PI②		A	−1.5～+1.0																	T 0604
		B	−1.8～+1.0																	
软化点(R&B),不小于	℃	A	38	40	43			45		44			46		45			49	55	T 0606
		B	36	39	42			43		42			44		43			46	53	
		C	35	37	41			42					43					45	50	
60℃动力黏度②,不小于	Pa·s	A	—	60	120			160		140			180		160			200	260	T 0620
10℃延度②,不小于	cm	A	50	50	40			45	30	20	30	20	20	15	25	20	15	15	10	T 0605
		B	30	30	30			30	20	15	20	15	15	10	20	15	10	10	8	
15℃延度,不小于	cm	A、B	100															80	50	
		C	80	80	60			50					40					30	20	
蜡含量(蒸馏法),不大于	%	A	2.2																	T 0615
		B	3.0																	
		C	4.5																	

续上表

指标	单位	等级	沥青标号							试验方法①
			160号④	130号④	110号	90号	70号③	50号	30号④	
闪点,不小于	℃		230			245	260			T 0611
溶解度,不小于	%		99.5							T 0607
密度(15℃)	g/cm³		实测记录							T 0603
TFOT(或RTFOT)后⑤										
质量变化,不大于	%		±0.8							T 0610 或 T 0609
残留针入度比,不小于	%	A	48	54	55	57	61	63	65	T 0604
		B	45	50	52	54	58	60	62	
		C	40	45	48	50	54	58	60	
残留延度(10℃),不小于	cm	A	12	12	10	8	6	4	—	T 0605
		B	10	10	8	6	4	2	—	
残留延度(15℃),不小于	cm	C	40	35	30	20	15	10	—	T 0605

注:①试验方法按照现行《公路工程沥青及沥青混合料试验规程》(JTJ 052—2000)规定的方法执行。用于仲裁试验求取PI时的5个温度的针入度关系的相关系数不得小于0.997。

②经建设单位同意,表中PI值、60℃动力黏度、10℃延度可作为选择性指标,也可不作为施工质量检验指标。

③70号沥青可根据需要要求供应商提供针入度范围为60~70或70~80的沥青,50号沥青可要求提供针入度范围为40~50或50~60的沥青。

④30号沥青仅适用于沥青稳定基层。130号和160号沥青除寒冷地区可直接在中低级公路上直接应用外,通常用作乳化沥青、稀释沥青、改性沥青的基质沥青。

⑤老化试验以TFOT为准,也可以RTFOT代替。

⑥气候分区见表4-1-7。

表 4-1-6

道路液体石油沥青的技术要求

序号	项目		快凝		中凝						慢凝						试验方法 JTJ 052—2000
			AL(R)-1	AL(R)-2	AL(M)-1	AL(M)-2	AL(M)-3	AL(M)-4	AL(M)-5	AL(M)-6	AL(S)-1	AL(S)-2	AL(S)-3	AL(S)-4	AL(S)-5	AL(S)-6	
1	黏度(s)	C25,5	<20	—	<20	—	—	—	—	—	<20	—	—	—	—	—	T 0621
		C60,5	—	5~15	—	5~15	16~25	26~40	41~100	100~200	—	-5~15	16~25	26~40	41~100	101~180	
2	蒸馏体积不大于(%)	225℃前	>20	>15	<10	<7	<3	<2	0	0	—	—	—	—	—	—	T 0632
		315℃前	>35	>30	<35	<25	<17	<14	<8	<5	—	—	—	—	—	—	
		360℃前	>45	>35	<50	<35	<30	<25	<20	<15	<40	<35	<25	<20	<15	<5	
3	蒸馏后残留物性质	针入度(25℃,100g,5s)(0.1mm)	6~200	6~200	100~300	100~300	100~300	100~300	100~300	100~300	—	—	—	—	—	—	T 0604
		延度25℃(cm),不小于	60	60	60	60	60	60	60	60	—	—	—	—	—	—	T 0605
		浮标度(50℃)(s)	—	—	—	—	—	—	—	—	<50	>20	>30	>40	>45	>45	T 0631
4	闪点(TOC)(℃),不低于		30	30	65	65	65	65	65	65	70	70	100	100	120	120	T 0633
5	含水率(%),不大于		0.2	0.2	0.2	0.2	0.2	0.2	0.2	0.2	0.2	0.2	0.2	0.2	0.2	0.2	T 0612

注:①本表摘自中华人民共和国交通行业标准《公路工程沥青及沥青混合料试验规程》(JTJ 052—2000)。

②黏度使用道路沥青黏度计测定,$C_{T,d}$的脚标第一个数字 T 代表温度(℃),第二个数字 d 代表孔径(mm)。

③闪点(TOC)为泰格开口杯(Tag Open Cup)法。

沥青路面使用性能气候分区表 表4-1-7

气候区名		最热月平均最高气温（℃）	年极端最低气温（℃）	备注
1-1	夏炎热冬严寒	>30	< -37.0	
1-2	夏炎热冬寒		-37.0~21.5	
1-3	夏炎热冬冷		-21.5~-9.0	
1-4	夏炎热冬温		> -9.0	
2-1	夏热冬严寒	20~30	< -37.0	
2-2	夏热冬寒		-37.0~21.5	
2-3	夏热冬冷		-21.5~-9.0	
2-4	夏热冬温		> -9.0	
3-1	夏凉冬严寒	<20	< -37.0	不存在
3-2	夏凉冬寒		-37.0~21.5	
3-3	夏凉冬冷		-21.5~-9.0	不存在
3-4	夏凉冬温		> -9.0	不存在

二、乳化沥青的技术标准

《公路沥青路面施工技术规范》(JTG F40—2004)中关于改性乳化沥青的品种及适用范围见表4-1-8。表中PCR是喷洒用阳离子改性乳化沥青，BCR是拌和用阳离子改性乳化沥青。喷洒用改性乳化沥青的适用范围为黏层、封层、桥面防水黏结层。拌和用改性乳化沥青的适用范围为改性稀浆封层和微表处。规范中关于改性乳化沥青的技术要求见表4-1-9。

改性乳化沥青的品种及适用范围 表4-1-8

改性乳化沥青品种	代号	适用范围
喷洒用	PCR	黏层、封层、桥面防水黏结层用
拌和用	BCR	改性稀浆封层和微表处用

改性乳化沥青的技术要求 表4-1-9

项目		品种及代号		试验方法
		PCR	BCR	
破乳速度		快裂或中裂	慢裂	T 0658
粒子电荷		（+）	（+）	T 0653
筛上剩余量（1.18 mm，%，≯）		0.1	0.1	T 0652
E_{25}		1~10	3~30	T 0622
$C_{25.3}$		8~25	12~60	T 0621
蒸发残留物含量（%，≮）		50	60	T 0651
针入度（10^{-1}mm）		40~120	40~100	T 0604
软化点（℃，≮）		50	53	T 0606
延度（5℃）（cm，≮）		20	20	T 0605
溶解度（%，≮）		97.5	97.5	T 0607
裹覆面积，≮		2/3		T 0654
储存稳定性	1d，≯	1	1	T 0655
	5d，≯	5	5	T 0655

三、改性沥青的技术标准

《公路沥青路面施工技术规范》(JTG F40—2004)中对聚合物改性沥青的技术要求如表4-1-10。该标准根据聚合物类型的不同分为三类,将每一种类型的聚合物改性沥青又分为几个等级,每一个等级适用于不同的气候条件。辽宁省地方标准对聚合物改性沥青的技术要求见表4-1-11。

聚合物改性沥青的技术要求 表4-1-10

指标	SBS类(Ⅰ类)				SBR类(Ⅱ类)			EVA、PE类(Ⅲ类)			
	Ⅰ-A	Ⅰ-B	Ⅰ-C	Ⅰ-D	Ⅱ-A	Ⅱ-B	Ⅱ-C	Ⅲ-A	Ⅲ-B	Ⅲ-C	Ⅲ-D
针入度[25℃,100g,5s,(0.1mm)]	>100	80~100	60~80	30~60	>100	80~100	60~80	>80	60~80	40~60	30~40
针入度指数PI 不小于	−1.2	−0.8	−0.4	0	−1.0	−0.8	−0.6	−1.0	−0.8	−0.6	−0.4
延度(5℃,5cm/min) 不小于(cm)	50	40	30	20	60	50	40				
软化点TR&B 不小于(℃)	45	50	55	60	45	48	50	48	52	56	60
运动黏度①(135℃) 不大于(Pa·s)	3										
闪点 不小于(℃)	230				230			230			
溶解度 不小于(%)	99				99			—			
储存稳定性②[离析,48h软化点差不大于(℃)]	2.5							无改性剂明显析出、凝聚			
弹性恢复(25℃) 不小于(%)	55	60	65	70	—			—			
黏韧性 不小于(N·m)	—				5			—			
韧性 不小于(N·m)	—				2.5						
TFOT(或RTFOT)后残留物④											
质量变化 不大于(%)	±1.0										
针入度比(25℃) 不小于(%)	50	55	60	65	50	55	60	50	55	58	60
延度(5℃) 不小于(cm)	30	25	20	15	30	20	10				

注:①表中135℃运动黏度可采用《公路工程沥青及沥青混合料试验规程》(JTJ 052—2000)中的"沥青布氏旋转黏度试验方法(布洛克菲尔德旋转黏度计法)"进行测定。若在不改变改性沥青物理力学性质并符合安全条件的温度下易于泵送和拌和,或经证明适当提高泵送和拌和温度时能保证改性沥青的质量,容易施工,可不要求测定。

②储存稳定性指标适用于工厂生产的成品改性沥青。现场制作的改性沥青对储存稳定性指标可不作要求,但必须在制作后保持不间断的搅拌或泵送循环,保证使用前没有明显的离析。

SBS改性沥青技术要求(辽宁省地方标准) 表4-1-11

试验项目	改性沥青种类		试验方法
	A类SBS改性沥青	B类SBS改性沥青	
针入度[25℃,100g,5s(0.1mm)]	≥50	≥60	T 0614
针入度指数PI	≥−0.2	≥−0.6	T 0604
延度[5℃,5cm/min,(cm)]	≥45	≥35	T 0605
软化点(℃)	≥70	≥60	T 0606
运动黏度[135℃(Pa·s)]	≤3	≤3	T 0625
闪点(COC)(℃)	≥230	≥230	T 0611

续上表

试验项目		改性沥青种类		试验方法
		A类SBS改性沥青	B类SBS改性沥青	
溶解度(三氯乙烯)(%)		≥99	≥99	T 0607
储存稳定性[离析,48h软化点差(℃)]		≤2.5	≤2.5	T 0661
弹性恢复[25℃,(%)]		≥85	≥75	T 0662
TFOR(或RTFOT)后残留物	质量损失(%)	±1.0	±1.0	T 0609或T 0610
	针入度比[25℃,(%)]	≥60	≥55	T 0604
	延度[5℃,(cm)]	≥25	≥20	T 0605

注:①针入度指数PI由15℃、20℃、25℃、30℃、35℃等五个以上不同温度的针入度,按式$\lg P = AT + k$进行线性回归,直线回归的相关系数不得低于0.997。

②表中135℃运动黏度采用《公路工程沥青及沥青混合料试验规程》(JTJ 052—2000)中的"沥青布氏旋转黏度试验方法(布洛克菲尔德黏度计法)"进行测定。若在不改变改性沥青物理力学性质并符合安全条件的温度下易于泵送进行拌和,或经试验证明适当提高泵送和拌和温度时能保证改性沥青的质量,可不要求测定。

③储存稳定性指标适用于工厂生产的成品SBS改性沥青。现场制作的SBS改性沥青对储存稳定性指标可不作要求,但改性沥青在现场制作后,必须保持不间断地搅拌或泵送循环,保证使用前没有明显的离析。

4.1.4 沥青材料的应用

沥青材料是一种典型的黏弹性材料,其力学行为表现为流变学特性。道路路面绝大部分采用该材料,不仅因为它具有行车舒适、噪声小、抗滑性能好等特点,而且因为其优良的适应于高低温环境的黏弹性特性。

现代公路和道路发生许多变化:交通流量和行驶频度急剧增长,货运车的轴重不断增加,普遍实行分车道单向行驶,要求进一步提高路面的抗流动性,即高温下抗车辙的能力;提高柔性和弹性,即低温下抗开裂的能力;提高耐磨耗能力和延长使用寿命。

对石油沥青改性,使其适应上述苛刻的使用要求,引起了人们的重视。经过数十年的研究开发,已出现品种繁多的改性道路沥青、防水卷材和涂料,表现出一定的工程实用效果。但鉴于改性后的材料价格通常比普通石油沥青高2~7倍,用户对材料工程性能尚未能充分把握,改性沥青产量增长缓慢。目前改性道路沥青主要用于机场跑道、防水桥面、停车场、运动场、重交通路面、交叉路口和路面转弯处等特殊场合的铺装应用。近来欧洲将改性沥青应用到公路网的养护和补强,较大地推动了改性道路沥青的普遍应用。

改性沥青的品种和制备技术取决于改性剂的类型、加入量和基质沥青(即原料沥青)的组成和性质。由于改性剂品种繁多,形态各异,为了使其与石油沥青形成均匀的可供工程实用的材料,多年来评价了各种类型改性剂,并开发出相应的配方和制备方法,但多数已用于实际工程的改性沥青属于专利技术和专利产品。

乳化沥青技术在我国的发展始于20世纪70年代末,改性乳化沥青技术在我国的发展始于80年代末。改性乳化沥青是以乳液状高分子聚合物对乳化沥青进行改性或者是以高分子聚合物改性沥青进行乳化所得的产品。目前这种产品在我国各地以及世界各国主要用于微表处、改性稀浆封层、黏层、封层和桥面防水黏结层。

橡胶沥青或称沥青橡胶又是一种可望在近期内在养护维修领域获得推广应用的新材料。废旧橡胶中含有SBR、天然橡胶、碳黑等多种高分子聚合物。其中主要成分是SBR。因此,在沥青中加入废旧橡胶粉既可起到沥青改性的作用。同时又具有经济和环保上的价值。橡胶沥青的优点是:可以掺入20% 以上的橡胶粉,对黏结剂具有抗氧化和延缓老化的作用。大大提高黏结剂的黏度和黏弹性,并提高了它的软化点。改善混合料的高温敏感性和低温抗裂性,并降低路面的噪声,可容许更多地增大黏结剂含量和采用更厚的沥青膜厚度。由于橡胶沥青制作工艺困难,成本较高,因此影响了它的推广应用。近些年来已出现了一些温式和干式的制作新工艺。随着这些新工艺专利的失效,橡胶沥青将会获得更快的广泛应用。

4.1.5 沥青试验与检测

实训项目一 沥青恩格拉黏度试验(恩格拉黏度计法)

一、目的与适用范围

本试验采用恩格拉黏度计测定乳化沥青及煤沥青的恩格拉黏度,用恩格拉度(E_v)表示。非经注明,测定温度为25℃。

二、仪具与材料

(1)恩格拉黏度计,如图4-1-3所示,符合国家标准的规定,包括盛样用的内容器和作为水或油浴用的外容器,堵塞流出管用的硬木塞,金属三脚架和接受瓶等。

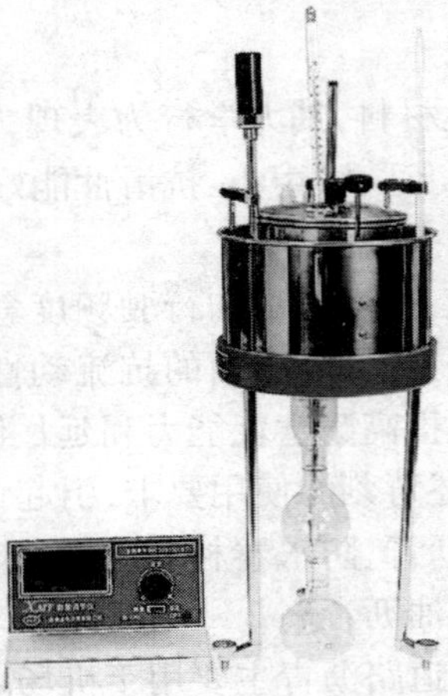

图4-1-3 黏度计

(2)秒表,最小分度0.1s。

三、试验方法与步骤

序号	项目	内容及要求
		一、试验准备
1	清洗仪具	将黏度计的内容器、流出管孔依次用二甲苯及蒸馏水仔细洗净,并用滤纸吸去剩下的水滴,然后用空气吹干(不得用布擦拭)
2	仪具就位	将黏度计置于三脚架上,并将干净的木塞插入内容器流出管的孔中
3	接受瓶清洗	将接受瓶依次用汽油、洗液、水及蒸馏水清洗干净后置烘箱(105 ℃ ±5 ℃)中烘干
4	准备沥青乳液	将准备好的乳化沥青试样用1.18mm 筛网过滤
5	测定黏度计的水值(t_w)	直接测定蒸馏水在25℃时从黏度计流出50mL所需的时间(s),作为水值(黏度计的水值每4个月至少校正一次)

续上表

序号	项　目	内容及要求
		二、试 验 步 骤
1	注入沥青试样	将已过筛和预热到稍高于规定温度2℃左右的试样注入干净并插好木塞的内容器中，并须使其液面稍高于尖钉的尖端。注意，试样中不应产生气泡。盖好黏度计盖，并插好温度计
2	水加入外容器	事先准备好外容器的水，预热温度须稍高于测试温度
3	调节容器温度	在流出管下方放置一个洁净干燥的50mL试样接受瓶。调节内容器中试样和外容器中水的温度，至规定的试验温度25℃ ±0.1℃
4	提离木塞	当试样的温度达到测试温度并保持2min后，迅速提离木塞，木塞提起位置应保持与测水值时相同
5	记取时间	当试样流至第一条标线50mL时开动秒表，至达到第二条标线100mL时，立即按停秒表，并记取时间，精确至0.2s
		三、结 果 整 理
1	试样的恩格拉黏度计算	$E_V = t_T/t_w$ 式中：E_V——试样在温度T时的恩格拉黏度； t_T——试样在温度T时的流出时间(s)； t_w——恩格拉黏度计的水值
2	报告	同一试样至少平行试验两次，当两次结果的差值不大于平均值的4%时，取其平均值作为试验结果
精密度和允许差		1. 重复性试验的允许差为平均值的4%； 2. 复现性试验的允许差为平均值的6%

四、试验记录

试验记录及结果整理填入《道路建筑材料试验检测报告》中的项目表4-1-1和试表4-1-1。

实训项目二　沥青针入度指标试验

一、热沥青试样制备

(1)将装有试样的盛样器带盖放入恒温烘箱中，当石油沥青试样中含有水分时，烘箱温度80℃左右，加热至沥青全部熔化后供脱水用。

当石油沥青试样中含有水分时，将盛样器皿放在可控温的砂浴、油浴、电热套上加热脱水，不得已采用电炉、煤气炉加热脱水时必须加放石棉垫，时间不超过30min，并用玻璃棒轻轻搅拌，防止局部过热。在沥青温度不超过100℃的条件下，仔细脱水至无泡沫为止，最后的加热温度不超过软化点以上100℃(石油沥青)或50℃(煤沥青)。

(2)当石油沥青中无水分时，烘箱温度宜为软化点温度以上90℃，通常为135℃左右。对取来的沥青试样不得直接采用电炉或煤气炉明火加热。

(3)将盛样器中的沥青通过0.6mm的滤筛过滤，不等冷却立即一次灌入各项试验的模具中。根据需要也可将试样分装入擦拭干净并干燥的一个或数个沥青盛样器皿中，数量应满足一批试验项目所需的沥青样品并有富余。

(4)在沥青灌模过程中如温度下降可放入烘箱中适当加热，试样冷却后反复加热的次数不得超过2次，以防沥青老化影响试验结果。注意在沥青灌模时不得反复搅动沥青，应避免混进气泡。

(5)灌模剩余的沥青应立即清洗干净,不得重复使用。

二、沥青针入度试验

1.试验目的与适用范围

根据试验结果划分沥青的标号,按规定的方法计算得到用来表征沥青温度敏感性的指标——针入度指数。

本试验适用于测定道路石油沥青、改性沥青针入度以及液体石油沥青蒸馏或乳化沥青蒸发后残留物的针入度。

2.主要试验仪具

针入度仪,如图4-1-4所示,其主要技术参数如下:

测量范围,0~50mm±0.1mm;

测量精度,±0.1mm(最小试值显示0.01mm);

针连杆、砝码、标准针,合重100±0.05g;

控温精度,25℃±0.1℃;

自动控时,5s,60s±0.1s。

图4-1-4 针入度仪

3.试验操作方法

序号	项目	内容及要求
		一、试验准备
1	加热沥青	将脱水过滤的沥青加热熔化,加热温度不超过软化点以上100℃
2	试样注入	试样注入盛样皿中,试样高度应超过预计针入度值10mm,并盖上盛样皿,以防落入灰尘。沥青灌模冷却后恒温
3	试样冷却	盛样皿在15~30℃室温中冷却1~1.5h(小盛样皿)
4	试样恒温	将恒温水槽调节到要求的试验温度25℃或15℃、30℃等,盛样皿移入保持规定试验温度±0.1℃的恒温水槽中1~1.5h(小盛样皿)
5	针入度仪准备	调整针入度仪使之水平,检查针连杆和导轨,确认无水和无摩擦。用三氯乙烯清洗标准针并拭干,安装试针及砝码
		二、试验步骤
1	取出试样	取出达到恒温的盛样皿,移入水温控制在试验温度±0.1℃(可用恒温水槽中的水)的平底玻璃皿中的三脚支架上,试样表面以上的水层深度不少于10mm
2	针入度仪调整就位	将平底玻璃皿置于针入度仪的平台上,慢慢放下针连杆,使针尖恰好与试样表面接触(用反光镜观察)
3	针入度测定	采用自动针入度仪时,选择针入度仪5s按钮,按启动键,使标准针自动下落贯入试样,5s后针自动停止贯入
4	平行试验	同一试样平行试验至少三次,各测试点之间及与盛样皿边缘的距离不应少于10mm
		三、结果整理
1	试验报告	应报告标准温度(25℃)时的针入度 T_{25} 以及其他试验温度 T 所对应的针入度 P。同一试样三次平行试验结果的最大值和最小值之差在下列允许偏差范围内时,计算三次试验结果的平均值,取整数作为针入度试验结果,以0.1mm为单位

续上表

序号	项目	内容及要求
2	试验允许偏差	针入度(0.1mm) 0~49,允许差值(0.1mm) 2; 针入度(0.1mm) 50~149;允许差值(0.1mm) 4。 当试验值不符此要求时,应重新进行试验
精密度和允许差		当试验结果等于或大于50(0.1mm)时: 1. 重复性试验的允许差为平均值的4%; 2. 复现性试验的允许差为平均值的8%

4. 针入度指数公式计算法

(1)对不同温度条件下测试的针入度值取对数,令 $y=\lg P$,$x=T$,按式(4-1-1)的针入度对数与温度的直线关系,进行 $y=a+bx$ 一元一次方程的直线回归,求取针入度温度指数 $A_{\lg Pen}$。

$$\lg P = K + A_{\lg Pen} \times T \tag{4-1-1}$$

式中:T——不同试验温度,相应温度下的针入度为 P;

K——回归方程的常数项 a;

$A_{\lg Pen}$——回归方程的系数 b。

按式(4-1-1)回归时必须进行相关性检验,直线回归相关系数不得小于0.997(置信度95%),否则,试验无效。

(2)按式(4-1-2)确定沥青的针入度指数PI,并记为 $PI_{\lg Pen}$。

$$PI_{\lg Pen} = \frac{20-500A_{\lg Pen}}{1+50A_{\lg Pen}} \tag{4-1-2}$$

(3)按式(4-1-3)确定沥青的当量软化点 T_{800}。

$$T_{800} = \frac{\lg 800 - K}{A_{\lg Pen}} = \frac{2.9031 - K}{A_{\lg Pen}} \tag{4-1-3}$$

(4)按式(4-1-4)确定沥青的当量脆点 $T_{1.2}$。

$$T_{1.2} = \frac{\lg 1.2 - K}{A_{\lg Pen}} = \frac{0.0792 - K}{A_{\lg Pen}} \tag{4-1-4}$$

(5)按式(4-1-5)计算沥青的塑性温度范围 ΔT。

$$\Delta T = T_{800} - T_{1.2} = \frac{2.8239}{A_{\lg Pen}} \tag{4-1-5}$$

针入度指数值愈大,表示沥青的感温性愈低。通常要求沥青的PI在−1~+1之间,认为PI为−1~+1的溶凝胶沥青适宜修筑沥青路面。规范规定,对A级沥青PI值要求在−1.5~+1.0之间,对B级沥青要求在−1.8~+1.0之间。

按针入度指数可将沥青划分为三种胶体结构类型:PI<−2者为溶胶型沥青;PI>+2者为凝胶型沥青;PI=−2~+2者为溶-凝胶型沥青。

5. 试验记录

试验记录及结果整理填入《道路建筑材料试验检测报告》中项目表4-1-2和试表4-1-2。

实训项目三 沥青延度指标试验

一、试验目的与适用范围

(1)本试验适用于测定道路石油沥青、液体沥青蒸馏残留物和乳化沥青蒸发残留物等材料的延度。

(2)沥青延度的试验温度与拉伸速率可根据要求采用,通常采用的试验温度为25℃、15℃、10℃或5℃,拉伸速度为5cm/min ±0.25cm/min。当低温采用1cm/min ±0.05 cm/min拉伸速度时,应在报告中注明。

二、主要试验仪具

(1)延度仪,如图4-1-5所示,其主要技术参数如下:

控温范围,0~50℃;

控温精度,±0.5℃;

延度全程精度,±1mm;

延伸速度,50±2.5mm/min,10±1mm/min;

最大延度,1 500mm,2 000mm;

加热功率,1.5kW;

制冷功率,1.75匹;

测力范围,0~2kW。

(2)试模,黄铜制,由两个端模和两个侧模组成,其形状及尺寸如图4-1-6所示。

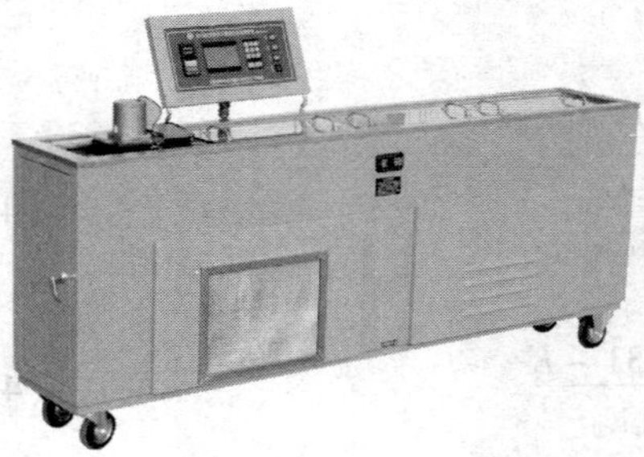

图4-1-5 延度仪

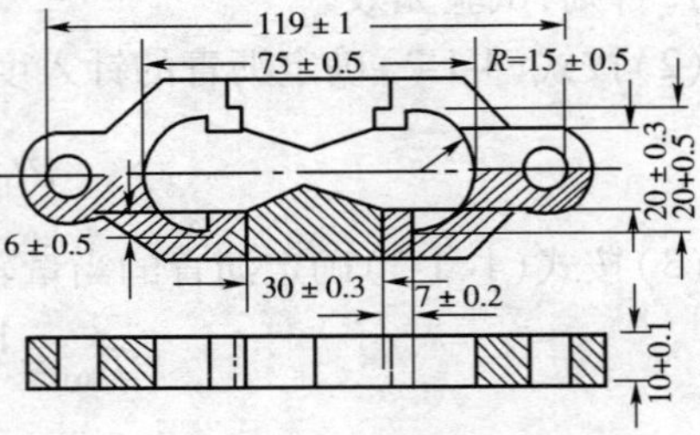

图4-1-6 延度试模(单位:mm)

(3)试模底板为玻璃板。

(4)恒温水槽,容量不少于10L,控制温度的准确度为0.1℃,水槽中应设有带孔搁架,搁架距水槽底不得小于50mm。试件浸入水中的深度不小于100mm。

三、试验操作方法

序号	项目	内容及要求
		一、试验准备
1	涂隔离剂,组装试模	将隔离剂(甘油与滑石粉的质量比2:1)拌和均匀,涂于玻璃板和两个侧模的内表面,并将试模在玻璃板上装妥
2	灌模	将脱水过滤加热的试样自试模的一端至另一端往返数次注入试模中,略高出试模,灌模时应注意勿使气泡混入
3	冷却	试件在室温中冷却30~40min
4	试样恒温	试件置于规定试验温度±0.1℃的恒温水槽中,30min后取出用热刮刀刮平,刮法应自试模的中间刮向两端,且表面应平滑。将试模连同底板再浸入规定试验温度的水槽中1~1.5h
5	仪器检查	检查延度仪的拉伸速度,水温达试验温度±0.5℃,移动滑板使指针对零

续上表

序号	项目	内容及要求
		二、试 验 步 骤
1	安装试件	将试件连同底板移入延度仪的水槽中,取下底板,将试模的端孔分别套在滑板及槽端的金属柱上,取下侧模。水面距试件表面应不小于25mm
2	拉伸,调水的密度	开动延度仪,注意观察试件的延伸情况。在拉伸过程中,水温应在试验温度规定范围内,且仪器不得有振动,水面不得有晃动。在试验中,如发现沥青细丝浮于水面或沉入槽底,则应在水中加入酒精或食盐,调整水的密度至与试样相近后,重新试验
3	观察并读数	试件拉断时,读取指针所指标尺上的读数,以厘米表示。在正常情况下,试件延伸时应成锥尖状,拉断时实际断面接近于零。如不能得到这种结果,则应在报告中注明
		三、结 果 整 理
1	试验报告	同一试样,每次平行试验不少于三个,如三个测定结果均大于100cm,试验结果记作 >100cm
2	试验值要求	如三个测定结果中,有一个以上的测定值小于100cm时,若最大值或最小值与平均值之差满足重复性试验精密度要求(即不超过平均值的20%),则取三个测定结果平均值的整数作为试验结果,若平均值大于100cm,记作“ >100cm”;若最大值或最小值与平均值之差不符合重复性试验精密度要求时,试验重做
精密度和允许差		当试验结果小于100cm时: 1. 重复性试验的允许差为平均值的20%; 2. 复现性试验的允许差为平均值的30%

四、试验记录

试验记录及结果整理填入《道路建筑材料试验检测报告》中项目表4-1-3和试表4-1-2。

实训项目四　沥青软化点指标试验(环球法)

一、试验目的与适用范围

(1)测定软化点用以评定沥青的热稳定性。

(2)本试验适用于测定道路石油沥青、煤沥青的软化点,也适用于测定液体石油沥青经蒸馏或乳化沥青破乳蒸发后残留物的软化点。

二、主要试验仪具

软化点试验仪,由下列附件组成:

①钢球,直径9.53mm,质量3.5g ±0.05g。

②试样环,由黄铜或不锈钢等制成。

③钢球定位环,由黄铜或不锈钢制成。

④金属支架,由两个主杆和三层平行的金属板组成。

⑤耐热玻璃烧杯,容量800 ~1 000mL,直径不小于86mm,高不小于120mm。

⑥温度计,0 ~80℃,分度为0.5℃。

三、试验操作方法与步骤

序号	项目	内容及要求
一、试验准备		
1	涂隔离剂	将试样环(有槽口的面在下)置于涂有隔离剂的底板上
2	灌模	将脱水、过滤和加热的试样注入试样环内至略高出环面(如估计软化点高于120℃,则试样环和金属板均应预热至80~100℃)
3	冷却	试样在室温冷却30min后,用环夹夹着试样环,并用热刀刮除环面上的试样,务使与环面齐平
4	试样恒温	软化点低于80℃的试样:将试样环连同底板、金属支架、钢球、钢球定位环置于5℃±0.5℃的恒温水槽中至少15min
5	注水(或甘油)	烧杯内注入新沸煮冷却至5℃的蒸馏水(或32℃的甘油),液面略低于深度标记
二、试验步骤		
1	组装	将盛有试样的试样环放在中层板的圆孔中,套上定位环,将环架放入烧杯中,调整液面至深度标记,水温为5℃±0.5℃(或甘油温度为32℃±1℃)。环架上任何部分不得有气泡。将温度计由上层板中心孔插入,使测温头底部与试样环下面齐平
2	加热测定	将盛有水(或甘油)和环架的烧杯放在有石棉网的加热炉具上,将钢球放在试样中央,开动振荡搅拌器,开始加热,使水温在3min内调至每分钟上升5℃±0.5℃。在加热中,应记录每分钟上升的温度值,如温度上升速度超出此范围时,则试验应重做
3	读数	试样受热软化下坠,至与底板接触时,立即读取温度,精确至0.5℃(甘油精确至1℃)
三、结果整理		
1	试验报告	同一试样平行试验两次,当两次的差值符合重复性试验精密度要求时,取其平均值作为试验结果,精确至0.5℃
2	试验值要求	
精密度和允许差		当试样软化点<80℃时, 1. 重复性试验精度的允许差为1℃; 2. 复现性试验精度的允许差为4℃

四、试验记录

试验记录及结果整理填入《道路建筑材料试验检测报告》中项目表4-1-4和试表4-1-2。

实训项目五　改性沥青弹性恢复试验

一、目的与适用范围

本试验适用于评价热塑性橡胶类聚合物改性沥青的弹性恢复性能。即测定用延度试验仪拉长一定长度后的可恢复变形的百分率,非经注明,试验温度为25℃,拉伸速率为5cm/min±0.25cm/min。

二、仪具与材料

(1)试模,采用延度试验所用试模,但中间部分换为直线侧模,制作的试件截面积为1cm^2。

(2)水槽,能保持规定的试验温度,变化不超过0.1℃。水槽的容积不小于10L,高度应满足试件浸没深度不小于10cm、离水槽底部不少于5cm的要求。

(3)延度试验机。

(4)温度计,符合延度试验的要求。

(5)剪刀。

三、试验操作方法

序号	项目	内容及要求
一、试验步骤		
1	制模,恒温	按延度试验方法浇灌改性沥青试样制模,最后将试样在25℃水槽中保温1.5h
2	拉伸10cm	将试样安装在滑板上,按延度试验方法以规定的速度5cm/min ±0.25cm/min拉伸试样达10cm ±0.25cm时停止拉伸
3	立即剪断	拉伸一停止就立即用剪刀在中间将沥青试样剪断。保持试样在水中1h,并保持水温不变。注意在停止拉伸后至剪断试样之间不得有时间间歇,以免使拉伸应力松弛
4	测量长度	取下两个半截的回缩的沥青试样轻轻捋直,但不得施加拉力,移动滑板使改性沥青试样的尖端刚好接触,测量试件的残留长度X
二、结果整理		
计算弹性恢复率		$$D=100\times(10-X)/10$$ 式中:D——试样的弹性恢复率(%); X——试样的残留长度(cm)

四、试验记录

试验记录及结果整理填入《道路建筑材料试验检测报告》中项目表4-1-5和试表4-1-3。

实训项目六　沥青与粗集料的黏附性试验

黏附性是沥青材料的主要功能之一。沥青在沥青混合料中以薄膜的形式涂覆在集料颗粒表面,并将松散的矿质集料黏结为一个整体,除了沥青本身的黏结能力外,还需要沥青与石料之间的黏附能力,二者有一定的相关性。黏结能力较强的沥青,黏附性一般也较大。

一、目的与适用范围

本试验适用于检验沥青与粗集料表面的黏附性及评定粗集料的抗水剥离能力。对于最大粒径大于13.2mm的集料应用水煮法,对最大粒径小于或等于13.2mm的集料应用水浸法进行试验。对同一种料源集料最大粒径既有大于又有小于13.2mm的不同集料时,取大于13.2mm水煮法试验为标准,对细粒式沥青混合料应以水浸法试验为标准。

二、仪具与材料

(1)天平,称量500g,感量不大于0.01g。

(2)恒温水槽,能保持温度80℃ ±1℃。

(3)拌和用小型容器,500mL。

(4)烧杯,1 000mL。

(5)试验架。

(6)细线,尼龙线或棉线、铜丝线。

(7)铁丝网。

(8)标准筛,9.5mm、13.2mm、19mm 各1个。

(9)烘箱,装有自动温度调节器。

(10)电炉、燃气炉。

(11)玻璃板,200mm × 200mm 左右。

(12)搪瓷盘,300mm × 400mm 左右。

(13)拌和铲、石棉网、纱布、手套等。

三、水煮法试验方法

<table>
<tr><th>序号</th><th>项目</th><th colspan="2">内容及要求</th></tr>
<tr><td colspan="4" align="center">一、试 验 准 备</td></tr>
<tr><td>1</td><td>集料烘干</td><td colspan="2">将集料过 13.2mm、19mm 的筛,取粒径 13.2 ~ 19mm 形状接近立方体的规则集料 5 个,用洁净水洗净,置温度为 105℃ ±5℃的烘箱中烘干,然后放在干燥器中备用</td></tr>
<tr><td>2</td><td>烧杯水煮沸</td><td colspan="2">将大烧杯中盛水,并置加热炉的石棉网上煮沸</td></tr>
<tr><td>3</td><td>预热集料、沥青</td><td colspan="2">将集料逐个用细线在中部系牢,再置 105℃ ±5℃烘箱内 1h,准备沥青试样</td></tr>
<tr><td colspan="4" align="center">二、试 验 步 骤</td></tr>
<tr><td>1</td><td>沥青裹覆集料</td><td colspan="2">逐个取出加热的矿料颗粒用线提起,浸入预先加热的沥青(石油沥青 130 ~ 150℃)试样中 45s 后,轻轻拿出,使集料颗粒完全为沥青膜所裹覆。将裹覆沥青的集料颗粒悬挂于试验架上,下面垫一张纸,使多余的沥青流掉,并在室温下冷却 15min</td></tr>
<tr><td>2</td><td>浸入煮沸水中</td><td colspan="2">待集料颗粒冷却后,逐个用线提起,浸入盛有煮沸水的大烧杯中央,调整加热炉,使烧杯中的水保持微沸状态,但不允许有沸开的泡沫</td></tr>
<tr><td>3</td><td>浸煮 3min</td><td colspan="2">浸煮 3min 后,将集料从水中取出,观察矿料颗粒上沥青膜的剥落程度,并评定其黏附性等级</td></tr>
<tr><td rowspan="6">4</td><td rowspan="6">评定黏附性</td><td>试验后石料表面上沥青膜剥落情况</td><td>黏附性等级</td></tr>
<tr><td>沥青膜完全保存,剥离面积百分率接近于 0</td><td>5</td></tr>
<tr><td>沥青膜少部为水所移动,厚度不均匀,剥离面积百分率少于 10%</td><td>4</td></tr>
<tr><td>沥青膜局部明显地为水所移动,基本保留在石料表面上,剥离面积百分率少于 30%</td><td>3</td></tr>
<tr><td>沥青膜大部为水所移动,局部保留在石料表面上,剥离面积百分率大于 30%</td><td>2</td></tr>
<tr><td>沥青膜完全为水所移动,石料基本裸露,沥青全浮于水面上</td><td>1</td></tr>
<tr><td colspan="4" align="center">三、结 果 整 理</td></tr>
<tr><td colspan="2">试验报告</td><td colspan="2">同一试样应平行试验 5 个集料颗粒,并由两名以上经验丰富的试验人员分别评定后,取平均等级作为试验结果</td></tr>
</table>

四、试验记录

试验记录及结果整理填入《道路建筑材料试验检测报告》中项目表 4-1-6 和试表 4-1-4。

复习思考题

1. 针入度试验灌模前对沥青的加热温度有何要求？如何灌模？试验条件是什么？

2. 影响沥青针入度试验结果的关键因素是什么？同一试样至少测定几次？对测试点的位置有何要求？每测一次试针应如何处理？

3. 说明延度试验涂隔离剂时、灌模时、刮平时、拉伸过程中分别应注意哪些事项？

4. 延度试验灌模前需要对试模进行怎样的处理？应注意什么事项？如何灌模？如何刮平？刮平时应注意什么？

5. 沥青延度的试验温度和拉伸速度各为多少？拉伸时如发现沥青细丝浮于水面或沉入槽底，应采取哪些措施？拉伸过程中应注意什么？

6. 沥青软化点试验时，试验前要检查什么？灌模前需要做什么准备工作？

7. 沥青软化点试验中如何选择加热介质？怎样控制烧杯中溶剂的加入量？试验加热的起始温度是多少？如何控制升温速度？

8. 软化点试验中升温速度较规定值快或慢，对试验结果有何影响？

任务 4.2　矿质组成材料性质的检测

【教学目标】 掌握矿质材料筛析试验和物理常数试验方法；能够正确选用矿质材料。能正确检验矿质组成材料的技术指标；会做矿质组成材料试验，并能独立完成试验报告。

【关 键 词】 连续级配　间断级配　最大粒径　机制砂

4.2.1　矿质组成材料的级配理论

一、级配类型

矿质组成材料级配的目标，是各种规格的矿质材料，按照一定的比例搭配起来，其矿质混合料能够获得最佳的密实度以及较大的内摩擦力。通常可以采用两类级配，如图 4-2-1 所示。

1. 连续级配

连续级配是指某一混合料在采用规定系列标准筛进行筛析时，所得的级配曲线平顺圆滑，具有连续的（不间断的）性质，相邻粒径的粒料之间有一定的比例关系（按重量计）。在矿质混合料中，这种由大到小逐级粒径均有，按比例互相搭配组成的矿质混合料称为连续级配矿质混合料。

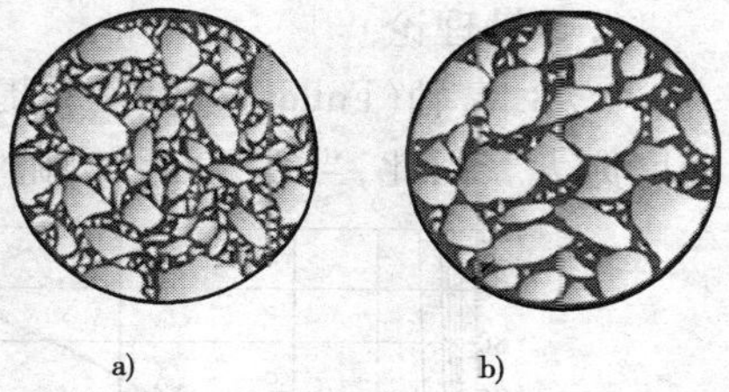

图 4-2-1　矿质混合料级配类型

a）连续级配；b）间断级配

2. 间断级配

间断级配是在矿质混合料中缺少一级或几级粒径的颗粒而形成的一种不连续的混合料，这种混合料称为间断级配矿质混合料。所谓分级是按粒径的大小把集料分为若干个标准粒组（即系列标准筛）。间断级配曲线有水平台阶。

连续级配曲线和间断级配曲线如图 4-2-2 所示。连续级配与间断级配的空隙率随分级数目的变化如表 4-2-1。连续级配和间断级配的空隙率都随分级数目的增加而减少，而间断级配随分级数目的增加而减少得更显著，所以采用间断级配的混合料可以获得更大的密实度。但是，在实际使用中，由于最大粒径受到限制，不能任意增大，所以分级数目也受到限制。此外，大小粒径相差过于悬殊，容易产生离析，给施工造成困难，因而路用沥青混合料常采用连续级配，只有在某些条件下才用间断级配。

连续级配间断级配空隙率随分级数目的变化　　表 4-2-1

分级数 n / 相邻粒级粒径比	1 个分级	2 个分级	3 个分级	4 个分级	5 个分级	6 个分级
$D_1/D_2 = D_2/D_3 = 2$	0.45	0.40	0.35	0.32	0.31	0.30
$D_1/D_2 = D_2/D_3 = 8$	0.45	0.25	0.11	0.06	0.03	—

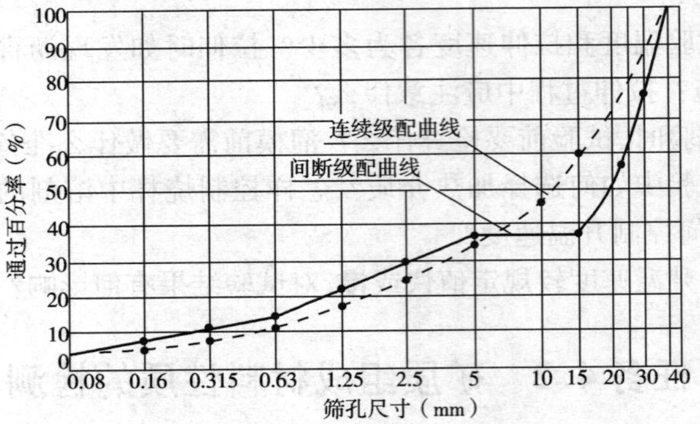

图 4-2-2　连续级配曲线和间断级配曲线

二、级配理论

目前常用的级配理论主要有最大密度曲线理论和粒子干涉理论。最大密度曲线理论是为了使矿料达到最大密实度，可用于计算连续级配。

最大密度曲线认为，固体颗粒按粒度大小，有规律地组合排列，粗细搭配，可以得到密度最大、空隙率最小的混合料。矿质混合料的颗粒级配曲线越接近抛物线，则其密度越大。

有影响的连续级配理论主要有富勒理论和泰波理论，主要描述连续级配的粒径分布。

1. 富勒理论

W. B. 富勒（Fuller）根据实验提出一种理想级配，认为："级配曲线愈接近抛物线时，则其密度愈大。"因此，当级配曲线为抛物线时为最大密度曲线，如图 4-2-3 所示。

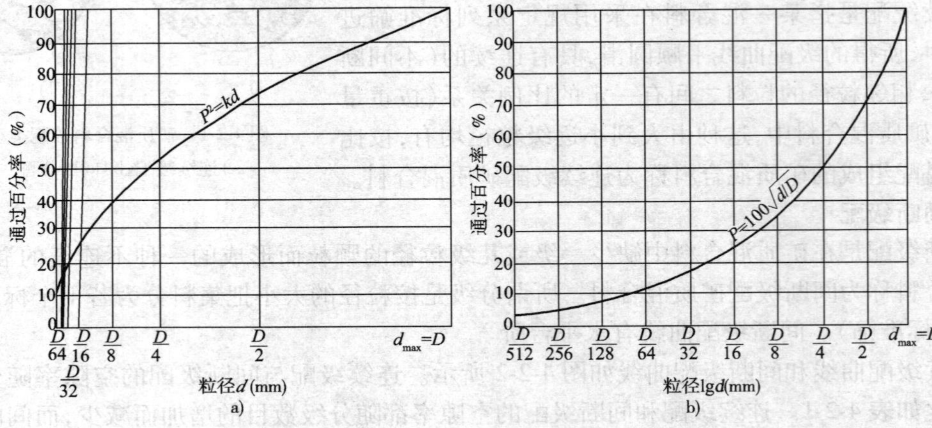

图 4-2-3　理想最大密度级配曲线

a）常坐标 b）半对数坐标

最大密度曲线表示如下：

$$P^2 = kd \tag{4-2-1}$$

当粒径 d 等于最大粒径时，则通过量等于 100%，即 $d = D, P = 100$ 故

$$k = 100^2 \frac{1}{D} \tag{4-2-2}$$

求任一级粒径 d 的通过量时，以式(4-2-1)代入式(4-2-2)则可得到式(4-2-3)。

$$P = 100\sqrt{\frac{d}{D}} \tag{4-2-3}$$

式中：P——通过欲计算的某级粒径，即筛孔尺寸为 d(mm)矿料的通过量(%)；

D——矿质混合料的最大粒径(mm)；

d——欲计算的某级矿质集料的粒径(mm)。

根据式(4-2-3)可计算出最大密度时各种粒径的通过量百分率。

2. 泰波理论

A. N. 泰波(Talbol)认为富勒曲线为一种理想曲线，实际矿料应允许有一定的波动范围，故将富勒最大密度曲线改为 n 次幂通式，即

$$P = 100\left(\frac{d}{D}\right)^n \tag{4-2-4}$$

式中：P、D、d——意义同前式；

n——为试验指数。

从泰波公式可看出，当 $n = 0.5$ 时为抛物线，即富勒曲线。根据试验研究认为，$n = 0.3 \sim 0.6$ 之间时，矿料具有较好的密实度；当 $n = 0.45$ 时，普遍认为可获得最大密实度。沥青混合料矿料级配曲线接近最大密度线，其混合料 VMA 值偏小，不能满足沥青路面路用性质要求。因此，在沥青混合料矿料级配曲线设计上，要适当偏离最大密度线，基本呈 S 形曲线，可获得良好的施工和易性和目标空隙率。典型级配曲线各级粒径通过百分率见表 4-2-2。

典型级配曲线各级粒径通过百分率 表 4-2-2

分级顺序 N		1	2	3	4	5	6	7	8	9	10
粒径比，$\frac{D}{2^{N-1}}$		D	$D/2$	$D/4$	$D/8$	$D/16$	$D/32$	$D/64$	$D/128$	$D/256$	$D/512$
理论粒径 d_i(mm)		40	20	10	5	2.5	1.25	0.63	0.315	0.16	0.08
泰波指数	$n = 0.3$	100	81.23	65.98	53.59	43.53	35.36	28.79	23.38	19.08	15.50
	$n = 0.45$	100	73.20	53.59	39.23	28.72	21.02	15.44	11.31	8.34	6.10
	$n = 0.6$	100	65.98	43.53	28.72	18.95	12.50	8.29	5.47	3.64	2.40

沥青混合料矿料级配曲线图必须按《公路工程沥青及沥青混合料试验规程》T 0725 的方法绘制(如图 4-2-4)，以原点与通过集料最大粒径 100% 的点的连线作为沥青混合料的最大密度线，曲线的横坐标见表 4-2-3。

泰勒曲线的横坐标 表 4-2-3

d_i	0.075	0.15	0.3	0.6	1.18	2.36	4.75	9.5
$x = d_i^{0.45}$	0.312	0.426	0.582	0.795	1.077	1.472	2.016	2.754
d_i	13.2	16	19	26.5	31.5	37.5	53	63
$x = d_i^{0.45}$	3.193	3.482	3.762	4.370	4.723	5.109	5.969	6.452

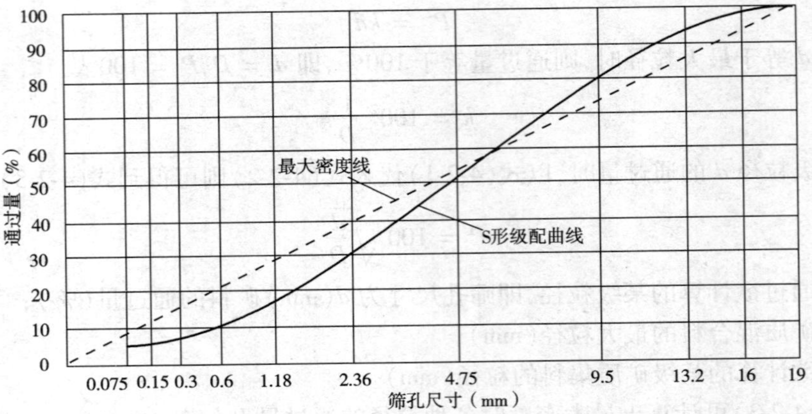

图 4-2-4　矿料级配曲线

3. 粒子干涉理论

间断型级配起源于20世纪80年代末，以提高混合料抗车辙能力、抗水损坏能力、抗裂能力以及提高抗疲劳能力为目标。

级配构成的基本理论——粒子干涉理论，通过各个粒径矿料之间的相互嵌挤形成混合料的骨架结构，从而提高混合料的力学性能。

4.2.2　矿质组成材料的技术要求

一、沥青层用粗集料技术要求

沥青层用粗集料包括碎石、破碎砾石、筛选砾石、钢渣、矿渣等，但高速公路和一级公路不得使用筛选砾石和矿渣。粗集料必须由具有生产许可证的采石场生产或施工单位自行加工。

粗集料应该洁净、干燥、表面粗糙，质量应符合表4-2-4的规定。当单一规格集料的质量指标达不到表中要求，而按照集料配合比计算的质量指标符合要求时，工程上允许使用。

沥青混合料用粗集料质量技术要求　　表 4-2-4

指　标	单位	高速公路及一级公路		其他等级公路	试验方法
		表面层	其他层次		
石料压碎值，不大于	%	26	28	30	T 0316
洛杉矶磨耗损失，不大于	%	28	30	35	T 0317
表观相对密度，不小于	—	2.60	2.50	2.45	T 0304
吸水率，不大于	%	2.0	3.0	3.0	T 0304
坚固性，不大于	%	12	12	—	T 0314
针片状颗粒含量（混合料），不大于	%	15	18	20	T 0312
其中粒径大于9.5mm，不大于	%	12	15	—	
其中粒径小于9.5mm，不大于	%	8	20	—	
水洗法 <0.075mm 颗粒含量，不大于	%	1	1	1	T 0310
软石含量，不大于	%	3	5	5	T 0320

辽宁省对高速公路路面工程中面层 LAC-20I、下面层 LAC-25I 型沥青混凝土粗集料的规

格提出了技术要求，即中下面层粗集料的规格应符合表4-2-5的要求。

高速公路路面用粗集料的规格（辽宁省地方标准） 表4-2-5

规格名称	通过下列筛孔（mm）的质量百分率（%）								
	37.5	31.5	26.5	19.0	16.0	13.2	9.5	4.75	2.36
粗集料1						100	90～100	0～15	0～5
粗集料2					100	90～100	0～15	0～5	
粗集料3				100	90～100	0～15	0～5		
粗集料4			100	85～100	0～15	0～5			
粗集料5	100	—	85～100	0～15	0～5				

注：其中粗集料5适用于下面层LAC－25I型混合料，其余规格的粗集料适用于中面层及下面层混合料。

二、沥青层用细集料技术要求

沥青路面用细集料包括天然砂、机制砂、石屑。细集料必须由具有生产许可证的采石场、采砂场生产。

细集料应洁净、干燥、无风化、无杂质，并有适当的颗粒级配，其质量应符合表4-2-6的规定。细集料的洁净程度，天然砂以小于0.075mm颗粒含量的百分数表示，石屑和机制砂以砂当量（适用于0～4.75mm）或亚甲蓝值（适用于0～2.36mm或0～0.15mm）表示。

沥青混合料用细集料质量要求 表4-2-6

项　目	单位	高速公路、一级公路	其他等级公路	试验方法
表观相对密度，不小于	—	2.50	2.45	T 0328
坚固性（＞0.3mm部分），不小于	%	12		T 0340
含泥量（小于0.075mm的含量），不大于	%	3	5	T 0333
砂当量，不小于	%	60	50	T 0334
亚甲蓝值，不大于	g/kg	25		T 0346
棱角性（流动时间），不小于	s	30		T 0345

注：坚固性试验可根据需要进行。

天然砂可采用河砂或海砂，通常宜采用粗、中砂。砂的含泥量超过规定时应水洗后使用，海砂中的贝壳类材料必须筛除。机制砂宜采用专用的制砂机制造，并选用优质石料生产。沥青混合料用天然砂规格见表4-2-7，机制砂或石屑规格见表4-2-8。

沥青混合料用天然砂规格 表4-2-7

筛孔尺寸（mm）	通过各孔筛的质量百分率（%）		
	粗砂	中砂	细砂
9.5	100	100	100
4.75	90～100	90～100	90～100
2.36	65～95	75～90	85～100
1.18	35～65	50～90	75～100
0.6	15～30	30～60	60～84
0.3	5～20	8～30	15～45
0.15	0～10	0～10	0～10
0.075	0～5	0～5	0～5

沥青混合料用机制砂或石屑规格　　表 4-2-8

规格	公称粒径(mm)	水洗法通过各筛孔的质量百分率(%)							
		9.5	4.75	2.36	1.18	0.6	0.3	0.15	0.075
S15	0~5	100	90~100	60~90	40~75	20~55	7~40	2~20	0~10
S16	0~3	—	100	80~100	50~80	25~60	8~45	0~25	0~15

当采用水泥、石灰、粉煤灰作填料时，其用量不宜超过矿料总量的2%。其中粉煤灰的用量不宜超过填料总量的50%。高速公路、一级公路的沥青混凝土面层不宜采用粉煤灰作填料。

三、沥青层用填料技术要求

(1)矿粉。必须采用石灰岩或岩浆岩中的强基性岩石等憎水性石料磨细的矿粉。矿粉应干燥、洁净，质量应符合表 4-2-9 的要求。

沥青面层用矿粉的质量技术要求　　表 4-2-9

项目	单位	高速公路、一级公路	其他等级公路	试验方法
表观密度，不小于	t/m^3	2.50	2.45	T 0352
含水量，不大于	%	1	1	T 0103 烘干法
粒度范围 <0.6mm	%	100	100	T 0351
<0.15mm	%	90~100	90~100	
<0.075mm	%	75~100	70~100	
外观	—	无团粒结块		—
亲水系数	—	<1		T 0353
塑性指数	—	<4		T 0354
加热安定性	—	实测记录		T 0355

(2)拌和机的粉尘可作为矿粉的一部分回收使用。但每盘用量不得超过填料总量的25%，掺有粉尘填料的塑性指数不得大于4%。

(3)粉煤灰作填料时，用量不得超过填料总量的50%，烧失量应小于12%，与矿粉混合后的塑性指数应小于4%，其余质量要求与矿粉相同。高速公路、一级公路的沥青面层不宜采用粉煤灰作填料。

四、纤维稳定剂

稳定剂宜选用木质素纤维、矿物纤维等。木质素纤维的质量应符合表 4-2-10 的要求。

木质素纤维质量技术要求　　表 4-2-10

项目	单位	指标	试验方法
纤维长度，不大于	mm	6	水溶液用显微镜观测
灰分含量	%	18±5	高温 590~600℃燃烧后测定残留物
pH 值	—	7.5±1.0	水溶液用 pH 试纸或 pH 计测定
吸油率，不小于	—	纤维质量的5倍	用煤油浸泡后放在筛上经振敲后称量
含水率(以质量计)，不大于	%	5	105℃烘箱烘 2h 后冷却称量

1. 要求

纤维应在250℃下干拌不变质、不发脆,使用纤维必须符合环保要求,不危害身体健康。纤维必须在混合料拌和过程中能充分分散均匀。

2. 掺加比例

以沥青混合料总量的质量百分率计算。通常情况下用于SMA路面的木质素纤维不宜低于0.3%,矿物纤维不宜低于0.4%,必要时可适当增加纤维用量。纤维掺加量的允许误差宜不超过±5%。

4.2.3 矿质材料试验与检测

实训项目一　沥青路面用粗集料技术指标试验

一、沥青路面用粗集料水筛法筛分试验

1. 目的与适用范围

测定粗集料(碎石、砾石、矿渣等)的颗粒组成,对沥青混合料及基层用粗集料必须采用水洗法试验。

2. 仪具与材料

(1)标准筛。

(2)天平或台秤,感量不大于试样质量的0.1%。

(3)盘子、铲子、毛刷等。

(4)试样,筛分用试样的质量见表4-2-11。

筛分用试样的质量　　表4-2-11

公称最大粒径(mm)	75	63	37.5	31.5	26.5	19	16	9.5	4.75
试样质量不小于(kg)	10	8	5	4	2.5	2	1	1	0.5

3. 试验操作方法

序号	项目	内容及要求
		一、试样准备
1	取样,风干	将样品拌匀,用分料器或四分法缩分,风干后备用
2	筛除超粒径颗粒	除去超粒径部分颗粒
3	准备仪具	将天平调平,标准筛由大到小组装好
		二、试验步骤
1	称样	取一份试样,烘干,称取干燥集料试样的总质量。
2	洗料	将集料全部用水淹没。搅动集料,使集料表面洗涤干净。
3	筛洗	组成一组套筛,其底部为0.075mm标准筛,上部为2.36mm或4.75mm筛。将容器中悬浮液经过套筛流入另一容器中 重复上述步骤,直至倒出的水洁净为止。
4	烘干	将套筛上的集料及容器中的集料全部回收在一个搪瓷盘中。将搪瓷盘连同集料一起烘干
5	称量	称取干料的总质量
6	按干筛法过筛	将回收的烘干集料按干筛方法筛分,求出0.075mm筛以上各筛的筛余量

续上表

序号	项目	内容及要求
三、结果整理		
1	计算粗集料中0.075mm筛下部分质量 $m_{0.075}$ 和含量 $P_{0.075}$	$m_{0.075}=m_3-m_4$ $P_{0.075}=\frac{m_{0.075}}{m_3}=\frac{m_3-m_4}{m_3}\times 100$ 式中：$P_{0.075}$——粗集料中小于0.075mm的含量(通过率)(%)； $m_{0.075}$——粗集料中水洗得到的小于0.075mm部分的质量(g)； m_3——用于水洗的干燥粗集料总质量(g)； m_4——水洗后的干燥粗集料总质量(g)
2	计算损耗和损耗率	计算各筛分计筛余量及筛底存量的总和与筛分前试样的干燥总质量 m_3 之差，作为筛分时的损耗，并计算损耗率，若损耗率大于0.3%，应重新进行试验。 $m_5=m_3-(\sum m_i+m_{0.075})$ 式中：m_5——由于筛分造成的损耗(g)； m_3——用于水筛筛分的干燥集料总质量(g)； m_i——各号筛上的分计筛余(g)； i——依次为0.075mm、0.15mm……至集料最大粒径的排序； $m_{0.075}$——水洗后得到的0.075mm以下部分质量，即 m_3-m_4(g)
3	计算级配参数	计算其他各筛的分计筛余百分率、累计筛余百分率、质量通过百分率，计算方法与干筛法相同。当干筛时筛分有损耗时，应按干筛法从总质量中扣除损耗部分
4	结果表示	当两次试验结果 $P_{0.075}$ 的差值超过1%时，试验应重新进行。 试验结果以两次试验的平均值表示

4. 注意事项

(1)试验前应检查各号筛是否按从大到小的顺序排列。筛分过程中应防止试样损失。

(2)当筛余颗粒的粒径大于19mm时，筛分过程中允许用手指轻轻拨动颗粒，但不得逐粒塞过筛孔。

5. 试验记录

试验记录及结果整理填入《道路建筑材料试验检测报告》中项目表4-2-1(1)和试表4-2-1(1)a、试表4-2-1(1)b、试表4-2-1(1)c。

二、沥青路面用粗集料密度及吸水率试验(网篮法)

1. 目的与适用范围

通过本试验的测定，可以掌握粗集料密度以及吸水率，为配合比设计提供原始数据。

掌握用网篮法测定粗集料表观密度的试验方法。

本试验适用于测定各种粗集料的表观相对密度、表干相对密度、毛体积相对密度、表观密度、表干密度、毛体积密度以及粗集料的吸水率。

2. 仪具与材料

(1)天平或浸水天平，可悬挂吊篮，感量不大于最大称量的0.05%。

(2)吊篮，由耐锈蚀材料制成，直径和高度为150mm左右，四周及底部用1~2mm的筛网编制或具有密集的孔眼。

(3)溢流水槽。

(4)烘箱，能控温在105℃±5℃。

(5)毛巾。
(6)温度计。
(7)标准筛。
(8)试样。试验所需试样的最小质量见表4-2-12。

粗集料密度及吸水率试验所需试样的最小质量　　表4-2-12

公称最大粒径(mm)	4.75	9.5	16	19	26.5	31.5	37.5	63	75
每一份试样的最小质量(kg)	0.8	1	1	1	1.5	1.5	2	3	3

3. 试验操作方法

序　号	项　目	内容及要求
		一、试验准备
1	取样	试样过筛,四分法或分料器法取样,分两份备用
2	称量	称量试样的质量
3	试样浸水	洗净每一份试样。取试样一份装入搪瓷盘中浸水24h
		二、试验步骤
1	天平调零	将吊篮挂在天平的吊钩上,水面高度至水槽的溢流孔为止,将天平调零
2	调节水温	调节水温在15~25℃范围内
3	称水中质量	称集料的水中质量
4	擦干集料表面	将粗集料倒在拧干的湿毛巾上,轻轻擦干集料颗粒的表面水,至表面看不到发亮的水迹,即为饱和面干状态
5	称表干质量	称取集料的表干质量
6	烘干	将集料置于浅盘中烘干
7	称烘干质量	称取集料的烘干质量
		三、结果整理
1	计算粗集料的相对密度	计算粗集料的表观相对密度γ_a、表干相对密度γ_c、毛体积相对密度γ_b,至小数点后3位。 $\gamma_a = \frac{m_a}{m_a - m_w}$;$\gamma_c = \frac{m_f}{m_f - m_w}$;$\gamma_b = \frac{m_a}{m_f - m_w}$ 式中:γ_a——集料的表观相对密度; γ_c——集料的表干相对密度; γ_b——集料的毛体积相对密度; m_a——集料的烘干质量(g); m_f——集料的表干质量(g); m_w——集料的水中质量(g)
2	计算吸水率	计算粗集料的吸水率,精确至0.01%。 $w_x = \frac{m_f - m_a}{m_a} \times 100$ 式中:w_x——粗集料的吸水率(%)
3	结果表示	对同一规格的集料应平行试验两次,取平均值作为试验结果
精密度和允许差		对表观相对密度、表干相对密度、毛体积相对密度,两次结果相差不得超过0.02,对吸水率不得超过0.2%

4. 注意事项

(1)要用四分法取样,每次试验应满足一份试样最小质量的要求。

(2)试样的各项称量应在 15 ~25℃范围内进行。

(3)擦干粗集料,拧湿毛巾时不要太用劲,防止拧得太干。

(4)已擦干的集料不得继续在空气中放置,以防止集料干燥。

(5)整个过程中不得有集料丢失。

5. 试验记录

试验记录及结果整理填入《道路建筑材料试验检测报告》中项目表 4-2-1(2)和试表 4-2-1(2)a、试表 4-2-1(2)b、试表 4-2-1(2)c。

实训项目二 沥青路面用细集料技术指标试验

一、沥青路面用细集料筛分试验

1. 目的与适用范围

通过细集料筛分试验,可以掌握细集料的颗粒级配和粗细程度,为配合比设计提供原始数据。

本试验适用于不同用途的细集料,对水泥混凝土用细集料可用干筛法,必要时也可用水筛法;对沥青混合料及基层用细集料必须用水洗法。

2. 主要仪具

(1)标准筛,尺寸为 9.5mm,4.75mm,2.36mm,1.18mm,0.6mm,0.3mm,0.15mm,0.075mm的方孔筛

(2)天平,称量 1 000g,感量不大于 0.5g

(3)摇筛机

(4)烘箱,能控温在 105℃ ±5℃

3. 试验操作方法

序号	项目	内容及要求
一、试样准备		
1	取样	筛除超粒径部分的颗粒。将样品拌匀,用分料器法或四分法缩分至不少于 550g 的试样两份
2	烘干,冷却	在 105℃ ±5℃的烘箱中烘至恒重,冷却备用
3	准备仪具	将天平调平,标准筛由大到小组装好
二、试验步骤		
1	称样	称取烘干试样约 500g
2	洗料	放入容器,用水淹没,搅动,洗净
3	筛洗	将混有细粉的悬浮液通过 1.18mm 筛及 0.075mm 筛组成的套筛
4	烘干	把洗净的料倒入盘中,置 105℃ ±5℃烘箱中烘至恒重
5	称量	称取干料的总质量。洗前和洗后质量之差为通过 0.075mm 筛部分
6	按干筛法过筛	将洗去小于 0.075mm 部分的干料按干筛法过筛,不需 0.075mm 筛。最后称量各筛筛余量

续上表

序号	项目	内容及要求
三、结果整理		
1	计算分计筛余百分率	各号筛的分计筛余百分率为各号筛上的筛余量除以试样总量的百分率，精确至0.1%
2	计算累计筛余百分率	各号筛的累计筛余百分率为该号筛及大于该号筛的各号筛的分计筛余百分率之和，精确至0.1%
3	计算通过质量百分率	各号筛的通过质量百分率等于100减去该号筛的累计筛余百分率，精确至0.1%
精密度和允许差		两次平行试验所得的细度模数之差应不大于0.2，以两次结果的算术平均值作为测定值。否则应重做

4. 注意事项

(1)试验前应检查各号筛是否按从大到小的顺序排列。筛分过程中应防止试样损失。

(2)每个筛子筛到每分钟筛下的不超过筛上剩余量的0.1%。

(3)所有各筛的分计筛余量和底盘中剩余量的总量与筛分前的试样总量，相差不得超过后者的1%。

(4)恒重系指相邻两次称量间隔时间大于3h(通常不少于6h)的情况下，前后两次称量之差小于该项试验所要求的称量精密度，下同。

(5)两次平行试验所得的细度模数之差应不大于0.2。

(6)水洗时不可把集料倒出，也不可直接倒至0.075mm筛上。

5. 试验记录

试验记录及结果整理填入《道路建筑材料试验检测报告》项目表4-2-2(1)和试表4-2-2(1)a、4-2-2(1)b。

二、沥青路面用细集料密度及吸水率试验(容量瓶法)

1. 目的与适用范围

通过本试验的测定，可以掌握用坍落筒法测定细集料在23℃时对水的毛体积相对密度、表观相对密度、表干相对密度，用坍落筒法测定细集料处于饱和面干状态时的吸水率。用坍落筒法测定细集料的毛体积密度、表观密度、表干密度，为配合比设计提供原始数据。

本试验适用于粒径小于2.36mm以下的细集料。

2. 仪具与材料

(1)天平，称量1 kg，感量不大于0.1g。

(2)饱和面干试模，如图4-2-5所示，上口径40mm±3mm，下口径90mm±3mm，高75mm±3mm的坍落筒。

(3)捣棒，为金属棒，直径25mm±3mm，质量340g±15g。

(4)烧杯，500mL。

(5)容量瓶，500mL。

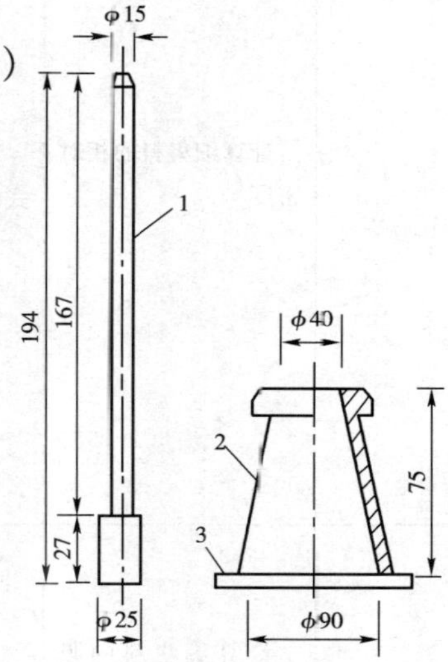

图4-2-5 饱和面干试模及其捣棒
(尺寸单位：mm)
1-捣棒；2-试模；3-玻璃板

(6)烘箱,能控温在 105 ℃ ±5℃。

(7)吹风机。

3.试验操作方法

序号	项　目	内容及要求
一、试验准备		
1	取样	试样过筛,除去大于 2.36mm 的部分。在潮湿状态下用分料器法或四分法缩分至每份约 1 000g,分成两份
2	浸泡	用洁净水浸泡,排气,静置 24h
3	吹风	倒去试样上部的水。摊开,用手提吹风机缓缓吹入暖风,翻拌
4	装模	将试样装入饱和面干试模中,捣 25 次
5	确定是否达到饱和面干状态	提起试模,至达到饱和面干状态为止
二、试验步骤		
1	取饱和面干试样	立即称取饱和面干试样约 300g
2	称水 + 瓶 + 试样的质量	将试样倒入容量瓶中,加水塞紧瓶塞,擦干外壁,称其总量(m_2)。
3	称水 + 瓶的质量	全部倒出集料试样,用同样的水加至 500mL 刻度处,称其质量
4	烘干	将倒出的集料样烘干
5	称干质量	称取干试样的质量
三、结果整理		
1	计算细集料的相对密度	计算细集料的表观相对密度 γ_a、表干相对密度 γ_c、毛体积相对密度 γ_b,至小数点后 3 位。 $\gamma_a = \frac{m_3}{m_0 + m_1 - m_2}$ $\gamma_c = \frac{m_3}{m_3 + m_1 - m_2}$ $\gamma_b = \frac{m_3}{m_3 + m_1 - m_2}$ 式中:γ_a——集料的表观相对密度; γ_c——集料的表干相对密度; γ_b——集料的毛体积相对密度; m_0——集料的烘干质量(g); m_1——水、瓶的总质量(g); m_2——饱和面干试样、水、瓶及玻璃片的总质量(g); m_3——饱和面干试样的质量(g)
2	计算细集料的吸水率	按下式计算细集料的吸水率,精确至 0.01%。 $w_x = \frac{m_3 - m_0}{m_0} \times 100$ 式中:w_x——集料的吸水率(%); m_3——饱和面干试样的质量(g); m_0——烘干试样的质量(g)

续上表

序 号	项 目	内容及要求
3	计算细集料的饱和面干吸水率	如因特殊需要,需以饱和面干状态的试样为基准求取细集料的吸水率时,计算细集料的饱和面干吸水率,精确至0.01%,但需在报告中注明。 $$w'_x = \frac{m_3 - m_0}{m_3} \times 100$$ 式中:w'_x——集料的饱和面干吸水率(%); m_3——饱和面干试样的质量(g); m_0——烘干试样的质量(g)
精密度和允许差		毛体积密度及饱和面干密度的两次结果与平均值之差不大于$0.01g/cm^3$,吸水率的两次结果与平均值之差不大于0.02%

4. 注意事项

(1)将试样倒入容量瓶中,勿使水分蒸发和集料粒散失。

(2)注意吹风过程中不得使细粉损失。

(3)捣棒端面距试样表面距离不超过10mm,使之自由落下。

5. 试验记录

试验记录及结果整理填入《道路建筑材料试验检测报告》项目表4-2-2(2)和试表4-2-2(2)a及试表4-2-2(2)b。

实训项目三　沥青路面用矿粉技术指标试验

一、沥青路面用矿粉筛分试验(水洗法)

1. 目的与适用范围

测定矿粉的颗粒级配,同时适用于测定供拌制沥青混合料用的其他填料如水泥、石灰、粉煤灰的颗粒级配。

2. 仪具与材料

(1)标准筛,孔径为0.6mm、0.3mm、0.15mm、0.075mm。

(2)天平,感量不大于0.1g。

(3)烘箱,能控温在105℃±5℃。

(4)搪瓷盘。

(5)橡皮头研杵。

3. 试验步骤

(1)将矿粉试样放入105℃±5℃烘箱中烘干至恒重,冷却,称取100g,精确至0.1g。如有矿粉团粒存在,可用橡皮头研杵轻轻研磨粉碎。

(2)将0.075mm筛装在筛底上,仔细倒入矿粉,盖上筛盖。手工轻轻筛分,至大体上筛不下去为止。存留在筛底上的小于0.075mm部分可弃去。

(3)除去筛盖和筛底,按筛孔大小顺序套成套筛。将存留在0.075mm筛上的矿粉倒回0.6mm筛上,在自来水龙头下方接一胶管,打开自来水,用胶管的水轻轻冲洗矿粉过筛,0.075mm筛下部分任其流失,直至流出的水色清澈为止。水洗过程中,可以适当用手扰动试样,加速矿粉过筛,待上层筛冲干净后,拿走0.6mm筛,接着从0.3mm筛或0.15mm筛上冲洗，但不得直接冲洗 0.075mm 筛。

注：①自来水的水量不可太大太急，防止损坏筛面或将矿粉冲出，水不得从两层筛之间流出，自来水龙头宜为防溅水龙头。当现场缺乏自来水时，也可由人工浇水冲洗。

②如直接在 0.075mm 筛上冲洗，将可能使筛面变形，筛孔堵塞，或者造成矿粉与筛面发生共振，不能通过筛孔。

（4）分别将各筛上的筛余反过来用小水流仔细冲洗入各个搪瓷盘中，待筛余沉淀后，稍稍倾斜，仔细除去清水，放入 105℃烘箱中烘干至恒重。称取各号筛上的筛余量，精确至 0.1g。

4. 计算

各号筛上的筛余量除以试样总量的百分率，即为各号筛的分计筛余百分率，准确至 0.1%。用 100 减去 0.6mm、0.3mm、0.15mm、0.075mm 各筛的分计筛余百分率，即为 0.075mm 筛的通过百分率，加上 0.075mm 筛的分计筛余百分率即为 0.15mm 筛的通过百分率，以此类推，计算出各号筛的通过百分率，准确至 0.1%。

5. 精密度或允许差

以两次平行试验结果的平均值作为试验结果。各号筛的通过率相差不得大于 2%。

6. 试验记录

试验记录及结果整理填入《道路建筑材料试验检测报告》项目表 4-2-3（1）和试表 4-2-3。

二、沥青路面用矿粉密度试验

1. 目的与适用范围

用于检验矿粉的质量供沥青混合料配合比设计计算使用，同时适用于测定供拌制沥青混合料用的其他填料如水泥、石灰、粉煤灰的相对密度。

2. 仪具与材料

（1）李氏比重瓶，容量为 250mL 或 300mL。

（2）天平，感量不大于 0.01g。

（3）烘箱，能控温在 105℃ ±5℃。

（4）恒温水槽，能控温在 20℃ ±0.5 ℃。

（5）瓷皿、小牛角匙、干燥器、漏斗等。

3. 试验步骤

（1）将代表性矿粉试样置瓷皿中，在 105℃烘箱中烘干至恒重（一般不少于 6h），放入干燥器中冷却后，连同小牛角匙、漏斗一起准确称量（m_1），精确至 0.01g，矿粉数量应不少于 200g。

（2）向比重瓶中注入蒸馏水，至刻度 0 ~ 1mL 之间，将比重瓶放入 20℃的恒温水槽中，静放至比重瓶中的水温不再变化为止（一般不少于 2h），读取比重瓶中水面的刻度（V_1）至 0.02mL。

（3）用小牛角匙将矿粉试样通过漏斗徐徐加入比重瓶中，待比重瓶中水的液面上升至接近比重瓶的最大读数时为止，轻轻摇晃比重瓶，使瓶中的空气充分逸出。再次将比重瓶放入恒温水槽中，待温度不再变化时，读取比重瓶的读数（V_2），至 0.02mL。整个试验过程中，比重瓶中的水温变化不得超过 1℃。

（4）称取牛角匙、瓷皿、漏斗及剩余矿粉的质量（m_2），精确至 0.01g。

注：对亲水性矿粉应采用煤油作介质测定，方法相同。

4. 计算

按下列公式计算矿粉的密度和相对密度，至小数点后 3 位。

$$\rho_f = \frac{m_1 - m_2}{V_2 - V_1}$$

$$\gamma_f = \frac{\rho_f}{\rho'_w}$$

式中：ρ_f——矿粉的密度(g/cm)；

γ_f——矿粉对水的相对密度，无量纲；

m_1——牛角匙、瓷皿、漏斗及试验前瓷器中矿粉的干燥质量(g)；

m_2——牛角匙、瓷皿、漏斗及试验后瓷器中矿粉的干燥质量(g)；

V_1——比重瓶加矿粉以前的初读数(mL)；

V_2——比重瓶加矿粉以后的终读数(mL)；

ρ'_w——试验温度时水的密度，按规范规定取用。

5. 精密度或允许差

同一试样应平行试验两次，取平均值作为试验结果。两次试验结果的差值不得大于0.01。

6. 试验记录

试验记录及结果整理填入《道路建筑材料试验检测报告》项目4-2-3(2)和试表4-2-3。

三、沥青路面用矿粉亲水系数试验

1. 目的与适用范围

矿粉的亲水系数即矿粉试样在水(极性介质)中膨胀的体积与同一试样在煤油(非极性介质)中膨胀的体积之比。用于评价矿粉与沥青结合料的黏附性能。本试验也适用于测定供拌制沥青混合料用的其他填料如水泥、石灰、粉煤灰的亲水系数。

2. 仪具与材料

(1)量筒，50mL，2个，刻度至0.5mL。

(2)研钵及有橡皮头的研杵。

(3)天平，感量不大于0.01g。

(4)煤油，在温度270℃分馏得的煤油，并经杂黏土过滤而得到者(过滤用杂黏土应先经加热至250℃3h，待其冷却后使用)。

(5)烘箱。

3. 试验步骤

(1)称取烘干至恒重的矿粉5g(精确至0.01g)，将其放在研钵中，加入15~30mL的蒸馏水，用橡皮研杵仔细磨5min，然后用洗瓶把研钵中的悬浮液洗入量筒中，使量筒中的液面恰为50mL，然后用玻璃棒搅和悬浮液。

(2)同上法将另一份同样质量的矿粉，用煤油仔细研磨后将悬浮液冲洗移入另一量筒中，液面亦为50mL。

(3)将上两量筒静置，使量筒内液体中的颗粒沉淀。

(4)每天两次记录沉淀物的体积，直至体积不变为止。

4. 计算

(1)按下式计算亲水系数。

$$\eta = \frac{V_B}{V_H}$$

式中：η——亲水系数，无量纲；

V_B——水中沉淀物体积(mL);

V_H——煤油中沉淀物体积(mL)。

(2)平行测定两次,以两次测定值的平均值作为试验结果。

5. 试验记录

试验记录及结果整理填入《道路建筑材料试验检测报告》项目表4-2-3(3)和试表4-2-3。

复习思考题

1. 测定矿粉的颗粒级配有何目的?筛分试验时为什么要用水轻轻冲洗矿粉过筛?
2. 李氏比重瓶测定填料的相对密度试验步骤有哪些?
3. 矿粉的亲水系数测定有何工程意义?

任务4.3 沥青混合料性能的检测

【教学目标】 掌握沥青混合料的技术性质和工程指标要求;学会最佳沥青用量的确定方法。让学生掌握沥青混合料目标配合比的试验方法。会进行沥青混合料配合比的设计,并会应用计算机完成配合比设计方案;能对沥青混合料技术指标进行测定,并能独立完成试验报告。

【关 键 词】 沥青混合料 马歇尔试验 配合比设计

4.3.1 沥青混合料的定义及组成

一、何谓沥青混合料

沥青混合料是用适量的沥青材料与一定级配的矿质集料经过充分拌和而形成的混合物。将这种混合物加以摊铺、碾压成型,即成为各种类型的沥青路面。

按沥青混合料中剩余空隙率大小的不同,可分为开式沥青混合料、半开式沥青混合料和密实式沥青混合料。

按矿质集料级配类型,可分为连续级配沥青混合料和间断级配沥青混合料。

按沥青混合料施工温度,可分为热拌沥青混合料、温拌沥青混合料和常温沥青混合料。

二、沥青混合料的结构组成

沥青混合料主要由矿质集料、沥青和空气三相组成,同时还含有水分,是典型的多相多成分体系。根据粗、细集料的比例不同,其结构组成有三种形式,即悬浮密实结构、骨架空隙结构和骨架密实结构,如图4-3-1所示。

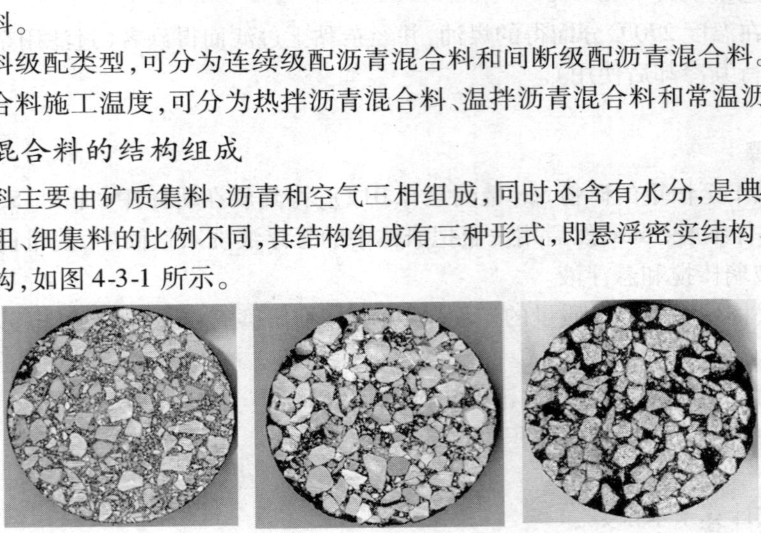

a) b) c)

图4-3-1 沥青混合料矿料骨架类型

a)悬浮密实型(AC);b)骨架密实型(SMA);c)骨架空隙型(OGFC)

1. 连续密级配沥青混合料

按连续密实级配原理设计组成的各种粒径颗粒的矿料，与沥青结合料拌和而成，设计空隙率较小(对不同交通及气候情况、层位可作适当调整)的密实式沥青混凝土混合料(以 AC 表示)和密实式沥青稳定碎石混合料(以 ATB 表示)。按关键性筛孔通过率的不同又可分为细型、粗型密级配沥青混合料等。通常适用于沥青路面的中、下面层。

2. 沥青玛蹄脂碎石混合料

由沥青结合料与少量的纤维稳定剂、细集料以及较多量的填料(矿粉)组成的沥青玛蹄脂，填充于间断级配的粗集料骨架的间隙，组成一体形成的沥青混合料，简称 SMA。通常适用于沥青路面的上面层。

3. 沥青稳定碎石混合料(简称沥青碎石)

由矿料和沥青组成具有一定级配要求的混合料，按空隙率、集料最大粒径、添加矿粉数量的多少，分为密级配沥青碎石(ATB)，开级配沥青碎石(OGFC 表面层及 ATPB 基层)、半开级配沥青碎石(AM)。

三、组成材料对沥青混合料强度的影响

1. 集料的性状与级配

集料颗粒表面的粗糙度和颗粒形状，对沥青混合料的强度有很大影响。集料表面越粗糙、凹凸不平，制成的沥青混合料的强度越高。集料颗粒的形状以接近立方体、呈多棱角为好。

间断密级配沥青混合料内摩擦力大，而具有高的强度；连续级配的沥青混合料，由于其粗集料的数量太少，呈悬浮状态分布，因而它的内摩擦力较小，强度较低。

2. 沥青材料的黏度与用量

沥青的黏度越大，抵抗剪切变形的能力越强。适当增加沥青用量，将会改善混合料的胶结性能，但当沥青用量进一步增加时，就会出现塑性变形。因此，混合料中存在最佳沥青用量。

3. 矿粉的品种与用量

碱性矿粉(如石灰石)与沥青亲和性良好，能形成较强的黏结性能；而由酸性石料磨成的矿粉则与沥青亲和性较差。

适量提高矿粉掺量，有利于提高沥青混合料的强度。一般来说，矿粉与沥青之比以在 0.8～1.2范围内为宜。

4.3.2 沥青混合料的技术性质

一、高温稳定性

1. 定义

高温稳定性指沥青混合料在夏季高温(通常为60℃)的条件下，经车辆荷载长期重复作用后，抵抗车辙和波浪等病害的性能。

沥青混合料的强度随着温度升高而降低。沥青混凝土路面在高温时，在重交通的重复作用下产生车辙，这是高等级沥青路面最常见的病害。

2. 评定指标

高温稳定性常规采用马歇尔试验的稳定度、流值来评价。高速公路、一级公路密级配的沥青混合料、SMA、OGFC，必须进行车辙试验检验其动稳定度。

1)马歇尔试验方法

将沥青混合料按一定的比例拌匀，采用机械击实的方法制成直径101.6mm、高63.5mm的圆柱形试件，置于60℃±1℃的恒温水槽中保温30~40min，将试件置于马歇尔试验仪上，以50mm/min±5mm/min的速度加荷，直至荷载达到最大值。

(1)稳定度(MS)，指沥青混合料进行马歇尔试验时所能承受的最大荷载(kN)。反映沥青混合料高温承载能力的指标，值愈大，承载力愈大。

(2)流值(FL)，是马歇尔试验时相应于最大荷载时试件的垂直变形(mm)，是评价沥青混合料抗塑性变形能力的指标。其值太小变形能力较差，抗裂性较差。反之其值太大变形能力过剩，热稳定性较差。

2)车辙试验方法

用一块碾压成型的板块试件(通常为300mm×300mm×50mm)，在规定温度(通常60℃)下，以一个轮压为0.7MPa的实心橡胶轮胎在其上往返行走，试件变形进入稳定期后，每产生1mm轮辙变形所需试验轮行走的次数，即为动稳定度(DS)，次/mm。

3.影响高温稳定性的因素

沥青混合料属松散介质范畴，其强度可用抗剪强度表征，即其强度取决于黏聚力和内摩阻力。黏聚力主要取决于沥青结合料的性能，而内摩阻力则主要取决于集料的性能。当然，其强度还与沥青混合料的组成、结构及物理状态密切相关。

1)沥青结合料

沥青混合料的高温稳定性主要取决于沥青结合料的黏度及其感温性。黏度越大感温性越好的沥青，其高温稳定性能就越好。

采用塑料类(PE、EVA)以及SBS等聚合物改性的沥青，其高温稳定性能会得到明显的改善。

2)集料

集料的尺寸、形状及表面构造对沥青混合料的高温稳定性能起着重要的作用。集料粒径增大，形状近于立方体(有棱角)，表面粗糙的集料都对提高沥青混合料的高温稳定性能有利。

3)沥青混合料

沥青混合料中矿料的级配类型对沥青混合料的高温稳定性能有着至关重要的影响，骨架(嵌挤)型结构的高温稳定性能要优于密实型级配；沥青混合料中，采用粗糙粗大的碎石可以提高内摩阻角φ，有利于提高其高温稳定性；沥青用量略低于设计用量有利于沥青混合料高温稳定性能的提高；严格控制沥青与矿料的比值，均能提高沥青混合料黏结力C值，粉胶比稍大的沥青混合料，其高温稳定性能要好。稍大的剩余空隙率对提高沥青混合料的高温稳定性能有利。

二、低温抗裂性

1.定义

低温抗裂性是指沥青混合料在季节性冰冻地区、冬季低温时抵抗沥青路面开裂的性能。

随着温度的下降，沥青混合料的变形能力降低，以致路面的柔性逐渐消失而发脆，在冬季低温和车辆荷载的反复作用下路面可能产生裂缝。因此，要求沥青混合料应具有一定的低温抗裂性。

2.评定指标

沥青混合料低温弯曲试验破坏应变通常宜在-10℃、加载速率50mm/min下进行弯曲试验，测定破坏强度、破坏应变、破坏劲度模量，并根据应力—应变曲线的形状，综合评价沥青混合料的低温抗裂性能。

三、耐久性

1. 定义

耐久性指沥青混合料在各种因素（如日光、空气、水、车辆荷载等）的长期作用下，仍能基本保持原有的路用性能。

为保证沥青路面具有较长的使用寿命，要求沥青混合料必须具有较好的耐久性。

2. 评定指标

采用马歇尔试验后，计算出空隙率、饱和度、残留稳定度、残留强度比等。

3. 影响程度

（1）空隙率（VV）偏小，有利于提高耐久性和低温抗裂性，但空隙率（VV）不能过小，一般沥青混合料中均留有一定的空隙，以适应夏季沥青体积的膨胀。空隙率（VV）的大小与沥青混合料矿料级配类型、沥青用量以及施工压实度有关。

（2）饱和度（VFA）偏大，有利于提高耐久性和低温抗裂性，但饱和度（VFA）不能过大，夏季沥青体积膨胀引起路面泛油，会降低路面的高温稳定性和抗滑性。故饱和度要适当。

（3）残留稳定度（MS_0）是沥青混合料标准试件在规定温度下浸水 48h 后的稳定度与标准马歇尔稳定度的百分比。反映沥青混合料受水损害时抵抗剥落的能力。MS_0 值越大，水稳定性越好。

（4）残留强度比（TSR）是在规定条件下对沥青混合料进行冻融循环，测定试件在受到水损害前后劈裂破坏的强度比。浸水马歇尔试验残留稳定度和冻融劈裂试验的残留强度比是评价沥青混合料水稳定性的指标，它在很大程度上表征了耐久性。

4.3.3 沥青混合料的技术要求

一、热拌沥青混合料种类

热拌沥青混合料（HMA）适用于各种等级公路的沥青路面。其种类按集料公称最大粒径、矿料级配、空隙率划分，见表 4-3-1。

热拌沥青混合料种类 表 4-3-1

混合料类型	密级配			开级配		半开级配	公称最大粒径（mm）	最大粒径（mm）
	连续级配		间断级配	间断级配				
	沥青混凝土	沥青稳定碎石	沥青玛蹄脂碎石	排水式沥青磨耗层	排水式沥青碎石基层	沥青碎石		
特粗式	—	ATB ~40	—	—	ATPB ~40	—	37.5	53.0
粗粒式	—	ATB ~30	—	—	ATPB ~30	—	31.5	37.5
	AC ~25	ATB ~25	—	—	ATPB ~25	—	26.5	31.5
中粒式	AC ~20	—	SMA ~20	—	—	AM ~16	19.0	26.5
	AC ~16	—	SMA ~16	OGFC ~16	—	AM ~16	16.0	19.0
细粒式	AC ~13	—	SMA-13	OGFC ~13	—	AM ~13	13.2	16.0
	AC ~10	—	SMA-10	OGFC ~10	—	AM ~10	9.5	13.2
砂粒式	AC ~5	—	—	—	—	AM ~5	4.75	9.5
设计空隙率（%）	3 ~5	3 ~6	3 ~4	>18	>18	6 ~12	—	—

注：设计空隙率可按配合比设计要求适当调整。

二、工程设计级配范围

沥青混合料的矿料级配应符合工程设计规定的级配范围。密级配沥青混合料宜根据公路等级、气候及交通条件按表4-3-2选择采用粗型(C型)或细型(F型)混合料,并在表4-3-3范围内确定工程设计级配范围,通常情况下工程设计级配范围不宜超出表4-3-3和表4-3-4的要求。

粗型和细型密级配沥青混凝土的关键性筛孔通过率 表4-3-2

混合料类型	公称最大粒径(mm)	用以分类的关键性筛孔(mm)	粗型密级配		细型密级配	
			名称	关键性筛孔通过率(%)	名称	关键性筛孔通过率(%)
AC-25	26.5	4.75	AC~25C	<40	AC-25F	>40
AC-20	19	4.75	AC~20C	<45	AC-20F	>45
AC-16	16	2.36	AC~16C	<38	AC-16F	>38
AC-13	13.2	2.36	AC~13C	<40	AC-13F	>40
AC-10	9.5	2.36	AC~10C	<45	AC-IOF	>45

密级配沥青混凝土混合料矿料级配范围 表4-3-3

级配类型		通过下列筛孔(mm)的质量百分率(%)												
		31.5	26.5	19	16	13.2	9.5	4.75	2.36	1.18	0.6	0.3	0.15	0.075
粗粒式	AC-25	100	90~100	75~90	65~83	57~76	45~65	24~52	16~42	12~33	8~24	5~17	4~13	3~7
中粒式	AC-20		100	90~100	78~92	62~80	50~72	26~56	16~44	12~33	8~24	5~17	4~13	3~7
	AC-16			100	90~100	76~92	60~80	34~62	20~48	13~36	9~26	7~18	5~14	4~8
细粒式	AC-13				100	90~100	68~85	38~68	24~50	15~38	10~28	7~20	5~15	4~8
	AC-10					100	90~100	45~75	30~58	20~44	13~32	9~23	6~16	4~8
砂粒式	AC-5						100	90~100	55~75	35~55	20~40	12~28	7~18	5~10

沥青玛蹄脂碎石混合料矿料级配范围 表4-3-4

级配类型		通过下列筛孔(mm)的质量百分率(%)										
		26.5	19	16	3.2	9.5	4.75	2.36	1.18	0.6	0.3	0.15	0.075
中粒式	SMA-20	100	90~100	72~92	62~82	40~55	18~30	13~22	12~20	10~16	9~14	8~13	8~12
	SMA-16		100	90~100	65~85	45~65	20~32	15~24	14~22	12~18	10~15	9~14	8~12
细粒式	SMA-13			100	90~100	50~75	20~34	15~26	14~24	12~20	10~16	9~15	8~12
	SMA-10		~		100	90~100	28~60	20~32	14~26	12~22	10~18	9~16	8~13

三、马歇尔试验技术标准

现行规范采用马歇尔试验配合比设计方法,沥青混合料技术要求应符合表4-3-5~表4-3-8的规定,并有良好的施工性能。当采用其他方法设计沥青混合料时,应按规范规定进行马歇尔试验及各项配合比设计检验,并报告不同设计方法的试验结果。二级公路宜参照一级

密级配沥青混凝土混合料马歇尔试验技术标准 表 4-3-5

（本表适用于公称最大粒径≤26.5 mm 的密级配沥青混凝土混合料）

试验指标		单位	高速公路、一级公路				其他等级公路	行人道路
			夏炎热区（1-1、1-2、1-3、1-4 区）		夏热区及夏凉区（2-1、2-2、2-3、2-4、3-2 区）			
			中、轻交通	重载交通	中、轻交通	重载交通		
击实次数（双面）		次	75				50	50
试件尺寸		mm	ϕ101.6mm×63.5mm					
空隙率 W	深约 90mm 以内	%	3～5	4～6	2～4	3～5	3～6	2～4
	深约 90mm 以下	%	3～6		2～4	3～6	3～6	—
稳定度 MS 不小于		kN	8				5	3
流值 FL		mm	2～4	1.5～4	2～4.5	2～4	2～4.5	2～5
矿料间隙率 VMA（%）不小于	设计空隙率（%）		相应于以下公称最大粒径（mm）的最小 VMA 及 VFA 技术要求（%）					
			26.5	19	16	13.2	9.5	4.75
	2		10	11	11.5	12	13	15
	3		11	12	12.5	13	14	16
	4		12	13	13.5	14	15	17
	5		13	14	14.5	15	16	18
	6		14	15	15.5	16	17	19
沥青饱和度 VFA（%）			55～70	65～75			70～85	

注：①对空隙率大于 5% 的夏炎热区重载交通路段，施工时应至少提高压实度 1 个百分点。

②当设计的空隙率不是整数时，由内插确定要求的 VMA 最小值。

③对改性沥青混合料，马歇尔试验的流值可适当放宽。

公路的技术标准执行。重载交通是指设计交通量在 1 000 万辆以上的路段，长大坡度的路段按重载交通路段考虑。

沥青稳定碎石混合料马歇尔试验配合比设计技术标准 表 4-3-6

试验指标	单位	密级配基层（ATB）		半开级配面层（AM）	排水式开级配磨耗层（OGFC）	排水式开级配基层（ATPB）
公称最大粒径	mm	26.5mm	等于或大于 31.5mm	等于或小于 26.5mm	等于或小于 26.5mm	所有尺寸
马歇尔试件尺寸	mm	ϕ101.6mm×63.5mm	ϕ152.4mm×95.3mm	ϕ101.6mm×63.5mm	ϕ101.6mm×63.5mm	ϕ152.4mm×95.3mm
击实次数（双面）	次	75	112	50	50	75
空隙率 VV	%	3～6		6～10	不小于 18	不小于 18
稳定度，不小于	kN	7.5	15	3.5	3.5	—
流值	mm	1.5～4	实测	—	—	—
沥青饱和度 VFA	%	55～70		40～70	—	—
密级配基层 ATB 的矿料间隙率 VMA，不小于（%）		设计空隙率（%）		ATB-40	ATB-30	ATB-25
		4		11	11.5	12
		5		12	12.5	13
		6		13	13.5	14

注：在干旱地区，可将密级配沥青稳定碎石基层的空隙率适当放宽到 8%。

SMA 混合料马歇尔试验配合比设计技术要求 表 4-3-7

试验项目	单位	技术要求		试验方法
		不使用改性沥青	使用改性沥青	
马歇尔试件尺寸	mm	ϕ101.6mm×63.5mm		T 0702
马歇尔试件击实次数[1]	—	两面击实 50 次		T 0702
空隙率 VV[2]	%	3~4		T 0708
矿料间隙率 VMA[2]，不小于	%	17.0		T 0708
粗集料骨架间隙率 VCA_{min}[3]，不大于	—	VCA_{DRC}		T 0708
沥青饱和度 VFA	%	75~85		T 0708
稳定度[4]，不小于	kN	5.5	6.0	T 0709
流值	mm	2~5	—	T 0709
谢伦堡沥青析漏试验的结合料损失	%	不大于 0.2	不大于 0.1	T 0732
肯塔堡飞散试验的混合料损失或浸水飞散试验	%	不大于 20	不大于 15	T 0733

注：①在通行重载交通的路段，对不易击碎的坚硬集料，也可将击实次数增加为双面 75 次。

②对高温稳定性要求较高的重交通路段或炎热地区，设计空隙率允许放宽到 4.5%，VMA 允许放宽到 16.5%（SMA-16）或 16%（SMA-19），VFA 允许放宽到 70%。

③试验粗集料骨架间隙率 VCA 的关键性筛孔，对 SMA-19、SMA-16 是指 4.75mm，对 SMA-13、SMA-10 是指 2.36mm。

④稳定度难以达到要求时，容许放宽到 5.0kN（非改性）或 5.5kN（改性），但动稳定度检验必须合格。

OGFC 混合料技术要求 表 4-3-8

试验项目	单位	技术要求	试验方法
马歇尔试件尺寸	mm	ϕ101.6mm×63.5mm	T 0702
马歇尔试件击实次数	—	两面击实 50 次	T 0702
空隙率	%	18~25	T 0708
马歇尔稳定度，不小于	kN	3.5	T 0709
析漏损失	%	<0.3	T 0732
肯特堡飞散损失	%	<20	T 0733

四、使用性能技术要求

对用于高速公路和一级公路的公称最大粒径等于或小于 19mm 的密级配沥青混合料（AC）及 SMA、OGFC 混合料，需在配合比设计的基础上按下列步骤进行各种使用性能检验。不符合要求的沥青混合料，必须更换材料或重新进行配合比设计。二级公路参照此要求执行。

1. 动稳定度检验技术要求

必须在规定的试验条件下进行车辙试验，并符合表 4-3-9 的要求。

沥青混合料车辙试验动稳定度技术要求 表 4-3-9

气候条件与技术指标		相应于下列气候分区所要求的动稳定度(次/mm)									试验方法
七月平均最高气温(℃)及气候分区		>30				20~30				<20	
		1. 夏炎热区				2. 夏热区				3. 夏凉区	
		1-1	1-2	1-3	1-4	2-1	2-2	2-3	2-4	3-2	
普通沥青混合料,不小于		800		1000		600	800			600	T 0719
改性沥青混合料,不小于		2 400		2 800		2 000	2 400			1 800	
SMA混合料	非改性,不小于	1 500									
	改性,不小于	3 000									
OGFC 混合料		1 500(一般交通路段),3 000(重载交通路段)									

注:①如果其他月份的平均最高气温高于七月时,可使用该月平均最高气温。

②在特殊情况下,如钢桥面铺装、重载车特别多或纵坡较大的长距离上坡路段、厂矿专用道路,可酌情提高动稳定度的要求。

③对因气候寒冷确需使用针入度很大的沥青(如大于100),动稳定度难以达到要求,或因采用石灰岩等不很坚硬的石料,改性沥青混合料的动稳定度难以达到要求等特殊情况,可酌情降低要求。

④为满足炎热地区及重载车要求,在配合比设计时采取减少最佳沥青用量的技术措施时,可适当提高试验温度或增加试验荷载进行试验,同时增加试件的碾压成型密度和施工压实度要求。

⑤车辙试验不得采用二次加热的混合料,试验必须检验其密度是否符合试验规程的要求。

⑥如需要对公称最大粒径等于和大于26.5mm的混合料进行车辙试验,可适当增加试件的厚度,但不宜作为评定合格与否的依据。

2. 水稳定性检验技术要求

必须在规定的试验条件下进行浸水马歇尔试验和冻融劈裂试验检验沥青混合料的水稳定性,并同时符合表4-3-10中的两个要求。

沥青混合料水稳定性检验技术要求 表 4-3-10

气候条件与技术指标		相应于下列气候分区的技术要求(%)				试验方法
年降雨量(mm)及气候分区		>1000	500~1000	250~500	<250	
		1. 潮湿区	2. 湿润区	3. 半干区	4. 干旱区	
浸水马歇尔试验残留稳定度(%),不小于						
普通沥青混合料		80		75		T 0790
改性沥青混合料		85		80		
SMA 混合料	普通沥青	75				
	改性沥青	80				
冻融劈裂试验的残留强度比(%),不小于						
普通沥青混合料		75		70		T 0729
改性沥青混合料		80		75		
SMA 混合料	普通沥青	75				
	改性沥青	80				

3. 低温弯曲试验技术要求

宜对密级配沥青混合料在温度 -10℃、加载速率 50mm/min 的条件下进行弯曲试验,测定破坏强度、破坏应变、破坏劲度模量,并根据应力—应变曲线的形状,综合评价沥青混合料的低温抗裂性能。其中沥青混合料的破坏应变宜不小于表 4-3-11 的要求。

表 4-3-11

沥青混合料低温弯曲试验破坏应变($\mu\varepsilon$)技术要求

气候条件与技术指标	相应于下列气候分区所要求的破坏应变($\mu\varepsilon$)									试验方法
年极端最低气温(℃)及气候分区	< −37.0		−21.5 ~ −37.0			−9.0 ~ −21.5		> −9.0		
	1.冬严寒区		2.冬寒区			3.冬冷区		4.冬温区		
	1-1	2-1	1-2	2-2	3-2	1-3	2-3	1-4	2-4	
普通沥青混合料,不小于	2 600		2 300			2 000				T 0728
改性沥青混合料,不小于	3 000		2 800			2 500				

4. 渗水系数(mL/min)技术要求

宜利用轮碾机成型的车辙试验试件,脱模架起进行渗水试验,并符合表 4-3-12 的要求。

表 4-3-12

沥青混合料试件渗水系数(mL/min)技术要求

级配类型	渗水系数要求(mL/min)	试验方法
密级配沥青混凝土,不大于	120	T 0730
SMA 混合料,不大于	80	
OGFC 混合料,不小于	实测	

4.3.4 沥青混合料的组成设计

沥青混合料的配合比设计是施工过程中一件十分重要的工作,是本学习情境的核心内容之一。配合比设计不能只是满足于达到规范的技术要求,满足规范指标是一个起码要求,并不一定是最优化的设计。一个好的设计应该具有良好的使用性能,施工操作性好及变异性小,容易压实,尤其是经得起实践检验,确保沥青路面不产生损坏。

本单元介绍的方法适用于密级配沥青混凝土及沥青稳定碎石混合料。高速公路、一级公路沥青混合料的配合比设计应在调查以往同类材料配合比设计经验和使用效果的基础上,按下文步骤进行。二级及二级以下其他等级公路热拌沥青混合料的配合比设计也可按下文步骤进行,当材料与同类道路完全相同时,也可直接引用成功的经验。

热拌沥青混合料的配合比设计包括目标配合比设计、生产配合比设计和生产配合比验证三个阶段。

热拌沥青混合料的目标配合比设计宜按图 4-3-2 的步骤进行,工程实际使用的材料按《公路沥青路面施工技术规范》(JTG F40—2004)规定的方法,优选矿料级配、确定最佳沥青用量,使设计的沥青混合料符合配合比设计技术标准和配合比设计检验要求。配合比设计的试验方法必须遵照现行试验规程的方法执行。

一、目标配合比设计方法

目标配合比设计可分为矿料配合比设计和确定最佳沥青用量(或油石比)两部分。

1. 矿料配合比设计

根据各组成材料的试验结果,可采用计算机专业设计软件或电子表格(完成《道路建筑材料试验检测报告》中试表 4-3-1)进行试算,求出各组成材料用量的比例关系,并使合成的配合比符合以下要求:

(1)沥青路面工程的混合料设计级配范围由工程设计文件或招标文件规定,工程设计级配范围是配合比设计的依据,不得随意变更。

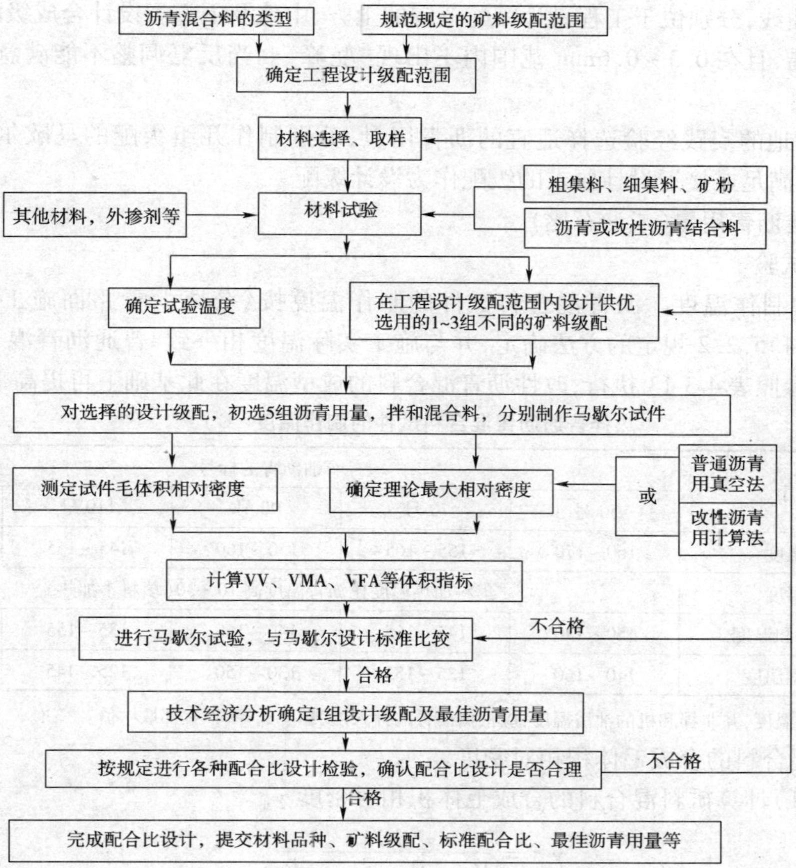

图 4-3-2　密级配沥青混合料目标配合比设计流程图

(2)合成级配曲线宜尽量接近设计级配中限，尤其应使 0.075mm、2.36mm 和 4.75mm 筛孔的通过量接近设计级配范围的中限。

(3)对交通量大、轴载重的道路，宜偏向级配范围的下限。对中小交通或人行道路等，宜偏向级配范围的上限。

(4) 合成的级配曲线应接近连续级配或有合理的间断级配，不得有过多的犬牙交错。当经过再三调整，仍有两个以上的筛孔超出级配范围时，必须对原材料进行调整或更换原材料重新设计。

1)材料选择与准备

(1)配合比设计的各种矿料必须按现行《公路工程集料试验规程》规定的方法，从工程实际使用的材料中取代表性样品。

(2)配合比设计所用的各种材料必须符合气候和交通条件的需要。其质量应符合规范规定的技术要求。当单一规格的集料某项指标不合格，但不同粒径规格的材料按级配组成的集料混合料指标能符合规范要求时，允许使用。

2)矿料配合比设计

(1)高速公路和一级公路沥青路面矿料配合比设计宜借助电子计算机的电子表格用试配法进行。其他等级公路沥青路面也可参照进行。

(2)对高速公路和一级公路，宜在工程设计级配范围内计算 1 ~ 3 组粗细不同的配合比，绘制设计级配曲线，分别位于工程设计级配范围的上方、中值及下方。设计合成级配不得有太多的锯齿形交错，且在0.3～0.6mm范围内不出现“驼峰”。当反复调整不能满意时，宜更换材料设计。

(3)根据当地的实践经验选择适宜的沥青用量，分别制作几组级配的马歇尔试件，测定VMA，初选一组满足或接近设计要求的级配作为设计级配。

2. 确定最佳沥青用量(或油石比)

1)马歇尔试验

(1)试件的制作温度。沥青混合料试件的制作温度按《公路沥青路面施工技术规范》(JTG F40—2004)5.2.2规定的方法确定，并与施工实际温度相一致，普通沥青混合料如缺乏黏温曲线时可参照表4-3-13执行，改性沥青混合料的成型温度在此基础上再提高10～20℃。

热拌普通沥青混合料试件的制作温度(℃) 表4-3-13

施工工序	石油沥青的标号				
	50号	70号	90号	110号	130号
沥青加热温度	160～170	155～165	150～160	145～155	140～150
矿料加热温度	集料加热温度比沥青温度高10～30(填料不加热)				
沥青混合料拌和温度	150～170	145～165	140～160	135～155	130～150
试件击实成型温度	140～160	135～155	130～150	125～145	120～140

注：表中混合料温度，并非拌和机的油浴温度，应根据沥青的针入度、黏度选择，不宜都取中值。

(2)矿料混合料的合成毛体积相对密度。

按式(4-3-1)计算矿料混合料的合成毛体积相对密度γ_{sb}。

$$\gamma_{sb}=\frac{100}{\frac{P_1}{\gamma_1}+\frac{P_2}{\gamma_2}+\cdots+\frac{P_n}{\gamma_n}} \tag{4-3-1}$$

式中：P_1、P_2、…、P_n——各种矿料成分的配合比，其和为100；

γ_1、γ_2、…、γ_n——各种矿料相应的毛体积相对密度，粗集料按规范中T 0304方法测定，机制砂及石屑可按规范中T 0330方法测定，也可以用筛出的2.36～4.75mm部分的毛体积相对密度代替，矿粉(含消石灰、水泥)以表观相对密度代替。

注：沥青混合料配合比设计时，均采用毛体积相对密度(无量纲)，不采用毛体积密度时，无需进行密度的水温修正。

(3)矿料混合料的合成表观相对密度。按式(4-3-2)计算矿料混合料的合成表观相对密度γ_{sa}。

$$\gamma_{sa}=\frac{100}{\frac{P_1}{\gamma'_1}+\frac{P_2}{\gamma'_2}+\cdots+\frac{P_n}{\gamma'_n}} \tag{4-3-2}$$

式中：P_1、P_2、…、P_n——各种矿料成分的配合比，其和为100；

γ'_1、γ'_2、…γ'_n——各种矿料按试验规程方法测定的表观相对密度。

(4)确定矿料的有效相对密度。

①对非改性沥青混合料，宜以预估的最佳油石比拌和2组混合料，采用真空法实测最大相对密度，取平均值。然后由式(4-3-3)反算合成矿料的有效相对密度γ_{se}。

$$\gamma_{se} = \frac{100 - P_b}{\frac{100}{\gamma_t} - \frac{P_b}{\gamma_b}} \tag{4-3-3}$$

式中：γ_{se}——合成矿料的有效相对密度；

P_b——试验采用的沥青用量（占混合料总量的百分数，%）；

γ_t——试验沥青用量条件下实测得到的最大相对密度，无量纲；

γ_b——沥青的相对密度（25℃/25℃），无量纲。

②对改性沥青及 SMA 等难以分散的混合料，有效相对密度宜直接由矿料的合成毛体积相对密度与合成表观相对密度按式（4-3-4）计算确定，其中沥青吸收系数 C 值根据材料的吸水率由式（4-3-5）求得，材料的合成吸水率按式（4-3-6）计算。

$$\gamma_{se} = C \times \gamma_{sa} + (1 - C) \times \gamma_{sb} \tag{4-3-4}$$

$$C = 0.033w_X^2 - 0.2936w_X + 0.9339 \tag{4-3-5}$$

$$w_X = \left(\frac{1}{\gamma_{sb}} - \frac{1}{\gamma_{sa}}\right) \times 100 \tag{4-3-6}$$

式中：γ_{se}——合成矿料的有效相对密度；

C——合成矿料的沥青吸收系数，可按矿料的合成吸水率按式（4-3-5）求取；

w_X——合成矿料的吸水率（%），按式（4-3-6）求取；

γ_{sb}——材料的合成毛体积相对密度，按式（4-3-1）求取，无量纲；

γ_{sa}——材料的合成表观相对密度，按式（4-3-2）求取，无量纲。

（5）选取若干组沥青用量。以预估的油石比为中值，按一定间隔（对密级配沥青混合料通常为 0.5%，对沥青碎石混合料可适当缩小间隔为 0.3% ~0.4%）取 5 个或 5 个以上不同的油石比分别成型马歇尔试件。每一组试件的试样数按现行试验规程的要求确定，对粒径较大的沥青混合料，宜增加试件数量。

注：5 个不同油石比不一定选整数，例如预估油石比 4.8%，可选 3.8%、4.3%、4.8%、5.3%、5.8% 等。

（6）测定毛体积相对密度和吸水率。测定压实沥青混合料试件的毛体积相对密度 γ_f 和吸水率，取平均值。测试方法应遵照以下规定执行：

①通常采用表干法测定毛体积相对密度；

②对吸水率大于 2% 的试件，宜改用蜡封法测定毛体积相对密度。

注：对吸水率小于 0.5% 的特别致密的沥青混合料，在施工质量检验时，允许采用水中重法测定的表观相对密度作为标准密度，钻孔试件也采用相同方法。但配合比设计时不得采用水中重法。

（7）确定沥青混合料的最大理论相对密度。

①对非改性的普通沥青混合料，在成型马歇尔试件的同时，用真空法实测各组沥青混合料的最大理论相对密度 γ_{ti}。当只对其中一组油石比测定最大理论相对密度时，也可按式（4-3-7）或式（4-3-8）计算其他不同油石比时的最大理论相对密度 γ_{ti}。

②对改性沥青或 SMA 混合料宜按式（4-3-7）或式（4-3-8）计算各个不同沥青用量混合料的最大理论相对密度。

$$\gamma_{ti} = \frac{100 + P_{ai}}{\frac{100}{\gamma_{se}} + \frac{P_{ai}}{\gamma_b}} \tag{4-3-7}$$

$$\gamma_{ti} = \frac{100}{\frac{P_{si}}{\gamma_{se}} + \frac{P_{bi}}{\gamma_b}} \tag{4-3-8}$$

式中：γ_{ti}——相对于计算沥青用量 P_{bi} 时沥青混合料的最大理论相对密度，无量纲；

P_{ai}——所计算的沥青混合料中的油石比（%）；

P_{bi}——所计算的沥青混合料的沥青用量（%），$P_{bi}=P_{ai}/(1+P_{ai})$；

P_{si}——所计算的沥青混合料的矿料含量（%），$P_{si}=100-P_{bi}$；

γ_{se}——矿料的有效相对密度，按式（4-3-3）或式（4-3-4）计算，无量纲；

γ_b——沥青的相对密度（25℃/25℃），无量纲。

（8）计算马歇尔试件物理指标。按式（4-3-9）~式（4-3-11）计算沥青混合料试件的空隙率 *VV*、矿料间隙率 *VMA*、有效沥青饱和度 *VFA* 等体积指标，取 1 位小数，进行体积组成分析。

压实沥青混合料的空隙率，即矿料及沥青以外的空隙（不包括矿料自身内部的孔隙）的体积占试件总体积的百分率。

压实沥青混合料的矿料间隙率，即试件全部矿料部分以外的体积占试件总体积的百分率。

压实沥青混合料中的沥青饱和度，即试件矿料间隙中扣除被集料吸收的沥青以外的有效沥青结合料部分的体积在 *VMA* 中所占的百分率。

$$VV=\left(1-\frac{\gamma_f}{\gamma_t}\right)\times 100 \tag{4-3-9}$$

$$VMA=\left(1-\frac{\gamma_f}{\gamma_{sb}}\times P_s\right)\times 100 \tag{4-3-10}$$

$$VFA=\left(\frac{VMA-VV}{VMA}\right)\times 100 \tag{4-3-11}$$

式中：*VV*——试件的空隙率（%）；

VMA——试件的矿料间隙率（%）；

VFA——试件的有效沥青饱和度（有效沥青含量占 *VMA* 的体积比例）（%）；

γ_f——试件的毛体积相对密度，无量纲；

γ_t——沥青混合料的最大理论相对密度，无量纲；

P_s——各种矿料占沥青混合料总质量的百分率之和（%），即 $P_s=100-P_b$；

γ_{sb}——矿料混合料的合成毛体积相对密度，按式（4-3-1）计算。

（9）马歇尔稳定度及流值测定。完成上述内容后，进行马歇尔试验，测定马歇尔稳定度及流值。

2）确定最佳沥青用量（或油石比）

（1）马歇尔试验结果汇总并绘图。以油石比或沥青用量为横坐标，以马歇尔试验的各项指标为纵坐标，将试验结果点入图中，连成圆滑的曲线。确定均符合《公路沥青路面施工技术规范》（JTG F40—2004）规定的沥青混合料技术标准的沥青用量范围 $OAC_{min}\sim OAC_{max}$。选择的沥青用量范围必须涵盖设计空隙率的全部范围，并尽可能涵盖沥青饱和度的要求范围，并使密度及稳定度曲线出现峰值。如果没有涵盖设计空隙率的全部范围，试验必须扩大沥青用量范围重新进行。

注：绘制曲线时含 *VMA* 指标，且应为下凹形曲线，但确定 $OAC_{min}\sim OAC_{max}$ 时不包括 *VMA*。

（2）确定沥青混合料的最佳沥青用量。

根据试验曲线的走势，按下列方法确定沥青混合料的最佳沥青用量 OAC_1。

①在曲线图（图 4-3-3）上求取相应于密度最大值、稳定度最大值、目标空隙率（或中值）、沥青饱和度范围的中值的沥青用量 a_1、a_2、a_3、a_4，按式（4-3-12）取平均值作为 OAC_1。

$$OAC_1 = (a_1 + a_2 + a_3 + a_4)/4 \tag{4-3-12}$$

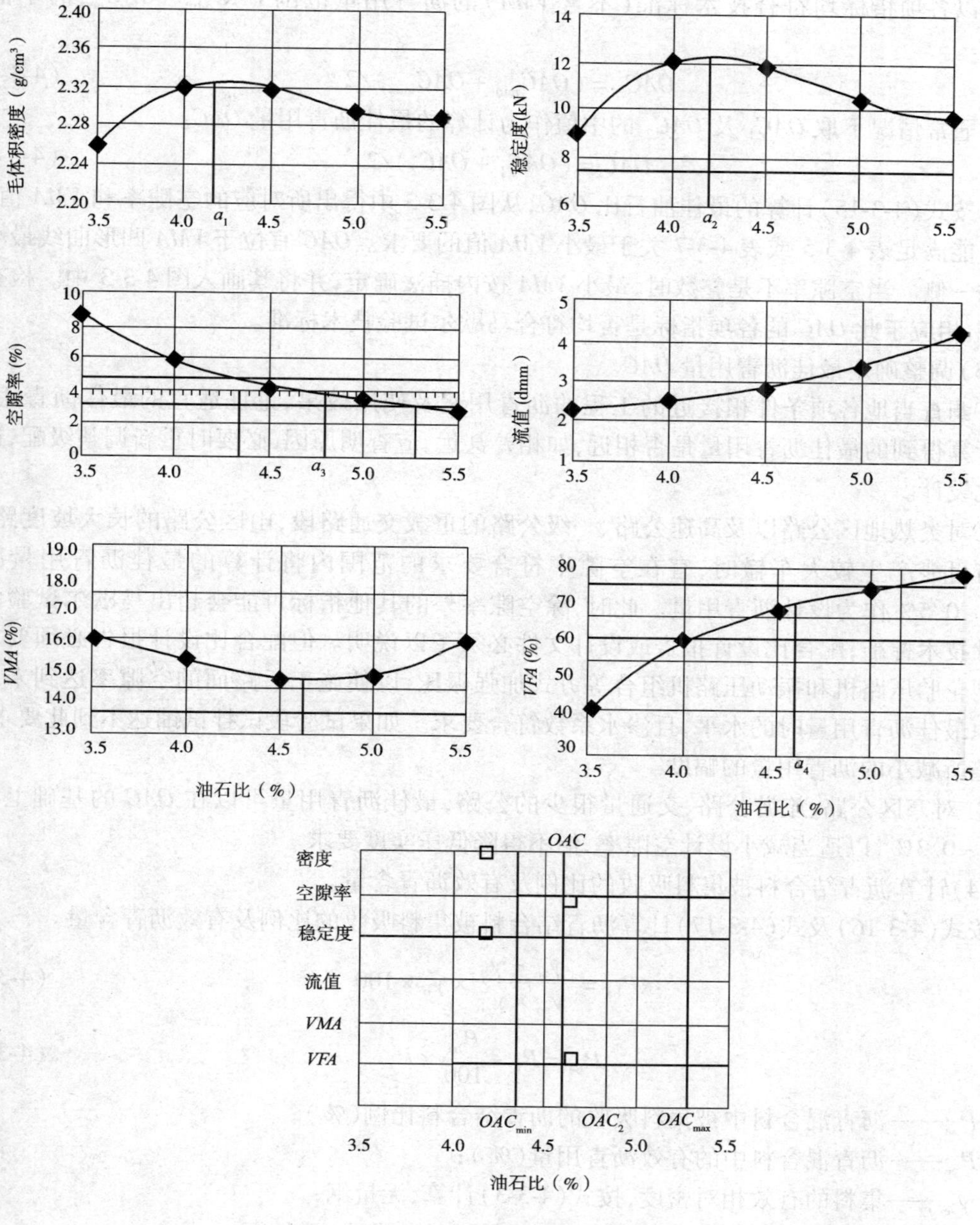

图 4-3-3 马歇尔试验结果示例

注：图中 $a_1 = 4.2\%$，$a_2 = 4.25\%$，$a_3 = 4.8\%$，$a_4 = 4.7\%$，$OAC_1 = 4.49\%$（由 4 个平均值确定），$OAC_{min} = 4.3\%$，$OAC_{max} = 5.3\%$，$OAC_2 = 4.8\%$，$OAC = 4.64\%$。此例中相对于空隙率 4% 的油石比为 4.6%。

②如果在所选择的沥青用量范围未能涵盖沥青饱和度的要求范围，按式(4-3-13)求取三者的平均值作为 OAC_1。

$$OAC_1 = (a_1 + a_2 + a_3)/3 \tag{4-3-13}$$

③对所选择试验的沥青用量范围，密度或稳定度没有出现峰值（最大值经常在曲线的两端）时，可直接以目标空隙率所对应的沥青用量 a_3 作为 OAC_1，但 OAC_1 必须介于 OAC_{min} ~

OAC_{max}的范围内，否则应重新进行配合比设计。

④以各项指标均符合技术标准（不含 VMA）的沥青用量范围 $OAC_{min} \sim OAC_{max}$ 的中值作为 OAC_2。

$$OAC_2 = (OAC_{min} + OAC_{max})/2 \tag{4-3-14}$$

⑤通常情况下取 OAC_1 及 OAC_2 的中值作为计算的最佳沥青用量 OAC。

$$OAC = (OAC_1 + OAC_2)/2 \tag{4-3-15}$$

⑥按式(4-3-15)计算的最佳油石比 OAC，从图 4-3-3 中得出所对应的空隙率和 VMA 值，检验是否能满足表 4-3-5 或表 4-3-7 关于最小 VMA 值的要求。OAC 宜位于 VMA 凹形曲线最小值的贫油一侧。当空隙率不是整数时，最小 VMA 按内插法确定，并将其画入图 4-3-3 中。检查图 4-3-3 中相应于此 OAC 的各项指标是否均符合马歇尔试验技术标准。

(3)调整确定最佳沥青用量 OAC。

①调查当地各项条件相接近的工程的沥青用量及使用效果，论证适宜的最佳沥青用量。检查计算得到的最佳沥青用量是否相近，如相差甚远，应查明原因，必要时重新调整级配，进行配合比设计。

②对炎热地区公路以及高速公路、一级公路的重载交通路段，山区公路的长大坡度路段，预计有可能产生较大车辙时，宜在空隙率符合要求的范围内将计算的最佳沥青用量减小 0.1% ~0.5% 作为设计沥青用量。此时，除空隙率外的其他指标可能会超出马歇尔试验配合比设计技术标准，配合比设计报告或设计文件必须予以说明。但配合比设计报告必须要求采用重型轮胎压路机和振动压路机组合等方式加强碾压，以使施工后路面的空隙率达到未调整前的原最佳沥青用量时的水平，且渗水系数符合要求。如果试验段试拌试铺达不到此要求时，宜调整所减小的沥青用量的幅度。

③ 对寒区公路、旅游公路、交通量很少的公路，最佳沥青用量可以在 OAC 的基础上增加 0.1% ~0.3%，以适当减小设计空隙率，但不得降低压实度要求。

(4)计算沥青结合料被集料吸收的比例及有效沥青含量。

按式(4-3-16)及式(4-3-17)计算沥青结合料被集料吸收的比例及有效沥青含量。

$$P_{ba} = \frac{\gamma_{se} - \gamma_b}{\gamma_{se} \times \gamma_{sb}} \times \gamma_b \times 100 \tag{4-3-16}$$

$$P_{be} = P_b - \frac{P_{ba}}{100} \times P_s \tag{4-3-17}$$

式中：P_{ba}——沥青混合料中被集料吸收的沥青结合料比例(%)；

P_{be}——沥青混合料中的有效沥青用量(%)；

γ_{se}——集料的有效相对密度，按式(4-3-3)计算，无量纲；

γ_{sb}——材料的合成毛体积相对密度，按式(4-3-1)求取，无量纲；

γ_b——沥青的相对密度(25℃/25℃)，无量纲；

P_b——沥青含量(%)；

P_s——各种矿料占沥青混合料总质量的百分率之和(%)，即 $P_s = 100 - P_b$。

如果需要，可按式(4-3-18)及式(4-3-19)计算有效沥青的体积百分率 V_b 及矿料的体积百分率 V_g。

$$V_b = \frac{\gamma_f \times P_{be}}{\gamma_b} \tag{4-3-18}$$

$$V_g = 100 - (V_{be} + VV) \tag{4-3-19}$$

(5)检验最佳沥青用量时的粉胶比和有效沥青膜厚度。

①按式(4-3-20)计算沥青混合料的粉胶比,宜符合 0.6~1.6 的要求。对常用的公称最大粒径为 13.2~19mm 的密级配沥青混合料,粉胶比宜控制在 0.8~1.2 范围内。

$$FB = \frac{P_{0.075}}{P_{be}} \tag{4-3-20}$$

式中:FB——粉胶比,沥青混合料的矿料中 0.075mm 通过率与有效沥青含量的比值,无量纲;

$P_{0.075}$——矿料级配中 0.075mm 的通过率(水洗法)(%);

P_{be}——有效沥青含量(%)。

②按式(4-3-21)的方法计算集料的比表面积,按式(4-3-22)估算沥青混合料的沥青膜有效厚度。各种集料粒径的表面积系数按表 4-3-14 采用。

$$SA = \sum (P_i \times FA_i) \tag{4-3-21}$$

$$DA = \frac{P_{be}}{\gamma_b \times SA} \times 10 \tag{4-3-22}$$

式中:SA——集料的比表面积(m^2/kg);

P_i——各种粒径的通过百分率(%);

FA_i——相应于各种粒径的集料的表面积系数,如表 4-3-14 所列;

DA——沥青膜有效厚度(μm);

P_{be}——有效沥青含量(%);

γ_b——沥青的相对密度(25℃/25℃),无量纲。

注:各种公称最大粒径混合料中大于 4.75mm 尺寸集料的表面积系数 FA 均取 0.0041,且只计算一次,4.75mm 以下部分的 FA_i 如表 4-3-14 所示。该例的 $SA = 6.60m^2/kg$。若混合料的有效沥青含量为 4.65%,沥青的相对密度 1.03,则沥青膜厚度为 $DA = 4.65/(1.03 \times 6.60) \times 10 = 6.83\mu m$。

集料的表面积系数计算示例　　表 4-3-14

筛孔尺寸(mm)	19	4.75	2.36	1.18	0.6	0.3	0.15	0.075	集料的比表面积总和 SA (m^2/kg)
表面积系数 FA_i	0.0041	0.0041	0.0082	0.0164	0.0287	0.0614	0.1229	0.3277	
通过百分率 P_i(%)	100	60	42	32	23	16	12	6	
比表面 $FA_i \times P_i$(m^2/kg)	0.41	0.25	0.34	0.52	0.66	0.98	1.47	1.97	6.60

3)配合比设计检验

对用于高速公路和一级公路的密级配沥青混合料,需在配合比设计的基础上按《公路沥青路面施工技术规范》(JTG F40—2004)的要求进行各种使用性能的检验,不符合要求的沥青混合料,必须更换材料或重新进行配合比设计。其他等级公路的沥青混合料可参照执行。

二、沥青混合料目标配合比设计实例

根据工程设计文件要求,阜朝高速公路路面第三合同段,在路面技术组及驻地监理工程师的大力协助下,已完成下面层 AC—20 型沥青混合料目标配合比设计工作。

1. 设计依据

(1)《公路沥青路面施工技术规范》JTG F40—2004

(2)《公路工程集料试验规程》JTJ 058—2000

(3)《公路工程沥青及沥青混合料试验规程》JTJ 052—2000

(4)《阜朝高速公路沥青混凝土面层施工作业指导意见》

2. 原材料试验检测

1）沥青

沥青采用中国石油辽河石化公司（基质沥青）生产的SBS4303-2（道改2号）改性沥青。试验检测项目及检测结果见表4-3-15。试验结果表明，该沥青的性能符合阜朝高速公路的技术要求。

沥青试验结果汇总　　表4-3-15

委托单位	中交一公局北京海威公司		合同编号	SYHT20070008
试验单位	辽宁省交通高等专科学校公路工程质量检测中心		分项工程	中面层
试验规程	JTJ 052—2000		试验日期	2008-05-7
试样描述	A-90、SBS 改性沥青		报告日期	2008-05-8
沥青种类	A-90	沥青产地	中国石油辽河石化公司	
改性剂种类	SBS4303-2（道改2号）	改性剂产地	中国石化燕山石油化工有限责任公司	
沥青种类	SBS 改性沥青		A-90 沥青	
技术指标	技术要求	试验结果	技术要求	试验结果
针入度25℃，100g，5s（0.1mm）	≥50	88	80～100	88
针入度指数PI	≥ -0.2	2.37	-1.5～ +1.0	0.94
延度5℃，5cm/min（cm）	≥45	47.5	—	
延度10℃，5cm/min（cm）			≥30	44
延度15℃，5cm/min（cm）			≥100	134
软化点 $T_{R\&B}$（℃）	≥70	88.0	≥44	47.0
含蜡量（蒸馏法）（%）			≤2.2	2.0
60℃动力黏度（Pa·s）			≥140	241.4
135℃运动黏度（Pa·s）	≤3	1.305	—	
闪点（COC）（℃）	≥230	288	≥245	267
溶解度（三氯乙烯）（%）	≥99	99.20	≥99.5	99.61
离析、软化点差（℃）	≤2.5	0.8	—	
弹性恢复25℃（%）	≥85	91.7	—	
薄膜烘箱试验TFOT（或RTFOT）后残留物				
质量损失	±1.0	0.3	±0.8	0.15
针入度比25℃（%）	≥60	65.2	≥57	63.2
延度5℃（cm）	≥25	27	—	
延度10℃（cm）			≥8	8.8
结论：试验结果满足设计要求				

2）集料

集料采用北票北山石厂生产的石灰岩碎石。包括粗集料、细集料和填料。集料的试验分析结果见表4-3-16、表4-3-17和表4-3-18。

粗集料试验结果汇总

表 4-3-16

委托单位		中交一公局北京海威公司		合同编号	SYHT20070008
试验单位		辽宁省交通高等专科学校公路工程质量检测中心		分项工程	中面层
试验规程		JTG E42—2005		试验日期	2008-05-10
试样描述		碎石(2.36～26.5mm)		报告日期	2008-05-11
材料产地		北票北山石厂		材料种类	石灰岩
压碎值	指标	≯24	黏附性	指标	≮5
	试验结果	17.1		试验结果	5
项目		洛杉矶磨耗损失(%)	表观密度(g/cm^3)	吸水率(%)	坚固性(%)
指标		≯30	≮2.5	≯2.0	≯8
试验结果	16～19mm	18.3	2.788	0.30	3
	13.2～16mm	16.1	2.788	0.29	3
	9.5～13.2mm	16.1	2.792	0.32	3
	4.75～9.5mm	16.1	2.814	0.41	2
项目		细长扁平颗粒含量(%)	<0.075mm颗粒含量(%)	软石含量(%)	磨光值
指标		≯10	≯1.0	≯5	≮42
试验结果	16～19mm	2.5	0.2	0.4	—
	13.2～16mm	3.6	0.3	0.5	—
	9.5～13.2mm	5.5	0.3	0.5	—
	4.75～9.5mm	8.1	0.3	0.8	—
结论:结果满足设计要求					

细集料试验结果汇总

表 4-3-17

工程名称:皁朝高速路面工程第三合同段　　　　编号:HZ200800014

委托单位		中交一公局北京海威公司		合同编号	SYHT20070008
试验单位		辽宁省交通高等专科学校公路工程质量检测中心		分项工程	中面层
试验规程		JTG E42—2005		试验日期	2008-05-13
试样描述		机制砂(0～5mm)		报告日期	2008-05-13
材料产地		北票北山石厂		材料种类	机制砂
项目		表观相对密度	毛体积相对密度	坚固性(%)	含泥量(%)
指标		≮2.5	—	≯12	≯3
试验结果	2.5～5mm	2.799	2.739	1.5	0.6
	1.2～2.5mm	2.797	2.765	1.5	1.3
	0～1.2mm	2.752	2.764	1.5	2.2

项目		砂当量(%)	亚甲蓝值(g/kg)	棱角性(s)
指标		≮60	≯25	≮30
试验结果	2.5～5mm	93	—	52
	1.2～2.5mm	83	13	49
	0～1.2mm	83	14.2	42.6
结论:试验结果满足设计要求				

表 4-3-18

水泥、矿粉试验结果汇总

工程名称：<u>阜朝高速路面工程第三合同段</u>　　　　编号：<u>HZ200800015</u>

委托单位	中交一公局北京海威公司	合同编号	SYHT20070008
试验单位	辽宁省交通高等专科学校公路工程质量检测中心	分项工程	中面层
试验规程	JTG E42—2005	试验日期	2008-05-13
试样描述	水泥、矿粉	报告日期	2008-05-13

	项目	表观密度(g/cm^3)	含水率(%)	外观	加热安定性
水泥试验	指标	≮2.5	≯1.0	无团粒结块	实测
	试验结果	2.945	0.9	无团粒结块	良好
	项目	粒度范围			
		<0.6mm	<0.15mm	<0.075mm	
	指标	100	90~100	75~100	
	试验结果	100	100	99.7	

	项目	表观密度(g/cm^3)	含水率(%)	亲水系数	外观	塑性指数	加热安定性
矿粉试验	指标	≮2.3	≯1.0	<1.0	无团粒结块	<4	实测
	试验结果	2.731	0.5	0.788	无团粒结块	4.0	良好
	项目	粒度范围(%)					
		<0.6mm	<0.15mm	<0.075mm			
	指标	100	90~100	75~100			
	试验结果	100	100	99.9			

结论：试验结果满足设计要求

3. 确定各种矿料用量比例

根据沥青路面中面层工程设计级配范围，采用电子表格进行试算，见表 4-3-19 和图 4-3-4。

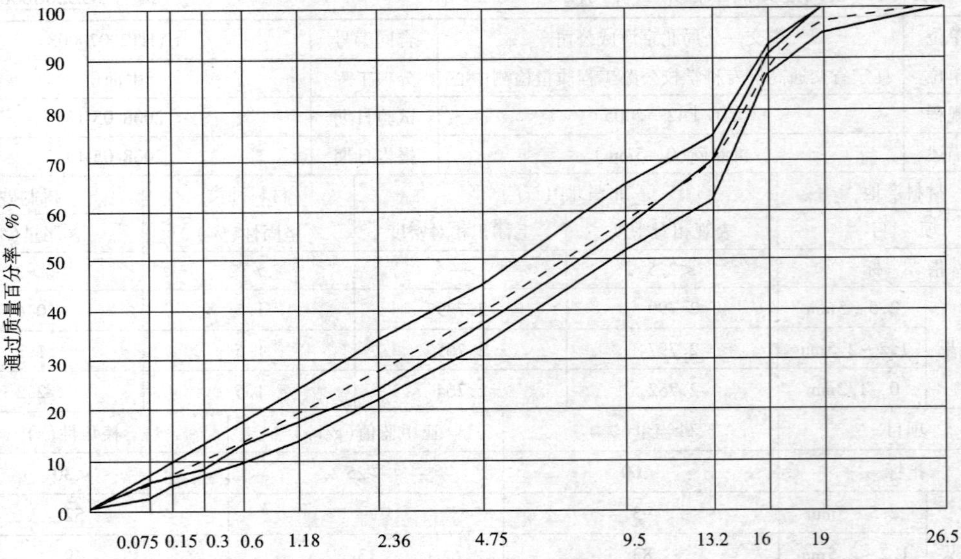

图 4-3-4

表 4-3-19

沥青混合料类型：LAC-20 Ⅰ														
筛孔孔径 / 矿质材料			通过下列筛孔(mm)的质量百分率(%)											
			26.5	19.0	16.0	13.2	9.5	4.75	2.36	1.18	0.6	0.3	0.15	0.075
矿质组成材料	16～19mm		100	95.1	14.3	0.0	0.0	0.0	0.0	0.0	0.0	0.0	0.0	0.0
	13.2～16mm		100	100	97.0	3.8	0.1	0.1	0.0	0.0	0.0	0.0	0.0	0.0
	9.5～13.2mm		100	100	99.8	97.4	3.6	0.1	0.0	0.0	0.0	0.0	0.0	0.0
	4.75～9.5mm		100	100	100	100	93.9	2.7	0.0	0.0	0.0	0.0	0.0	0.0
	2.36～4.75mm		100	100	100	100	100	97.5	3.2	0.1	0.0	0.0	0.0	0.0
	1.18～2.36mm		100	100	100	100	100	100	96.1	11.1	0.6	0.0	0.0	0.0
	0.075～1.18mm		100	100	100	100	100	100	100	96.7	66.4	31.3	14.2	3.3
	矿粉		100	100	100	100	100	100	100	100	100	100	99.4	96.4
	水泥		100	100	100	100	100	100	100	100	100	100	100	99.7
矿质组成材料在混合料中所占比例	16～19(mm)	10.0	10.0	9.5	1.4	0.0	0.0	0.0	0.0	0.0	0.0	0.0	0.0	0.0
	13.2～16(mm)	20.0	20.0	20.0	19.4	0.7	0.0	0.0	0.0	0.0	0.0	0.0	0.0	0.0
	9.5～13.2(mm)	13.0	13.0	13.0	13.0	12.6	0.5	0.0	0.0	0.0	0.0	0.0	0.0	0.0
	4.75～9.5(mm)	20.0	20.0	20.0	20.0	20.0	18.8	0.5	0.0	0.0	0.0	0.0	0.0	0.0
	2.36～4.75(mm)	13.0	13.0	13.0	13.0	13.0	13.0	12.7	0.4	0.0	0.0	0.0	0.0	0.0
	1.18～2.36(mm)	7.0	7.0	7.0	7.0	7.0	7.0	7.0	6.7	0.7	0.0	0.0	0.0	0.0
	0.075～1.18(mm)	11.0	11.0	11.0	11.0	11.0	11.0	11.0	11.0	10.6	7.1	2.2	0.3	0.0
	矿粉	3.0	3.0	3.0	3.0	3.0	3.0	3.0	3.0	3.0	3.0	3.0	3.0	2.9
	水泥	3.0	3.0	3.0	3.0	3.0	3.0	3.0	3.0	3.0	3.0	3.0	3.0	3.0
矿料合成级配			100	99.5	90.7	70.4	56.2	37.2	24.1	17.4	13.1	8.2	6.3	5.9
工程设计级配范围	级配中值		100	97.5	90.0	68.5	58.5	39.0	28.0	19.0	14.0	10.0	7.5	5.0
	下限		100	95.0	87.0	62.0	52.0	33.0	22.0	14.0	10.0	7.0	5.0	3.0
	上限		100	100	93.0	75.0	65.0	45.0	34.0	24.0	18.0	13.0	10.0	7.0

4. 确定目标配合比最佳油石比

油石比按0.3%的间隔，从4.1%、4.4%、4.7%、5.0%、5.3%分别进行马歇尔击实试验，其结果见表4-3-20。

LAC—20I 沥青混合料物理力学指标试验结果综合报告 表 4-3-20

试组序号	油石比(%)	实测毛体积相对密度	理论最大相对密度	空隙率(%)*VV*	矿料间隙率(%)*VMA*	沥青饱和度(%)*VFA*	稳定度(kN)	流值(mm)
1	4.1	2.451	2.622	6.5	13.2	50.5	9.3	2.66
2	4.4	2.476	2.609	5.1	12.5	59.5	11.5	3.31
3	4.7	2.498	2.597	3.8	12.0	68.3	11.3	3.70
4	5.0	2.511	2.586	2.9	11.8	75.5	10.2	4.29
5	5.3	2.504	2.574	2.7	12.3	77.9	9.7	4.85

4.3.5　沥青混合料试验与检测

实训项目一　沥青混合料试件制作

一、马歇尔试验试件制备(击实法)

1. 目的与适用范围

试件制作供试验室进行沥青混合料物理力学性质试验使用。标准击实法适用于马歇尔试验、间接抗拉试验(劈裂法)等所使用的 ϕ101.6mm×63.5mm 圆柱体试件的成型。大型击实法适用于 ϕ152.4mm×95.3mm 大型圆柱体试件的成型。

2. 主要仪具与材料

(1)试验室用沥青混合料拌和机,保证拌和温度并充分拌和均匀,可控制拌和时间,容量不小于10L,如图4-3-5所示。主要技术参数如下:

①拌和容量,10L(20L)两种。

②加热锅温度范围为室温~250℃(任意设定)。

③控温精度为±3℃。

④拌和时间,1~999s(任意设定)。

⑤搅拌叶转速,公转48r/ min ;自转78r /min。

⑥电源电压,220V,3500W/5500W。

(2)自动击实仪,如图4-3-6所示。将标准击实锤及标准击实台安装一体并用电力驱动使击实锤连续击实试件且可自动记数。主要技术参数如下:

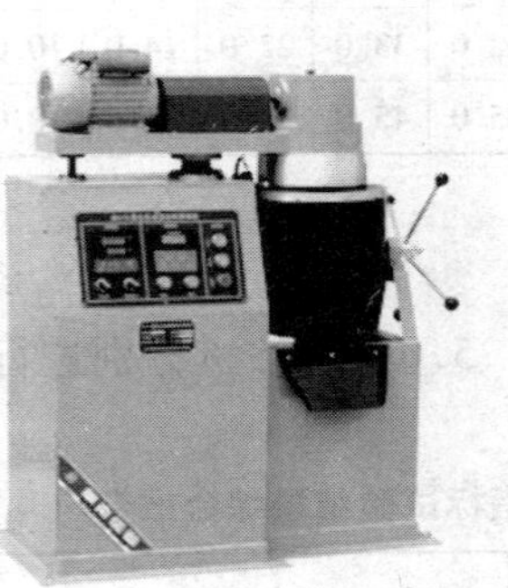

图4-3-5　试验室用沥青混合料拌和机

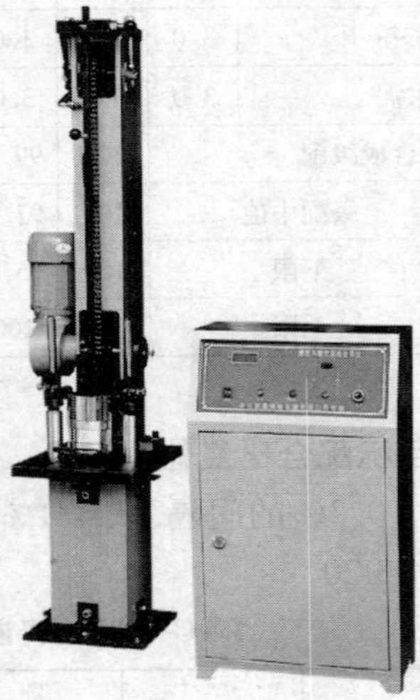

图4-3-6　自动击实仪

①工作电压,380V±10V。

②电机功率,370W。

③击实锤质量,4536g±9g。

④击实锤落高,457.2mm±2.5mm。

⑤锤击次数,60次/min±5次/min。

⑥锤击工作次数,0~99次。

⑦试筒直径,101.6mm。

(3)脱模器,电动或手动,可无破损地推出圆柱体试件,备有标准圆柱体试件及大型圆柱体试件尺寸的推出环。

(4)试模,由高碳钢或工具钢制成,每组包括内径101.6mm±0.2mm,高87mm的圆柱形金属筒、底座(直径约120.6mm)和套筒(内径101.6mm、高70mm)各1个。

(5)烘箱,大、中型各一台,装有温度调节器。

3. 准备工作

(1)确定制作沥青混合料试件的拌和与压实温度。

①按规程测定沥青的黏度,绘制黏温曲线。按表4-3-21的要求确定适宜于沥青混合料拌和及压实的等黏温度。

适宜于沥青混合料拌和及压实的沥青等黏温度 表4-3-21

沥青结合料种类	黏度与测定方法	适宜于拌和的沥青结合料黏度	适宜于压实的沥青结合料黏度
石油沥青(含改性沥青)	表观黏度,T 0625 运动黏度,T 0619 赛波特黏度,T 0623	(0.17±0.02)Pa·s (170±20)mm^2/s (85±10)s	(0.28±0.03)Pa·s (280±30)mm^2/s (140±15)s
煤沥青	恩格拉黏度,T 0622	25±3	40±5

注:液体沥青混合料的压实成型温度按石油沥青要求执行。

②当缺乏沥青黏度测定条件时,试件的拌和与压实温度可按表4-3-22选用,并根据沥青品种和标号作适当调整。针入度小、稠度大的沥青取高限,针入度大、稠度小的沥青取低限,一般取中值。

沥青混合料拌和及压实温度参考表 表4-3-22

沥青结合料种类	拌和温度(℃)	压实温度(℃)
石油沥青	130~160	120~150
煤沥青	90~120	80~110
改性沥青	160~175	140~170

对改性沥青,应根据改性剂的品种和用量,适当提高混合料的拌和和压实温度,对大部分聚合物改性沥青,需要在基质沥青的基础上提高15~30℃,掺加纤维时,尚需再提高10℃左右。

③常温沥青混合料的拌和及压实在常温下进行。

(2)在拌和厂或施工现场采集沥青混合料试样。将试样置于烘箱中或加热的砂浴上保温,在混合料中插入温度计测量温度,待混合料温度符合要求后成型。需要适当拌和时可倒入已加热的小型沥青混合料拌和机中适当拌和,时间不超过1min。但不得用铁锅在电炉或明火上加热炒拌。

(3)在试验室人工配制沥青混合料时,材料准备按下列步骤进行:

①将各种规格的矿料置105℃±5℃的烘箱中烘干至恒重(一般不少于4~6h)。根据需要,粗集料可先用水冲洗干净后烘干。也可将粗细集料过筛后用水冲洗再烘干备用。

②按规定试验方法分别测定不同粒径规格粗、细集料及填料(矿粉)的各种密度,按T 0603测定沥青的密度。

③将烘干分级的粗细集料,按每个试件设计级配要求称其质量,在一金属盘中混合均匀,

矿粉单独加热，置烘箱中预热至沥青拌和温度以上约15℃（采用石油沥青时通常为163℃；采用改性沥青时通常需180℃）备用。一般按一组试件（每组4～6个）备料，但进行配合比设计时宜对每个试件分别备料。当采用替代法时，对粗集料中粒径大于26.5mm的部分，以13.2～26.5mm粗集料等量代替。常温沥青混合料的矿料不应加热。

④将按T 0601采集的沥青试样，用恒温烘箱或油浴、电热套熔化加热至规定的沥青混合料拌和温度备用，但不得超过175℃。当不得已采用燃气炉或电炉直接加热进行脱水时，必须使用石棉垫隔开。

(4)用沾有少许黄油的棉纱擦净试模、套筒及击实座等置100℃左右烘箱中加热1h备用。常温沥青混合料用试模不加热。

4. 拌制沥青混合料

(1)黏稠石油沥青或煤沥青混合料。

①将沥青混合料拌和机预热至拌和温度以上10℃左右备用（对试验室试验研究、配合比设计及采用机械拌和施工的工程，严禁用人工炒拌法热拌沥青混合料）。

②将每个试件预热的粗细集料置于拌和机中，用小铲子适当混合，然后再加入需要数量的已加热至拌和温度的沥青（如沥青已称量在一专用容器内时，可在倒掉沥青后用一部分热矿粉将沾在容器壁上的沥青擦拭一起倒入拌和锅中），开动拌和机一边搅拌一边将拌和叶片插入混合料中拌和1～1.5min，然后暂停拌和，加入单独加热的矿粉，继续拌和至均匀为止，并使沥青混合料保持在要求的拌和温度范围内。标准的总拌和时间为3min。

(2)液体石油沥青混合料。将每组（或每个）试件的矿料置已加热至55～100℃的沥青混合料拌和机中，注入要求数量的液体沥青，并将混合料边加热边拌和，使液体沥青中的溶剂挥发至50%以下。拌和时间应事先试拌决定。

(3)乳化沥青混合料。将每个试件的粗细集料，置于沥青混合料拌和机（不加热，也可用人工炒拌）中，注入计算的用水量（阴离子乳化沥青不加水）后，拌和均匀并使矿料表面完全湿润，再注入设计的沥青乳液用量，在1min内使混合料拌匀，然后加入矿粉后迅速拌和，使混合料拌成褐色为止。

5. 试验操作

序号	项目	内容及要求
		一、试验准备
1	拌和机预热	将沥青混合料拌和机预热至拌和温度以上10℃左右备用
2	加热沥青	加热至规定的沥青混合料拌和温度备用，但不得超过175℃
3	加热矿料	粗细集料按每一组设计的配合比称其质量，在一金属盘中混合均匀，矿粉单独加热，置烘箱中预热至沥青拌和温度以上约15℃（采用石油沥青时通常为163℃；采用改性沥青时通常需180℃）备用
4	试模、套筒及击实座预热	用沾有少许黄油的棉纱擦净试模、套筒及击实座等置100℃左右烘箱中加热1h备用
5	拌制沥青混合料	将预热的粗细集料置于拌和机中，然后再加入需要数量的已加热至拌和温度的沥青（如沥青已称量在一专用容器内时，可在倒掉沥青后用一部分热矿粉将沾在容器壁上的沥青擦拭一起倒入拌和锅中），开动拌和机一边搅拌一边将拌和叶片插入混合料中拌和1～1.5min，然后暂停拌和，加入单独加热的矿粉，继续拌和至均匀为止，标准的总拌和时间为3min

续上表

序 号	项 目	内容及要求
		二、试 验 步 骤
1	称取试样	均匀称取一个试件所需的用量(标准马歇尔试件约 1 200g,大型马歇尔试件约 4 050g)。当已知沥青混合料的密度时,可根据试件的标准尺寸计算并乘以 1.03 得到要求的混合料数量。当一次拌和几个试件时,宜将其倒入经预热的金属盘中,用小铲适当拌和均匀分成几份,分别取用。在试件制作过程中,为防止混合料温度下降,应连同金属盘放在烘箱中保温
2	混合料装模	从烘箱中取出预热的试模及套筒,用沾有少许黄油的棉纱擦拭套筒、底座及击实锤底面,将试模装在底座上,垫一张圆形的吸油性小的纸,按四分法从四个方向用小铲将混合料铲入试模中,用插刀或大螺丝刀沿周边插捣 15 次,中间 10 次。插捣后将沥青混合料表面整平成凸圆弧面。对大型马歇尔试件,混合料分两次加入,每次插捣次数同上
3	测量温度	插入温度计,至混合料中心附近,检查混合料温度
4	试件击实	待混合料温度符合要求的压实温度后,将试模连同底座一起放在击实台上固定,在装好的混合料上面垫一张吸油性小的圆纸,再将装有击实锤及导向棒的压实头插入试模中,然后开启电动机(标准击实通常为两面各 75 次)。试件击实一面后,取下套筒,将试模掉头,装上套筒,然后以同样的方法和次数击实另一面
5	测量高度	试件击实结束后,立即用镊子取掉上下面的纸,用卡尺量取试件离试模上口的高度并由此计算试件高度,如高度不符合要求时,试件应作废,并按下式调整试件的混合料质量,以保证高度符合 63.5mm ± 1.3mm(标准试件)
6	计算试件所需混合料的用量	调整后混合料质量 =(要求试件高度 × 原用混合料质量)/所得试件的高度
7	试件脱模	将装有试件的试模横向放置冷却至室温后(不少于 12h),置脱模机上脱出试件。用于作现场马歇尔指标检验的试件,在施工质量检验过程中如急需试验,允许采用电风扇吹冷 1h 或浸水冷却 3min 以上的方法脱模,但浸水脱模法不能用于测量密度、空隙率等各项物理指标

6. 试验记录

试验记录及结果整理填入《道路建筑材料试验检测报告》中项目表 4-3-1(1)。

二、车辙试验试件制备(轮碾法)

1. 目的与适用范围

(1)本试验在试验室用轮碾法制作沥青混合料试件,以供进行沥青混合料物理力学性质试验时使用。

(2)轮碾法适用于 300mm × 300mm × 50mm(或 40mm)或 300mm × 300mm × 100mm 板块状试件的成型。由此板块状试件用切割机切制成棱柱体试件,或在试验室用芯样钻机钻取试样,成型试件的密度应符合马歇尔标准击实试样密度 100 ± 1% 的要求。

2. 仪具与材料

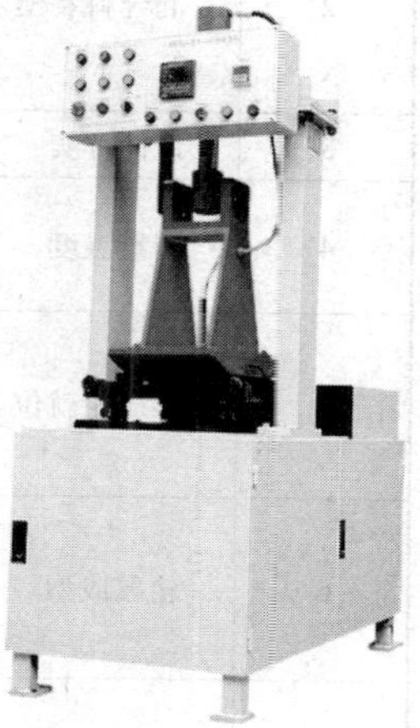

图 4-3-7 轮碾成型机

(1)轮碾成型机,如图 4-3-7 所示,它具有与钢筒式压路机相似的圆弧形碾压轮，轮宽300mm，压实线荷载为300N/cm，碾压行程等于试件长度，经碾压后的板块状试件可达到马歇尔试验标准击实密度的100±1%。

STCX-1型车辙试样成型机技术参数如下：

试模规格，300mm×300mm×(30~100mm)。

碾轮的半径，500mm，宽度，300mm。

试模车的运动速度，6次往返/min。

碾轮的压力在0~20kN内，可任意设定。

整机的外形尺寸，1750mm×1261mm×640mm。

整机的质量，300kg。

电源，380V，50Hz，3kW。

(2)试模，由高碳钢或工具钢制成，试模尺寸应保证成型后符合要求试件尺寸的规定。内部平面尺寸为300mm×300mm，高50mm(或40mm)或100mm。

(3)切割机，试验室用金刚石锯片锯石机(单锯片或双锯片切割机)或现场用路面切割机，有淋水冷却装置，其切割厚度不小于试件厚度。

(4)钻孔取芯机，用电力或汽油机、柴油机驱动，有淋水冷却装置。金刚石钻头的直径根据试件的直径选择(通常为100mm，根据需要也可为150mm)。钻孔深度不小于试件厚度，钻头转速不小于1000r/min。

3.试验操作方法

序号	项目	内容及要求
		一、试验准备
1	预热试模	将金属试模及小型击实锤等置100℃左右烘箱中加热1h备用。常温沥青混合料用试模不加热
2	混合料拌和	按标准方法拌制沥青混合料，当采用大容量沥青混合料拌和机时宜全量一次拌和，当采用小型混合料拌和机时，可分两次拌和
		二、试验步骤
1	称取试样	试样数量由1块试件的体积按马歇尔标准击实密度乘以1.03的系数求算
2	混合料装模	将预热的试模从烘箱中取出，装上试模框架，在试模中铺一张裁好的普通纸(可用报纸)，使底面及侧面均被纸隔离，将拌和好的全部沥青混合料(注意不得散失，分两次拌和的应倒在一起)，用小铲稍加拌和后均匀地沿试模由边至中按顺序转圈装入试模，中部要略高于四周
3	试件夯实	取下试模框架，用预热的小型击实锤由边至中转圈夯实一遍，整平成凸圆弧形
4	测量温度	插入温度计，待混合料稍冷至规定的压实温度(为使冷却均匀，试模底下可用垫木支起)时，在表面铺一张裁好尺寸的普通纸
5	碾压轮就位	当用轮碾机碾压时，宜先将碾压轮预热至100℃左右(如不加热，应铺牛皮纸)。然后，将盛有沥青混合料的试模置于轮碾机的平台上，轻轻放下碾压轮，调整总荷载为9kN(线荷载300N/cm)
6	轮碾成型	启动轮碾机，先在一个方向碾压2个往返(4次)，卸荷。再抬起碾压轮，将试件调转方向，再加相同荷载碾压至马歇尔标准密实度100±1%为止。试件正式压实前，应经试压，决定碾压次数，一般12个往返(24次)左右可达要求
7	试件脱模	压实成型后，揭去表面的纸，用粉笔在试件表面标明碾压方向。盛有压实试件的试模，置室温下冷却，至少12h后方可脱模

4. 试验记录

试验记录及结果整理填入《道路建筑材料试验检测报告》中项目表 4-3-1(2)。

实训项目二　沥青混合料物理指标试验

一、压实沥青混合料密度试验(表干法)

1. 目的与适用范围

(1)表干法适用于测定吸水率不大于 2% 的各种沥青混合料试件,包括 I 型或较密实的 II 型沥青混凝土、抗滑表层混合料、沥青玛蹄脂碎石混合料(SMA)试件的毛体积相对密度或毛体积密度。

(2)本方法测定的毛体积密度适用于计算沥青混合料试件的空隙率、矿料间隙率等各项体积指标。

2. 仪具与材料

(1)浸水天平或电子秤。当最大称量在 3kg 以下时,感量不大于 0.1g;最大称量 3kg 以上时,感量不大于 0.5g;最大称量 10kg 以上时,感量 5g,应有测量水中重的挂钩。

(2)网篮。

(3)溢流水箱:如图 4-3-8 所示,使用洁净水,有水位溢流装置,保持试件和网篮浸入水中后的水位一定。

(4)试件悬吊装置:天平下方悬吊网篮及试件的装置,吊线应采用不吸水的细尼龙线绳,并有足够的长度。对轮碾成型机成型的板块状试件可用铁丝悬挂。

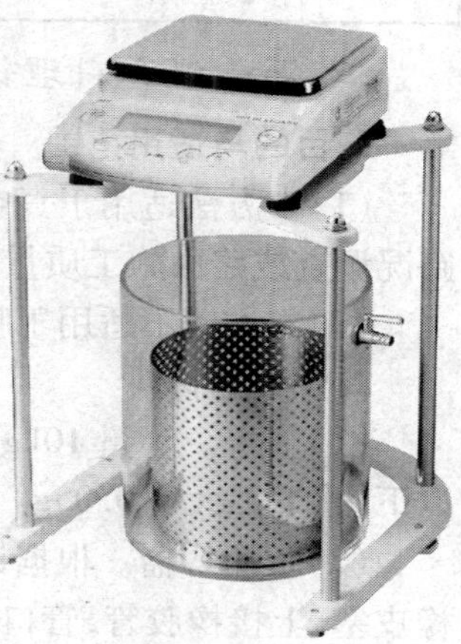

图 4-3-8　浸水天平

3. 方法与步骤

序　号	项　　目	内容及要求
		一、试 验 准 备
1	选择天平	选择适宜的浸水天平或电子秤,最大称量应不小于试件质量的 1.25 倍,且不大于试件质量的 5 倍
2	清理试件	除去试件表面的浮粒
		二、试 验 步 骤
1	称空中质量	称取干燥试件的空中质量(m_a),根据选择的天平的感量读数,精确至 0.01g、或 0.1g
2	称水中质量	挂上网篮,浸入溢流水箱中,调节水位,将天平调平或复零,把试件置于网篮中(注意不要晃动水),浸入水中约 3~5min 称取水中质量(m_w)。若天平读数持续变化,不能很快达到稳定,说明试件吸水较严重,不适用于此法测定,应改用规程 T 0707 的蜡封法测定
3	称表干质量	从水中取出试件,用洁净柔软的拧干的湿毛巾轻轻擦去试件的表面水(不得吸走空隙内的水),称取试件的表干质量(m_f)
		三、结 果 整 理
1	计算吸水率 S_a	计算试件的吸水率,取 1 位小数。试件的吸水率即试件吸水体积占沥青混合料毛体积的百分率,按 $S_a = \frac{m_f - m_a}{m_f - m_w} \times 100$ 计算

续上表

序 号	项 目	内容及要求
2	计算毛体积密度	计算试件的毛体积相对密度和毛体积密度，取3位小数。 当试件的吸水率符合 $S_a<2\%$ 要求时，试件的毛体积相对密度和毛体积密度按 $\gamma_f=\frac{m_a}{m_f-m_w}$ 及 $\rho_f=\frac{m_a}{m_f-m_w}\times\rho_w$ 计算；当吸水率 $S_a>2\%$ 要求时，应改用蜡封法测定
3	计算试件的空隙率	试件的空隙率按 $VV=\left(1-\frac{\gamma_f}{\gamma_t}\right)\times100$ 计算，取1位小数
4	试验报告	应在试验报告中注明沥青混合料的类型及采用的测定密度的方法

二、沥青混合料理论最大相对密度试验（真空法）

1. 目的与适用范围

（1）本方法适用于真空法测定沥青混合料理论最大相对密度，供沥青混合料配合比设计、路况调查或路面施工质量管理计算空隙率、压实度等使用。

（2）本方法不适用于吸水率大于3%的多孔性集料的沥青混合料。

2. 仪具与材料

（1）天平。称量10kg以上，感量不大于0.5g；称量5kg以上，感量不大于0.1g；称量2kg以下，感量不大于0.05g。

（2）负压容器。根据试样数量选用表4-3-23中的A、B、C任何一种类型。负压容器口带橡皮塞，上接橡胶管，管口下方有滤网，防止细料部分吸入胶管。

负压容器类型　　表4-3-23

类型	容器	附属设备
A	耐压玻璃、塑料或金属制的罐，容积大于1000mL	有密封盖，接真空胶管，与真空泵连接
B	容积大于1000mL的真空容量瓶	带胶皮塞，接真空胶管. 与真空泵连接
C	4000mL耐压真空干燥器	带胶皮塞，放气阀，按真空胶皮管与真空泵连接

（3）真空负压装置。由真空泵及水银压力计（或真空表）组成，真空泵能使负压容器内造成4kPa（30mmHg）负压。

（4）恒温水槽，水温控制在25℃ ±0.5℃。

（5）温度计，分度为0.5℃。

（6）玻璃板等。

（7）STMD-3型沥青混合料最大理论密度仪，如图4-3-9所示，技术参数如下：

负压范围，0～100kPa；

负压时间，3～30min；

振动间隔，0～5min；

振动载荷，大于10kg；

振动频率，3Hz；

额定功率，200W。

特点：可根据试验要求灵活设置。

图4-3-9　沥青混合料最大理论密度仪

3. 方法与步骤

序号	项目	内容及要求
		一、试验准备
1	试样数量	按取样方法或从沥青路面上采取(或钻取)沥青混合料试样。试样数量不少于如下规定数量: 沥青混合料中集料公称最大粒径(mm)　最少试样数量(g) 37.5　4 000 26.5　2 500 19.0　2 000 13.2、16.0　1 500 9.5　1 000 4.75　500
2	分散试样	将沥青混合料团块仔细分散,粗集料不破碎,细集料团块分散到小于6.4mm。若混合料坚硬时可用烘箱适当加热后分散,一般加热温度不超过60℃,分散试样应用手掰开,不得用锤打碎.防止集料破碎。当试样是从路上采取的非干燥混合料时,应用电风扇吹干至恒重后再操作
3	负压容器标定	将B、C类负压容器装满25℃±0.5℃的水(上面用玻璃板盖住保持完全充满水),正确称取负压容器与水的总质量m_b。 采用A类容器时,将容器全部浸入25℃±0.5℃的恒温水槽中,称取容器的水中质量(m_1)
4		将负压容器干燥,编号称取其质量
		二、试验步骤
1	称取净质量	将沥青混合料试样装入干燥的负压容器中,称容器及沥青混合料总质量,得到试样的净质量m_a,试样质量应不小于上述规定的最小数量
2	注水浸没	在负压容器中注入约25℃的水,将混合料全部浸没
3	真空抽气	将负压容器与真空泵、真空表连接,开动真空泵,使真空度达到97.3kPa(730mmHg)持续15min±2min
4	晃动排气	然后强烈振荡负压容器,使水充分搅动混合料,除去剩余的气泡。每隔2min晃动若干次,直至不见气泡出现为止。为使气泡容易除去,可在水中加0.01%浓度的表面活性剂(如每100mL水中加0.01g洗涤灵)
5	称取质量	当负压容器采用A类容器时,浸入保温至25℃±0.5℃的恒温水槽,约10min后,称取负压容器与沥青混合料的水中质量(m_2)。 当负压容器采用B、C类容器时,将装有沥青混合料试样的容器浸入保温至25℃±0.5℃的恒温水槽,约10min后取出,加上盖,使容器中没有空气,擦净容器外的水分,称取容器、水和沥青混合料试样的总质量(m_c)
		三、结果整理
1	理论最大相对密度	1. 采用A类容器时,沥青混合料的理论最大相对密度按$\gamma_t=\frac{m_a}{m_a-(m_2-m_1)}$计算; 2. 采用B、C类容器作负压容器时,沥青混合料的最大相对密度按$\gamma_t=\frac{m_a}{m_a+m_b-m_c}$计算
2	理论最大密度计算	沥青混合料25℃时的理论最大密度按$\rho_t=\gamma_t\times\rho_w$计算
3	试验报告	同一试样至少平行试验两次,取平均值作为试验结果,计算至小数点后三位

三、沥青混合料马歇尔稳定度、流值测定(T 0709—2000)

1. 目的与适用范围

(1)本试验适用于马歇尔稳定度试验和浸水马歇尔稳定度试验,以进行沥青混合料的配合比设计或沥青路面施工质量检验。浸水马歇尔稳定度试验(根据需要,也可进行真空饱水马歇尔试验)供检验沥青混合料受水损害时抵抗剥落的能力时使用,通过测试其水稳定性检验配合比设计的可行性。

(2)本试验适用于按 T 0702 成型的标准马歇尔试件圆柱体和大型马歇尔试件圆柱体。

2. 仪具与材料

(1)沥青混合料马歇尔试验仪(图 4-3-10)。符合国家标准《沥青混合料马歇尔试验仪》(GB/T 11823)技术要求的产品,对用于高速公路和一级公路的沥青混合料宜采用自动马歇尔试验仪,用计算机或 X-Y 记录仪记录荷载 ~ 位移曲线,并具有自动测定荷载与试件垂直变形的传感器、位移计,能自动显示或打印试验结果。

STM-6 型数显马歇尔稳定度试验仪(液晶显示)的特点是:配 S 型压力传感器、双位移传感器,峰值自动保持、自动打印,在打印后主轴能自动下降,技术参数如下:

电源,AC380V,50Hz;

测力范围,0 ~ 50kN,精度,1%;

测力分辨率,0.1kN,0.01kN;

使用环境温度:-10 ~ 40℃。

(2)恒温水槽,控温精确度为 1℃,深度不小于 150mm。

(3)真空饱水容器,包括真空泵及真空干燥器。

(4)烘箱。

(5)天平,感量不大于 0.1g。

(6)温度计,分度为 1℃。

(7)卡尺。

(8)棉纱,黄油。

图 4-3-10 沥青混合料马歇尔试验仪

3. 标准马歇尔试验方法

序号	项目	内容及要求
		一、试验准备
1	准备马歇尔试件	按标准击实法成型的马歇尔试件,一组试件的数量不得少于 4 个,用马歇尔试件高度测定器或用卡尺在十字对称的 4 个方向量测离试件边缘 10mm 处的高度,准确至 0.1mm,并以其平均值作为试件的高度。如试件高度不符合 63.5mm ± 1.3mm 或 95.3mm ± 2.5mm 要求或两侧高度差大于 2mm 时,此试件应作废
2	测定试件的物理指标	按规程规定的方法测定试件的密度、空隙率、沥青体积百分率、沥青饱和度、矿料间隙率等物理指标
3	设定恒温水槽温度	将恒温水槽调节至要求的试验温度,对黏稠石油沥青或烘箱养生过的乳化沥青混合料为 60℃ ±1℃,对煤沥青混合料为 33.8℃ ±1℃,对空气养生的乳化沥青或液体沥青混合料为 25℃ ±1℃

续上表

序 号	项 目	内容及要求
		二、试验步骤
1	试件恒温	将试件置于已达规定温度的恒温水槽中保温，保温时间对标准马歇尔试件需30～40min，对大型马歇尔试件需45～60min。试件之间应有间隔，底下应垫起，离容器底部不小于5cm。将马歇尔试验仪的上下压头放入水槽或烘箱中达到同样温度
2	试件放置	将上下压头从水槽或烘箱中取出擦拭干净内面。为使上下压头滑动自如，可在下压头的导棒上涂少量黄油，再将试件取出置于下压头上，盖上上压头，然后装在加载设备上
3	传感器就位	当采用自动马歇尔试验仪时，将自动马歇尔试验仪的压力传感器、位移传感器正确连接就位
4	开始加载	启动加载设备，使试件承受荷载，加载速度为50mm/min±5mm/min。计算机或X-Y记录仪自动记录传感器压力和试件变形曲线并将数据自动存入计算机
5	读取试验值	当试验荷载达到最大值的瞬间，仪器自动锁定传感器压力值和位移传感器位移值，并将数据自动显示出来
6	时间要求	从恒温水槽中取出试件至测出最大荷载值的时间，不得超过30s
7	浸水马歇尔试验	浸水马歇尔试验方法与标准马歇尔试验方法的不同之处在于，试件在已达规定温度恒温水槽中的保温时间为48h，其余均与标准马歇尔试验方法相同。 试件的浸水残留稳定度按 $MS_0 = \frac{MS_1}{MS} \times 100$ 计算
8	真空饱水马歇尔试验	试件先放入真空干燥器中，关闭进水胶管，开动真空泵，使干燥器的真空度达到98.3kPa(730mmHg)以上，维持15min，然后打开进水胶管，靠负压进入冷水流使试件全部浸入水中，浸水15min后恢复常压，取出试件再放入已达规定温度的恒温水槽中保温48h，其余均与标准马歇尔试验方法相同。试件的真空饱水残留稳定度按 $MS'_0 = \frac{MS_2}{MS} \times 100$ 计算
		三、结果整理
	试验报告	当一组测定值中某个测定值与平均值之差大于标准差的 k 倍时，该测定值应予舍弃，并以其余测定值的平均值作为试验结果。 当试件数目 n 为3、4、5、6个时，k 值分别为1.15、1.46、1.67、1.82

四、试验记录

试验记录及结果整理填入《道路建筑材料试验检测报告》中项目表4-3-2和试表4-3-2(1)、试表4-3-2(2)、试表4-3-2(3)，汇总表4-3-2。

实训项目三　沥青混合料车辙试验

1. 目的与适用范围

(1)本试验适用于测定沥青混合料的高温抗车辙能力，供沥青混合料配合比设计的高温稳定性检验使用。

(2)车辙试验的试验温度与轮压可根据有关规定和需要选用，非经注明，试验温度为

60℃,轮压为0.7MPa。根据需要,如在寒冷地区也可采用45℃,在高温条件下采用70℃等,但应在报告中注明。计算动稳定度的时间原则上为试验开始后45~60min之间。

(3)本试验适用于按T 0703用轮碾成型机碾压成型的长300mm、宽300mm、厚50mm的板块状试件,也适用于现场切割制作长300mm、宽150mm、厚50mm板块状试件。根据需要,试件的厚度也可采用40mm。

2. 仪具与材料

(1)车辙试验机,主要由下列部分组成:

①试件台。可牢固地安装两种宽度(300mm及150mm)的规定尺寸试件的试模。

②试验轮。橡胶制的实心轮胎,外径ϕ200mm,轮宽50mm,橡胶层厚15mm。橡胶硬度(国际标准硬度)20℃时为84±4,60℃时为78±2。试验轮行走距离为230mm±10mm,往返碾压速度为42次/min±1次/min(21次往返/min)。允许采用曲柄连杆驱动试验台运动(试验轮不移动)或链驱动试验轮运动(试验台不动)的任一种方式。

注:轮胎橡胶硬度应注意检验,不符合要求者应及时更换。

③加载装置。使试验轮与试件的接触压强在60℃时为0.7MPa±0.05MPa,施加的总荷重为78kg左右,根据需要可以调整。

④试模。钢板制成,由底板及侧板组成,试模内侧尺寸长为300mm,宽为300mm,厚为50mm(试验室制作),亦可固定150mm宽的现场切制试件。

⑤变形测量装置。自动检测车辙变形并记录曲线的装置,通常用LVDT、电测百分表或非接触位移计。

⑥温度检测装置。自动检测并记录试件表面及恒温室内温度的温度传感器、温度计,精密度0.5℃。

(2)恒温室。车辙试验机必须整机安放在恒温室内,装有加热器、气流循环装置及装有自动温度控制设备,能保持恒温室温度60℃±1℃(试件内部温度60℃±0.5℃),根据需要亦可为其他需要的温度。用于保温试件并进行试验。温度应能自动连续记录。

STCZ-1型车辙试验仪如图4-3-11所示,其技术参数如下:

碾轮的碾压距离,42次/min±1次/min(单程);

试验小车运动距离,230mm±10mm;

试模尺寸,300mm×300mm×50mm;

位移测量范围,0~30mm;

车辙试验时间,1~999min;

恒温箱控温范围,0~80℃;

电源电压,380V。

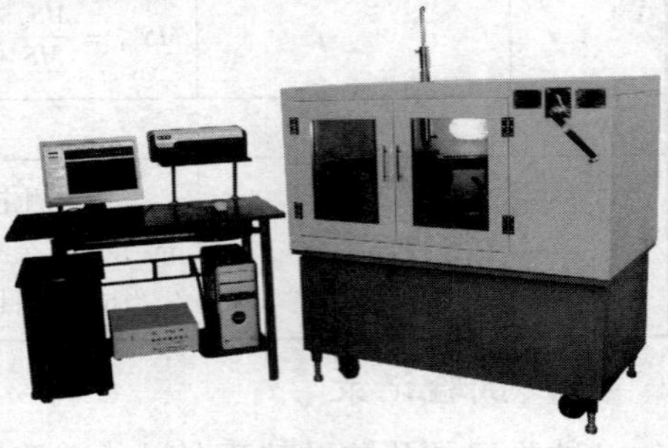

图4-3-11 STCZ-1型车辙试验仪

3. 方法与步骤

序 号	项 目	内容及要求
		一、试验准备
1	接地压强校准	试验轮接地压强测定:测定在60℃时进行,在试验台上放置一块50mm厚的钢板,其上铺一张毫米方格纸,上铺一张新的复写纸,以规定的700N荷载后试验轮静压复写纸,即可在方格纸上得出轮压面积,并由此求得接地压强。当压强不符合0.7MPa±0.05MPa,荷载应予适当调整

续上表

序　号	项　　目	内容及要求
2	试件标准尺寸	用轮碾成型法制作车辙试验试块。在试验室或工地制备成型的车辙试件，其标准尺寸为 300mm × 300mm × 50mm。也可从路面切割得到 300mm × 150mm × 50mm 的试件
3	试件要求	试件成型后，连同试模一起在常温条件下放置的时间不得少于 12h。对聚合物改性沥青混合料，放置的时间以 48h 为宜，使聚合物改性沥青充分固化后方可进行车辙试验，但室温放置时间也不得长于一周
		二、试 验 步 骤
1	试件恒温	将试件连同试模一起，置于已达到试验温度 60℃ ±1℃ 的恒温室中，保温不少于 5h，也不得多于 24h。在试件的试验轮不行走的部位上，粘贴一个热电偶温度计（也可在试件制作时预先将热电偶导线埋入试件一角），控制试件温度稳定在 60℃ ±0.5℃
2	试验就位	将试件连同试模移置于车辙试验机的试验台上，试验轮在试件的中央部位，其行走方向须与试件碾压或行车方向一致。开动车辙变形自动记录仪，然后启动试验机，使试验轮往返行走，时间约 1h，或最大变形达到 25mm 时为止。试验时，记录仪自动记录变形曲线及试件温度
3	读取测定值	从图上读取 45min（t_1）及 60min（t_2）时的车辙变形 d_1 及 d_2，精确至 0.01mm。 当变形过大，在未到 60min 变形已达 25mm 时，则以达到 25mm（d_2）时的时间为 t_2，将其前 15min 为 t_1，此时的变形量为 d_1 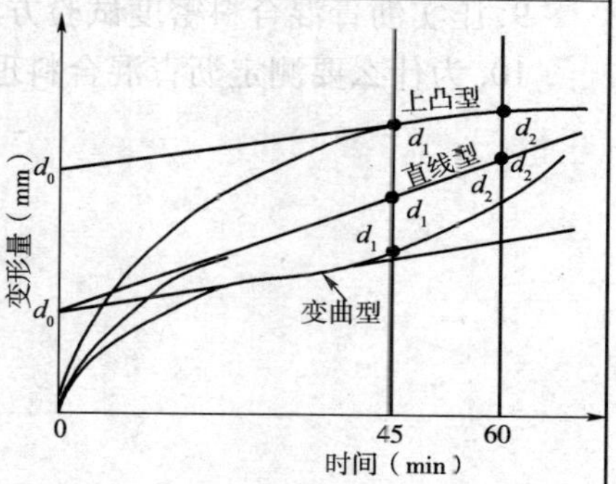
4	动稳定度计算	$$DS = \frac{(t_2 - t_1) \times N}{d_2 - d_1} \times C_1 \times C_2$$ 式中：DS——沥青混合料的动稳定度（次/mm）； d_1——对应于时间 t_1 的变形量（mm）； d_2——对应于时间 t_2 的变形量（mm）； C_1——试验机类型修正系数； C_2——试件系数，试验室制备的宽 300mm 的试件为 1.0； N——试验轮往返碾压速度，通常为 42 次/min
		三、结 果 整 理
1	平行试验	同一沥青混合料或同一路段的路面，至少平行试验三个试件，当三个试件动稳定度变异系数小于 20% 时，取其平均值作为试验结果
2	试验报告	试验报告应注明试验温度、试验轮接地压强、试件密度、空隙率及试件制作方法等
精密度或允许差		重复性试验动稳定度变异系数的允许差为 20%

4. 试验记录

试验记录及结果整理填入《道路建筑材料试验检测报告》中项目表 4-3-3。

复习思考题

1. 何谓沥青混合料？何谓热拌沥青混合料？沥青混凝土混合料与沥青碎石混合料有什么区别？

2. 沥青混合料按其组成结构可分为哪几种类型？各种结构类型的沥青混合料有什么特点？

3. 试述沥青混合料应具备的主要技术性质及我国现行沥青混合料高温稳定性的评价方法。

4. 试述我国现行热拌沥青混合料配合比设计方法。矿质混合料的组成和沥青最佳用量是如何确定的？

5. 何谓沥青马蹄脂碎石混合料（SMA）？

6. 沥青混合料试件制作方法有哪些？标准击实法成型的试件适用于什么试验？

7. 如何确定适宜的沥青混合料拌和及压实温度？当缺乏沥青黏度测定条件时，试件的拌和与压实温度如何选用？

8. 试验室用轮碾成型机制备试件，试件尺寸通常为多少？

9. 压实沥青混合料密度试验方法有几种？应用中如何选择？

10. 为什么要测定沥青混合料理论最大相对密度，工程应用中有何意义？

参考文献

[1] 李立寒,张南鹭.道路建筑材料(第四版)[M].北京:人民交通出版社,2004.
[2] 张超,等.路基路面检测技术[M].北京:人民交通出版社,2004.
[3] 黄晓明.公路工程检测手册[M].北京:人民交通出版社,2004.
[4] 陈桂萍,张丽.道路建筑材料[M].大连:东北大学出版社,2006.
[5] 姜志青.道路建筑材料[M].北京:人民交通出版社,2005.
[6] 严家伋.道路建筑材料(第三版)[M].北京:人民交通出版社,2005.
[7] 钱进.土质与筑路材料[M].北京:人民交通出版社,2006.
[8] 中华人民共和国行业标准.公路工程集料试验规程(JTG E42—2005)[S].北京:人民交通出版社,2005.
[9] 中华人民共和国行业标准.公路工程岩石试验规程(JTG E41—2005)[S].北京:人民交通出版社,2005.
[10] 中华人民共和国国家标准.通用硅酸盐水泥(GB 175—2007)[S].北京:中国标准出版社, 2007.
[11] 中华人民共和国国家标准.水泥胶砂强度标准试验规程(1SO 法)(GB/T 1767—1999)[S].北京:中国标准出版社,1999.
[12] 中华人民共和国国家标准.水泥标准稠度用水量、凝结时间、安定性检验方法(GB/T 1346—200)[S].北京:中国标准出版社,2001.
[13] 中华人民共和国行业标准.普通混凝土配合比设计规程(JGJ 55—2000)[S].北京:中国建筑工业出版社,2001.
[14] 中华人民共和国行业标准.公路工程水泥及水泥混凝土试验规程(JTG E30—2005)[S].北京:人民交通出版社,2005.
[15] 中华人民共和国行业标准.砌筑砂浆配合比设计规程(JGJ 98—2000)[S].北京:中国建筑工业出版社,2001.
[16] 中华人民共和国行业标准.沥青与沥青混合料试验规程(JTJ 052—2000)[S].北京:人民交通出版社,2000.
[17] 中华人民共和国行业标准.公路沥青路面施工技术规范(JTG F40—2004)[S].北京:人民交通出版社,2004.
[18] 中华人民共和国行业标准.公路工程质量检验评定标准(JTG F80/1—2004)[S].北京:人民交通出版社,2004.
[19] 中华人民共和国国家标准.钢及钢产品力学性能试验取样位置及试样制备(GB 2975—1998)[S].北京:人民交通出版社,1998.